Vue.js框架与Web前端开发从入门到精通

舒志强◎著

内容简介

本书从Vue.js框架技术的基础概念出发，逐步深入Vue.js进阶实战，并在最后配合一个网站项目和一个后台系统开发实战案例，重点介绍了使用Vue.js+axios+ElementUI+wangEditor进行前端开发和使用组件进行Vue.js单页面网页复用，让读者不但可以系统地学习Vue.js前端开发框架的相关知识，而且还能对业务逻辑的分析思路、实际应用开发有更为深入的理解。

本书分为11章，包括Vue.js概述；开始Vue.js之旅；初识Vue.js；用axios与后端接口进行数据联动；浅析Router的使用；生命周期和钩子函数解析；组件的灵活使用；Vue.js下的ECharts使用；ElementUI前端框架；实战：上市集团门户网站开发；实战：基于Vue.js框架的后台管理系统开发。

本书语言平实，用词诙谐，案例丰富，实用性强，特别适合刚入社会的职场新人、Vue.js框架的初级读者和进阶读者阅读，也适合希望从后台开发转型做前端的程序员等其他编程爱好者阅读。另外，本书也适合作为相关培训机构的教材使用。

图书在版编目(CIP)数据

Vue.js框架与Web前端开发从入门到精通 / 舒志强著. — 北京：北京大学出版社，2021.11
ISBN 978-7-301-32576-6

Ⅰ.①V… Ⅱ.①舒… Ⅲ.①网页制作工具 – 程序设计 Ⅳ.①TP392.092.2

中国版本图书馆CIP数据核字（2021）第200479号

书　　名 Vue.js框架与Web前端开发从入门到精通
VUE.JS KUANGJIA YU WEB QIANDUAN KAIFA CONG RUMEN DAO JINGTONG
著作责任者 舒志强　著
责任编辑 王继伟
标准书号 ISBN 978-7-301-32576-6
出版发行 北京大学出版社
地　　址 北京市海淀区成府路205 号　100871
网　　址 http://www.pup.cn　　新浪微博：@ 北京大学出版社
电子信箱 pup7@pup.cn
电　　话 邮购部 010-62752015　发行部 010-62750672　编辑部 010-62570390
印 刷 者 天津中印联印务有限公司
经 销 者 新华书店
787毫米×1092毫米　16开本　21.5印张　488千字
2021年11月第1版　2022年9月第2次印刷
印　　数 4001–6000册
定　　价 79.00元

这项技术有什么前途

轻量级框架：只关注视图层，是一个构建数据的视图集合，大小只有几十千字节。

简单易学：国内技术人员开发，中文文档，不存在语言障碍，易于理解和学习。

双向数据绑定：保留了 Angular 的特点，在数据操作方面更为简单。

组件化：保留了 React 的优点，实现了 HTML 的封装和重用，在构建单页面应用方面有着独特的优势。

视图、数据、结构分离：使数据的更改更为简单，不需要进行逻辑代码的修改，只需要操作数据就能完成相关操作。

虚拟 DOM：DOM 操作是非常耗费性能的，不再使用原生的 DOM 操作节点，极大解放 DOM 操作，但具体操作的还是 DOM，只不过是换了另一种方式。

运行速度更快：相较于 React，同样都是操作虚拟 DOM，Vue.js 在性能方面存在很大的优势。

BAT 等互联网大厂都在前端职位招聘中加入了精通 Vue.js 框架的要求，就连饿了么公司的技术团队也专门为 Vue.js 设计了 UI 框架体系。至少近几年会是 Vue.js 框架技术的井喷时期，学会本技术可以应对多种面试需求，而且该框架卓越的运行速度和快捷的开发方式可以大大提高开发效率，几乎秒杀市场上所有前端框架。

这本书的特色

本书从没有接触过任何框架的初学者的角度出发，以通俗易懂、平实的语言来让读者更好地理解框架如何使用。本书以实用为主，精简概念性的原理知识点，将更多的篇幅用在实操上。本书的实操案例都是笔者独立完成的实际项目，有着对标市场实际需求的参考价值，同时本书提供的框架模式可以让读者应用于其他项目，从而提高开发效率，减少开发弯路。本书的章节层级顺序由浅入深、由易到难、循序渐进，让读者在有了扎实的基础之后再进行更深一步的使用。

本书读者对象

- 计算机相关专业的应届毕业生。
- 对如何学习一个新的前端框架迷茫的人。
- 想要更加深入理解 Vue.js 框架的读者。
- 想从后端开发转型做前端开发的人。
- 公司要求短时间内必须要能够用 Vue.js 开发新项目的前端开发人员。
- 没有系统学习过前端知识的人。
- 没有独立完成过前端开发或后台系统开发的前端技术人员。

资源下载

本书所涉及的源代码及其他相关文件已上传到百度网盘，供读者下载。请读者关注封底“博雅读书社”微信公众号，找到“资源下载”栏目，根据提示获取（资源下载码见 77 页左下角）。

目录
CONTENTS

第1章 Vue.js 概述

第2章 开始 Vue.js 之旅

第3章 初识 Vue.js

第 4 章 用 axios 与后端接口进行数据联动

第 5 章 浅析 Router 的使用

第 6 章 生命周期和钩子函数解析

第 7 章 组件的灵活使用

第 8 章 Vue.js 下的 ECharts 使用

第9章 ElementUI 前端框架

第10章 实战：上市集团门户网站开发

第11章 实战：基于 Vue.js 框架的后台管理系统开发

第 1 章

Vue.js 概述

Vue.js是一款易用、灵活且非常高效的渐进式JavaScript框架。其主要职能是用于构建用户界面，与其他大型框架不同的是，Vue.js 被设计为可以自底向上逐层应用。Vue.js 的核心库只关注视图层，它不仅易于上手，还便于与第三方库或既有项目整合。

另外，当与现代化的工具链及各种支持类库结合使用时，Vue.js 也完全能够为复杂的单页应用提供驱动。当需要和 AngularJS、React、jQuery 等框架混合使用时，Vue.js 依然可以发挥其游刃有余、包容一切的特性。

如果读者已经是有经验的前端开发者，并且之前有使用 Angular 的经验，那么就会更快学习本书内容，它们有诸多相似之处，Vue.js 之于 Angular 有过之无不及。

注意

本章内容中的案例使用 Vue.js 2.0+ 框架来编写。

1.1 Vue.js 简介

在学习 Vue.js 之前，我们不一定要了解关于 HTML、CSS 和 JavaScript 的中级知识。如果读者是刚开始学习前端开发，那么将该框架作为学习的第一步可能不是最好的主意，读者可能会在中途觉得有些困难，之前有其他框架的使用经验会对学习该框架有所帮助。如果读者是第一次接触前端框架，那么也没有关系，本书采用通俗易懂、触类旁通的方式举例，以便于读者更快理解框架的使用及功能特性。本书采用很平实的词汇来描述 Vue.js 的功能使用，尽量将读者视为从未学习过任何开发语言的编程爱好者，这也是本书的优势。这是一本让任何有兴趣了解前端框架知识的爱好者都值得拥有的秘籍。

万事开头难！学习一门语言最重要的是兴趣，下面用一个简单的“Hello World!”程序开启本次 Vue.js 学习之旅。我们可以在浏览器新标签页中打开 Vue.js，跟着例子学习一些基础用法。或者我们也可以创建一个 HTML 文件，然后通过如下方式引入 Vue.js。

以下代码写在 HTML 文件中的 <head></head> 之间。

```
<!-- 开发环境版本，包含了有帮助的命令行警告 -->
<script src="https://www.shuzhiqiang.com/vue/vue.js"></script>
```

或者

```
<!-- 生产环境版本，优化了尺寸和速度 -->
<script src="https://www.shuzhiqiang.com/vue/vue.min.js"></script>
```

说明

> 何为开发环境？开发环境是程序员专门用于开发的服务器，配置可以比较随意，为了开发调试方便，一般打开全部错误报告。何为测试环境？测试环境一般是克隆一份生产环境的配置，一个程序在测试环境工作不正常，那么肯定不能把它发布到生产机上。何为生产环境？生产环境是指正式提供对外服务的环境，一般会关掉错误报告，打开错误日志。3 个环境也可以说是系统开发的 3 个阶段：开发→测试→上线，其中生产环境也就是通常说的真实环境。

除使用以上方式安装 Vue.js 外，还可以使用 Node.js 下的 npm 命令通过安装 vue-cli2.0 版本脚手架来安装（后面会详细介绍），请注意这里不推荐新手直接使用 vue-cli。

Vue.js 的核心是一个允许采用简洁的模板语法来声明式地将数据渲染进 DOM 的系统。

以下代码写在 HTML 文件中的 <body></body> 之间。

```
<h1 id="app">
  {{ msg }}
</h1>
```

以下代码写在 HTML 文件中的 <script></script> 之间，如果没有找到 <script> 标签，则可自己手动创建一个。

```
var app = new Vue({
    el: "#app",
    data: {
        msg: "Hello World!"
      }
    })
```

然后在浏览器中打开该 HTML 文件，建议使用最新版的谷歌（Chrome）浏览器，最终输出的结果如图 1.1 所示。

图 1.1　第一个使用 Vue.js 写的 Hello World! 程序

可能有少数读者会出现报错，没有显示对应的效果。如果出现报错，那么请仔细核对一下所写代码是否与以下代码一致。

```
<!doctype html>
<html lang="en">
```

```
<head>
    <!-- 开发环境版本，包含了有帮助的命令行警告 -->
    <script src="https://www.shuzhiqiang.com/vue/vue.js"></script>
</head>
<body>
<h1 id="app">
    {{ msg }}
</h1>
</body>
<script>
    var app = new Vue({
        el: "#app",
        data: {
            msg: "Hello World!"
        }
    });
</script>
</html>
```

只要严格按照上面代码编写就一定能够输出如图 1.1 所示的结果，但也不一定非得使用 <h1></h1> 标签作为 Vue.js 的 app 绑定容器，可以试着使用 <div></div> 标签。当然，也可以修改 msg 后面的值，如改成某人的姓名，可以自行修改不同属性值查看一下效果，这样可以更进一步了解 Vue.js 的特点。

1.2 Vue.js 与其他前端框架的对比

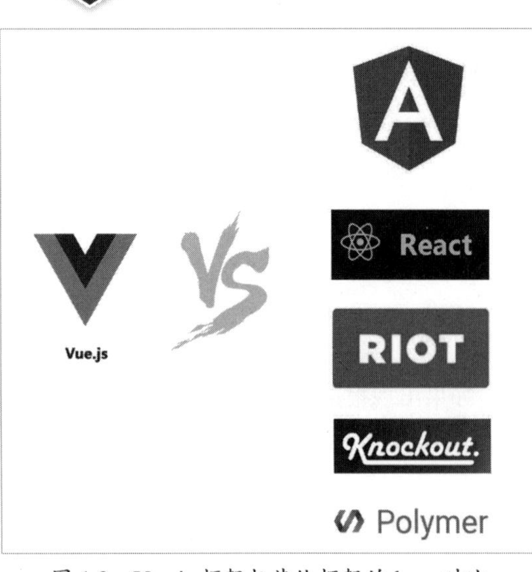

图 1.2　Vue.js 框架与其他框架的 logo 对比

如果要简单概括 Vue.js 的优势，那就是“海纳百川，有容乃大”“以柔克刚”“四两拨千斤”“行云流水”。以上描述似乎还是有点抽象，但经过笔者多年前端工作经验的总结，显然 Vue.js 更符合中国国情（做过需求经常变更的项目的读者应该深有感触），对于国内大部分项目来说用 Vue.js 解决会更好。但其他框架也有显著的优点，例如，React 的生态系统庞大，或者 Knockout 对浏览器的支持覆盖到了 IE6。

图 1.2 所示是 Vue.js 框架与其他框架的 logo 对比。大多数程序员并不会只学习一个框

架的使用，因为 JavaScript 技术领域的世界进步得太快了。如果读者更希望拓展自己的编程能力而非仅仅停留在某一个阶段，那么用 Vue.js 切入另外一种编程思维是不错的选择。

1. AngularJS (Angular 1)

Vue.js 的一些语法与 AngularJS 的很相似（如 v-if vs ng-if），因为 AngularJS 是 Vue.js 早期开发的灵感来源。然而，AngularJS 中存在的许多问题，在 Vue.js 中已经得到解决。下面是 Vue.js 与 AngularJS 的对比。

（1）复杂性。在 API（应用程序接口）与设计两方面上 Vue.js 都比 AngularJS 简单得多，因此我们可以快速地掌握 Vue.js 的全部特性并投入开发。

（2）灵活性和模块化。Vue.js 是一个更加灵活开放的解决方案。它允许我们以希望的方式组织应用程序，而不是在任何时候都必须遵循 AngularJS 制定的规则，这让 Vue.js 能适用于各种项目。

这也是我们提供了一个基于 Vue.js 进行快速开发的完整系统的原因。Vue CLI 旨在成为 Vue.js 生态系统中标准的基础工具。它使得多样化的构建工具通过妥善的默认配置无缝协作在一起。这样我们就可以专注在应用本身，而不会在配置上花费太多时间。同时，它也提供了根据实际需求调整每个工具配置的灵活性。

（3）数据绑定。AngularJS 使用双向绑定。Vue.js 在不同组件间强制使用单向数据流，这使应用中的数据流更加清晰易懂。

（4）指令与组件。在 Vue.js 中指令和组件分得更清晰。指令只封装 DOM 操作，而组件代表一个自给自足的独立单元——有自己的视图和数据逻辑。在 AngularJS 中，每件事都由指令来做，而组件只是一种特殊的指令。

（5）运行时性能。Vue.js 有更好的性能，并且非常容易优化，因为它不使用脏检查。

在 AngularJS 中，当 watcher 越来越多时会变得越来越慢，因为作用域内任何参数的每一次变化，所有 watcher 都要重新计算。并且，如果一些 watcher 触发另一个更新，那么脏检查循环（Digest Cycle）可能要运行多次。AngularJS 用户常常要使用深奥的技术，以解决脏检查循环的问题。有时没有简单的方法来优化有大量 watcher 的作用域。

Vue.js 则根本没有这个问题，因为它使用基于依赖追踪的观察系统并且异步队列更新，所有的数据变化都是独立触发，除非它们之间有明确的依赖关系。

有意思的是，Angular 和 Vue.js 用相似的设计解决了一些 AngularJS 中存在的问题。

2. Angular 2

这里将新的 Angular 独立出来进行讨论，因为它是一个和 AngularJS 完全不同的框架。例如，它具有优秀的组件系统，并且许多实现已经完全重写，API 也完全改变了。

（1）TypeScript。事实上，Angular 必须用 TypeScript 来开发，因为它的文档和学习资源几乎全部是面向 TypeScript 的。TypeScript 有很多好处——静态类型检查在大规模的应用中非常有用，同时对于具有 Java 和 C# 背景的开发者来说 TypeScript 也能大幅提高开发效率。

然而，并不是所有人都想用 TypeScript。在中小型规模的项目中，引入 TypeScript 可能并不会带来太多明显的优势。在这些情况下，用 Vue.js 会是更好的选择，因为在不用 TypeScript 的情况下使用 Angular 会很有挑战性。

最后，虽然 Vue.js 和 TypeScript 的整合可能不如 Angular 那么深入，但 Vue.js 也提供了官方的类型声明和组件装饰器，并且有大量用户在生产环境中使用 Vue.js+TypeScript 的组合。Vue.js 也与微软的 TypeScript/VSCode 团队进行着积极的合作，目标是为 Vue.js+TypeScript 用户提供更好的类型检查和 IDE 开发体验。

（2）运行时性能。这两个框架都很快，有非常类似的 Benchmark 数据。我们可以浏览具体的数据做更细粒度的对比，不过速度应该不是决定性的因素。

（3）体积。在体积方面，最近的 Angular 版本中在使用了 AOT 和 Tree-shaking 技术后使得最终的代码体积减小了许多。但即便如此，一个包含了 Vuex+Vue Router 的 Vue.js 项目（GZIP 压缩之后为 30KB）相比使用了这些优化的 angular-cli 生成的默认项目尺寸（≈ 65KB）还是要小得多。

（4）灵活性。Vue.js 相比 Angular 更加灵活，Vue.js 官方提供了构建工具来协助我们构建项目，但它并不限制我们如何组织应用代码。有人可能喜欢有严格的代码组织规范，但也有开发者喜欢更灵活自由的方式。

（5）学习曲线。要学习 Vue.js，我们只需要有良好的 HTML 和 JavaScript 基础。有了这些基本的技能，我们就可以非常快速地通过阅读指南投入开发。

Angular 的学习曲线是非常陡峭的 —— 作为一个框架，它的 API 面积比 Vue.js 要大得多，因此我们需要理解更多的概念才能有效率地开始工作。当然，Angular 本身的复杂度是因为它的设计目标就是只针对大型的复杂应用，但这也使得它对于经验不甚丰富的开发者相当的不友好。

3. React

React 和 Vue.js 有许多相似之处，分别如下。

（1）使用 Virtual DOM。

（2）提供了响应式（Reactive）和组件化（Composable）的视图组件。

（3）将注意力集中保持在核心库，而将其他功能如路由和全局状态管理交给相关的库。

由于 React 和 Vue.js 有着众多的相似之处，下面就来对它们进行分析比较。这里在保证了技术内容准确性的同时，也兼顾了平衡的考量。另外，React 的确也有比 Vue.js 更好的地方，如更丰富的生态系统。

（1）运行时性能。React 和 Vue.js 都是非常快的，所以速度并不是在它们之中做选择的决定性因素。对于具体的数据表现，可以使用第三方软件 Benchmark，它专注于渲染 / 更新非常简单的组件树的真实性能。

（2）优化。在 React 应用中，当某个组件的状态发生变化时，它会以该组件为根，重新渲染整个组件子树。

如果要避免不必要的子组件的重渲染，就需要在所有可能的地方使用 PureComponent，或者手动实现 shouldComponentUpdate 方法。同时，可能会需要使用不可变的数据结构来使得组件更容易被优化。

在 Vue.js 应用中，组件的依赖是在渲染过程中自动追踪的，所以系统能精确知晓哪个组件确实需要被重渲染。可以理解为每一个组件都已经自动获得了 shouldComponentUpdate，并且没有上述的子树问题限制。

Vue.js 的这个特点使得开发者不再需要考虑此类优化，从而能够更好地专注于应用本身。

（3）HTML & CSS。在 React 中，一切都是 JavaScript。不仅 HTML 可以用 JSX 来表达，现在也越来越多地将 CSS 纳入 JavaScript 中来处理。这类方案有其优点，但也存在一些不是每个开发者都能接受的取舍问题。

Vue.js 的整体思想是拥抱经典的 Web 技术，并在其上进行扩展。

（4）JSX vs Templates。在 React 中，所有组件的渲染功能都依靠 JSX。JSX 是使用 XML 语法编写 JavaScript 的一种语法糖。

使用 JSX 的渲染函数有以下优势。

① 可以使用完整的编程语言 JavaScript 功能来构建视图页面。例如，可以使用临时变量、JavaScript 自带的流程控制，以及直接引用当前 JavaScript 作用域中的值等。

② 开发工具对 JSX 的支持相比现有可用的其他 Vue.js 模板还是比较先进的（如 Linting、类型检查、编辑器的自动完成）。

事实上，Vue.js 也提供了渲染函数，甚至支持 JSX。然而，默认推荐的还是模板。任何合乎规范的 HTML 都是合法的 Vue.js 模板，这也带来了一些特有的优势，具体如下。

① 对于很多习惯了 HTML 的开发者来说，模板比起 JSX 读写起来更自然。这里当然有主观偏好的成分，但如果这种区别会导致开发效率的提高，那么它就有客观存在的价值了。

② 基于 HTML 的模板使得将已有的应用逐步迁移到 Vue.js 更为容易。

③ 这也使得设计师和新人开发者更容易理解和参与到项目中。

④ 甚至可以使用其他模板预处理器，如 Pug 来书写 Vue.js 的模板。

（5）组件作用域内的 CSS。除非把组件分布在多个文件上（如 CSS Modules），否则在 React 中作用域内的 CSS 就会产生警告。CSS 作用域在 React 中是通过 CSS-in-JS 的方案实现的（如 styled-components、glamorous 和 emotion）。这引入了一个新的面向组件的样式范例，它和普通的 CSS 撰写过程是有区别的。另外，虽然在构建时将 CSS 提取到一个单独的样式表是支持的，但 bundle 中通常还是需要一个运行时程序来让这些样式生效。在能够利用 JavaScript 灵活处理样式的同时，也需要权衡 bundle 的尺寸和运行时的开销。

许多主流的 CSS-in-JS 库也都支持 Vue.js（如 styled-components-vue 和 vue-emotion）。这里 React 和 Vue.js 主要的区别是，Vue.js 设置样式的默认方法是单文件组件中类似 <style> 的标签。

（6）向上扩展。Vue.js 和 React 都提供了强大的路由来应对大型应用。React 社区在状态管理方面非常有创新精神（如 Flux、Redux），而这些状态管理模式甚至 Redux 本身也可以非常容易地集成在 Vue.js 应用中。实际上，Vue.js 更进一步地采用了这种模式（Vuex），更加深入集成 Vue.js 的状态管理解决方案 Vuex 能带来更好的开发体验。

两者另一个重要差异是，Vue.js 的路由库和状态管理库都是由官方维护支持且与核心库同步更新的。React 则是选择把这些问题交给社区维护，因此创建了一个更分散的生态系统。但相对地，React 的生态系统相比 Vue.js 更加繁荣。

最后，Vue.js 提供了 CLI 脚手架，通过交互式的脚手架引导可以非常容易地构建项目，甚至可以使用它快速开发组件的原型。React 在这方面也提供了 create-react-app，但现在还存在以下一些局限性。

① 它不允许在项目生成时进行任何配置，而 Vue.js 支持 Yeoman-like 定制。

② 它只提供一个构建单页面应用的默认选项，而 Vue.js 提供了各种用途的模板。

③ 它不能用用户自建的预设配置构建项目，而自建预设配置对企业环境下预先建立约定是特别有用的。

需要注意的是，有些限制是故意设计的，这有它的优势。例如，如果项目需求非常简单，就不需要自定义生成过程，可把它作为一个依赖来更新。

（7）向下扩展。React 的学习曲线陡峭，在开始学 React 前，我们需要知道 JSX 和 ES2015，因为许多示例用的是这些语法。我们需要学习构建系统，虽然在技术上可以用 Babel 来实时编译代码，但是这并不推荐用于生产环境。

（8）原生渲染。React Native 允许使用相同的组件模型编写有本地渲染能力的 App（iOS 和 Android）。能同时跨多平台开发，对开发者是非常有利的。相应地，Vue.js 和 Weex 会进行官方合作。Weex 是阿里巴巴发起的跨平台用户界面开发框架，同时也正在 Apache 基金会进行项目孵化，它允许使用 Vue.js 语法开发不仅可以运行在浏览器端，还能被用于开发 iOS 和 Android 上的原生应用的组件。

4. Riot

Riot 3.0 提供了一个类似于基于组件的开发模型（在 Riot 中称之为 Tag），它提供了小巧精美的 API。Riot 和 Vue.js 在设计理念上可能有许多相似之处。尽管相比 Riot ，Vue.js 要显得更大一点，但 Vue.js 还是有很多显著优势的，具体如下。

（1）更好的性能。Riot 使用了遍历 DOM 树而不是虚拟 DOM，但实际上用的还是脏检查机制，因此和 AngularJS 具有相同的性能问题。

（2）更多成熟工具的支持。Vue.js 提供官方支持 webpack 和 Browserify，而 Riot 是依靠社区来建立集成系统。

5. Knockout

Knockout 是 MVVM 领域内的先驱，并且追踪依赖。Knockout 的响应系统和 Vue.js 也很相似，而且其浏览器支持及其他方面的表现也是让人印象深刻的。Knockout 最低能支持到 IE6，而 Vue.js 最低只能支持到 IE9。

随着时间的推移，Knockout 的发展已有所放缓，并且有点略显老旧了。例如，Knockout 的组件系统缺少完备的生命周期事件方法，而这些在现在是非常常见的。相比 Vue.js 调用子组件的接口，Knockout 的方法显得有点笨重。

如果深入研究，还会发现两者在接口设计的理念上是不同的。这可以通过各自创建的 Simple Todo List 体现出来。或许有点主观，但是很多人认为 Vue.js 的 API 接口更简单、结构更优雅。

6. Polymer

Polymer 是另一个由谷歌赞助的项目，事实上也是 Vue.js 的一个灵感来源。Vue.js 的组件可以粗略地类比 Polymer 的自定义元素，并且两者具有相似的开发风格。最大的不同之处在于，Polymer 是基于最新版的 Web Components 标准之上，并且需要重量级的 Polyfills 来帮助工作（性能下降），浏览器本身并不支持这些功能。相比而言，Vue.js 在最低只支持到 IE9 的情况下并不需要依赖 Polyfills 来工作。

在 Polymer 1.0 版本中，为了弥补性能，团队非常有限地使用数据绑定系统。例如，在 Polymer 中唯一支持的表达式只有布尔值否定和单一的方法调用，它的computed方法的实现也并不是很灵活。

1.3 深入理解双向绑定

要想对 Vue.js 的学习不浮于表面，就必须要透彻理解双向绑定。首先举一个生动形象的例子来理解 Vue.js 的双向绑定现象。

薛定谔的猫（图 1.3）—— 著名量子物理学家薛定谔，为了解释量子物理不确定原理，设想了一个宏观实验：在一个封闭的盒子中，有一只活猫，一瓶氰化物，一个由放射性物质构成的电子开关，开关下挂着锤子。放射性物质衰变，电子开关开启，锤子落下打破药瓶，猫将被氰化物毒死。而放射性物质衰变存在不确定性，也就是说，只要我们不打开盒子，里面的猫可能死了也可能还活着。

在这里，猫是活着还是死了的两种状态就相当于在前端开发中的true或false，在未打开盒子的那一刻就相当于代码在IDE开发工具中还未输出，而打开盒子如果触发了事件（盒子内的氰化物被掀翻）就会改变这种状态（猫毒死了），然而这种改变是双重的、瞬间的，如同触发了编辑器呈现出的结果就是一种表象，这里可主动触发改变猫的生死状态，就如同改变Vue.js中的变量单向改变了渲染到HTML中的元素状态；换言之，如果是猫自己掀翻氰化物而导致死亡，那么打开盒子就会看到它死的状态，这种状况就相当于用户在使用HTML页面时触发了某个按钮改变了前端页面的状态，同时和按钮绑定在一起的变量数值发生改变了（可把这个称为被动单向改变变量值）。

图 1.3　薛定谔的猫

至此，我们完全可以把Vue.js的双向绑定理解为代码本身有“生命”，它们可以感知用户的行为带来的改变，同时来改变代码中的变量值；反过来，代码中的变量也可以主动改变前端呈现出来的页面效果。

图 1.4　寄出一只鞋子

下面再举一个更通俗的例子，把一双鞋左右两只邮寄到不同的地点，如图1.4所示的一只鞋寄到北京，另一只鞋寄到杭州，如果北京收到的快递先打开是左鞋，那么很明显寄到杭州那只就是右鞋。

状态1：收到快递的人打开快递触发了另外一只鞋子的方向性质，这就是客户端触发HTML页面变量发生变化。

状态2：快递小哥在寄包裹人不知情的情况下调换了两只鞋的方向分别发往两个目的地，这里快递小哥就像开发者，主动通过程序代码改变了变量的值，呈现到客户手中的鞋被改变。

那么，Vue.js双向绑定究竟是怎么实现的呢？Object.defineproperty()方法会直接在一个对象上定义一个新属性，或者修改一个对象的现有属性，并返回这个对象。Object.defineproperty()是实现这一机制的底层方法，这里不再展开。

简单来说，双向绑定即程序代码变量数据变化触发HTML渲染结果改变，HTML中的控件触发事件改变对应变量的值，这就是双向的。在Vue.js世界中万物皆为数据驱动，这一思想要贯穿到后续开发中，抛弃之前还固守的function来改变渲染结果，转而简化为改变数据来改变页面，把所有的业务逻辑都归类精细化为具体的变量数据的模型，如图1.5所示。

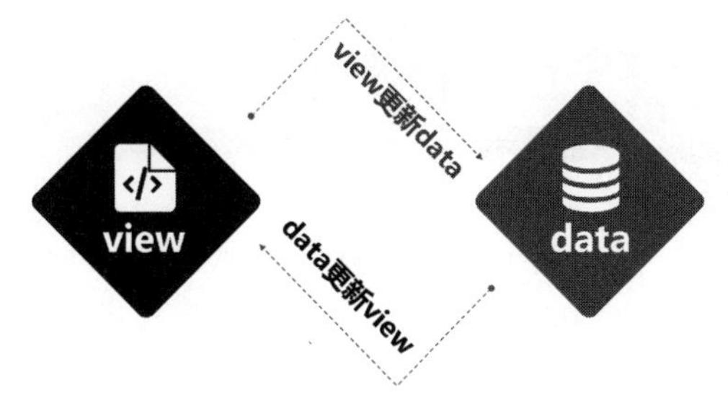

图 1.5　双向绑定

这里还可以进一步扩展一下思路，了解 MVC 模式、MVP 模式、MVVM 模式、MVX 模式分别是什么。

（1）MVC 模式。

MVC 即 Model（模型）+View（视图）+Controller（控制器），主要是基于分层的目的，让彼此的职责分开。

View 通过 Controller 来和 Model 联系，Controller 是 View 和 Model 的协调者，View 和 Model 不直接联系，基本联系都是单向的。

用户 User 通过控制器 Controller 来操作模型 Model，从而达到视图 View 的变化。

（2）MVP 模式。

MVP 是从 MVC 模式演变而来的，都是通过 Controller/Presenter 负责逻辑的处理 +Model 提供数据 +View 负责显示。

在 MVP 中，Presenter 完全把 View 和 Model 进行了分离，主要的程序逻辑在 Presenter 中实现。

并且，Presenter 和 View 是没有直接关联的，是通过定义好的接口进行交互，从而使得在变更 View 时可以保持 Presenter 不变。

MVP 模式的框架：Riot.js。

（3）MVVM 模式。

MVVM 是把 MVC 中的 Controller 和 MVP 中的 Presenter 改成了 ViewModel，即 Model+View+ViewModel。

View 的变化会自动更新到 ViewModel，ViewModel 的变化也会自动同步到 View 上显示。

这种自动同步是因为 ViewModel 中的属性实现了 Observer，当属性变更时都能触发对应的操作。

MVVM 模式的框架：AngularJS+Vue.js 和 Knockout+Ember.js，后两种知名度较低，而且是早期的框架模式。MVVM 中的 VVM 如图 1.6 所示。

View 是 HTML 文本的 JavaScript 模板；ViewModel 是业务逻辑层（一切 JavaScript 可视为业务逻辑，如表单按钮提交、自定义事件的注册和处理逻辑都在 ViewModel 中负责监控两边的数据）；Model 是数据层，对数据进行处理，如增删改查。

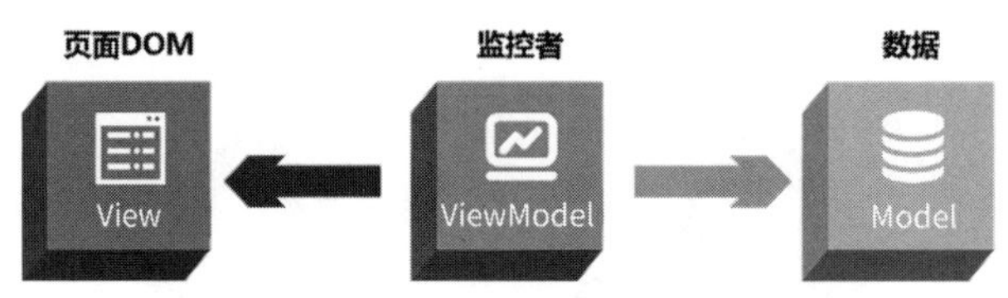

图 1.6　MVVM 中的 VVM

（4）MVX 模式。

MVX 即 MVC+MVP+MVVM。

1.4 Vue.js 的优势

Vue.js 是一个轻巧、高性能、可组件化的 MVVM 库，同时拥有非常容易上手的 API。

Vue.js 是一个构建数据驱动的 Web 界面的库。

Vue.js 是一套构建用户界面的渐进式框架。与其他重量级框架不同的是，Vue.js 采用自底向上增量开发的设计。Vue.js 的核心库只关注视图层，它不仅容易上手，还便于与第三方库或既有项目整合。另外，Vue.js 完全有能力驱动采用单文件组件和 Vue.js 生态系统支持的库开发的复杂单页应用，实现数据驱动 + 组件化的前端开发。

简而言之，Vue.js 是一个构建数据驱动的 Web 界面的渐进式框架，如图 1.7 所示。Vue.js 的目标是通过尽可能简单的 API 实现响应式的数据绑定和组合的视图组件，核心是一个响应式数据绑定系统。

图 1.7　渐进式框架含义

在如图 1.7 所示的渐进式框架中，不管是单页面还是多页面，首先都是通过声明式渲染声明每个字段，这是基本的要求。

不管什么页面、什么功能，都会使用声明式渲染去渲染字段。要展现一些功能和信息，只有通过渲染才可以。通常把公共的头部和尾部抽出来做成组件，这时就需要使用组件系统。

单页面应用程序时往往需要路由，这时就需要把 Vue.js 的插件（vue-router）拉进来作路由。如果项目比较复杂，即大量地使用组件且难以去管理组件的状态，这时就需要使用 vue-resource 来集中管理组件的状态。项目完成后需要使用构建工具来创建系统，以提高效率，最后形成完整的项目。

1.5 小结

总的来说，Vue.js 是一个非常容易学习，且开发起来项目代码量极少的一个框架，如果读者在本章将双向绑定理解透彻，那么在后面的学习中将所向披靡。请务必记住“一切事物皆为数据”，这是双向绑定的核心思想和精髓所在，将所有的需求业务流程全部转换为数据模型，Vue.js 的使用将会水到渠成。

第 2 章

开始 Vue.js 之旅

本章将主要介绍如何安装 Node.js、npm、vue-cli 和 IDE（前端开发工具编辑器）。在开始介绍之前，先来了解一下为什么要使用 vue-cli。这就要从快速构建一个项目说起。在当今社会各大中小企业中，要构建一个项目，规范的做法一般都是采用前后端分离的方式进行 Web 架构，但同时也对前端开发环境的搭建提出了更高的要求，一个完整的前端开发环境应该具备预编译模板、注入依赖、合并压缩资源、分离开发及模拟生产环境等一系列的功能，而这些功能，都可以通过 vue-cli 来实现，vue-cli 也有一个中文的名称 —— 脚手架（图 2.1）。

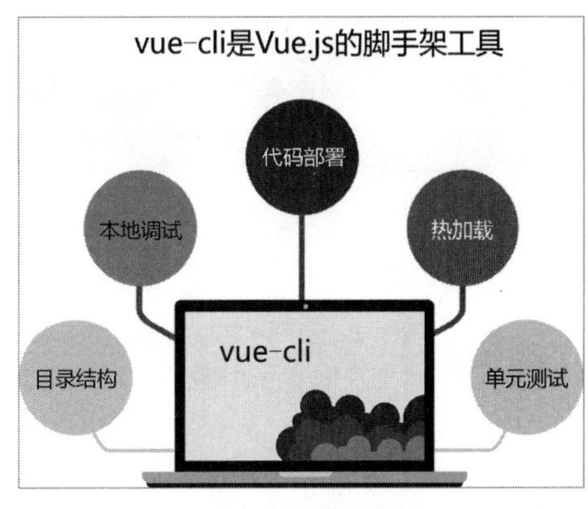

图 2.1　脚手架

顾名思义，脚手架就是用来协助、配合、帮助构建一个项目的。使用 vue-cli 仅需 5 分钟就可以搭建一个完整的 Vue.js 应用，相较于人工操作，具有安全、高效的特点。vue-cli 与平台无关，功能更加齐全。无论是预编译模板、注入依赖，还是模拟生产环境等功能，vue-cli 都具备，而且占用内存少，更高效，运行速度非常快。

vue-cli 是帮助写好 Vue.js 基础代码的工具，也是行业内的通用工具，所以 vue-cli 是进行 Web 开发，尤其是前端项目构建与开发时必不可少的一个工具。无论是属于基础的代码开发还是属于架构类的，都对 vue-cli 的使用具有一定的需求。

本章主要需要了解以下内容。

（1）vue-cli 的家族成员及它们的意义。

（2）使用 vue-cli2 搭建项目的方法。

（3）使用 vue-cli3 搭建项目及测试。

（4）使用 vue-cli3 完成项目案例及调试的方法。

本章会介绍 cli2 和 cli3，下面先来简单介绍一下 cli。cli 是 command-line interface 的缩写，简称命令行界面或字符界面。在以后的讲解中，以命令行界面为主，在介绍 cli3 时，还会引入 UI 图形界面。

除介绍 cli2 和 cli3 外，本章还会重点介绍使用 vue-cli2 搭建项目的方法，包括创建项目文件、结构文件、文件模板及一些边学边练的项目案例。除 vue-cli2 外，vue-cli3 也是本章的一个重点。

介绍这两个版本的原因是，在工作中有一些项目使用的是 vue-cli2，而有一些项目使用的是 vue-cli3。随着时间的推移和发展，使用 vue-cli3 可能会更多一些。与 vue-cli2 相比，vue-cli3 的优势更加明显。

此外，本章还会介绍怎么从 cli2 升级到 cli3，怎么做原型开发及项目的管理测试，并且要完成定制开发一些内容。最后，使用本章所讲解的内容，在 VSCode 开发工具下使用 vue-cli2 技术框架来完成一个完整的项目案例。在这个项目案例中，要具有定制单元测试、部署发布项目等主要功能。

注意

本章的案例使用 VSCode 2019 版本操作，CMD 命令行工具是在 Windows 7 下的版本，Windows 8、Windows 10 操作方法相同。

2.1 安装 Vue.js 开发环境

2.1.1 Node.js 环境安装

下面先介绍 vue-cli2，再介绍 vue-cli3。在开始介绍之前要明确两对概念，一对是前台和后台，另一对是前端和后端。前台和后台的界定，在业界有比较清晰的共识。前台是指以 HTML/CSS 为基础的页面的开发，重在页面的布局美化等；后台则是指包括但不限于以 Java、Python 等语言开发工具来进行的后台开发，也称之为服务器的开发。而前端和后端，很多人都认为前端就是前台，后端就是后台，这样的理解其实是不严谨的。前端和后端是前台的一个分支，也就是说，前端和后端都属于前台的开发。前端是特指页面的开发、修饰、美化等，以及页面基本元素的布局。后端主要就是指后端的服务，是为了使页面能够正常地跳转、页面之间可以进行变量的共享等，为页面提供更好的服务。

学习本小节之后，读者就可以非常清晰地理解前端和后端的定义了。Node.js 和 Vue.js 有联系，但它们却是不同的。Node.js 是服务器端，也就是刚刚所提到的后端，它是提供服务的，给页面提供服务。为了使页面之间能够正常、有效、高效地跳转，进行变量的共享，互相访问而产生的一种服务，称之为后端。Vue.js 是前端框架，那么学习 Vue.js 时是否需要学会 Node.js 呢？答案是否定的，学习和使用 Vue.js 不需要学 Node.js，也不需要会 Node.js。如果要使用 Vue.js 脚手架，那么只需要学习 Node.js 所衍生出来的 npm 命令即可，通过几个命令来完成脚手架环境的搭建。

本小节会重点介绍 npm 的一些命令。下面就从 Node.js 的安装开始。Node.js 官网页面如图 2.2 所示。

图 2.2　Node.js 官网页面

下载时，根据自己计算机的版本选择 64 位或 32 位。单击菜单栏中的“DOWNLOADS”按钮即可进入下载页面，如图 2.3 所示。

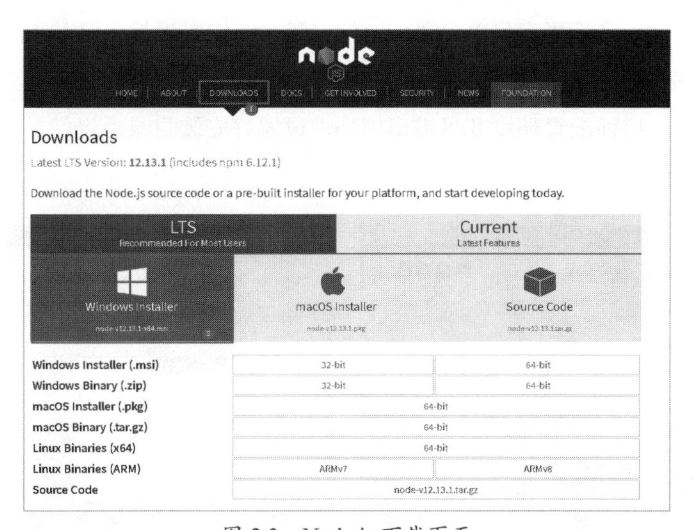

图 2.3　Node.js 下载页面

如果系统是 64 位，就选择“64-bit”选项进行下载，下载后的程序包如图 2.4 所示。

双击程序包即可进行安装，如图 2.5 所示。

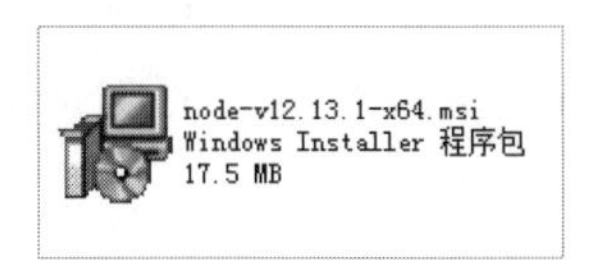

图 2.4　Node.js 程序包

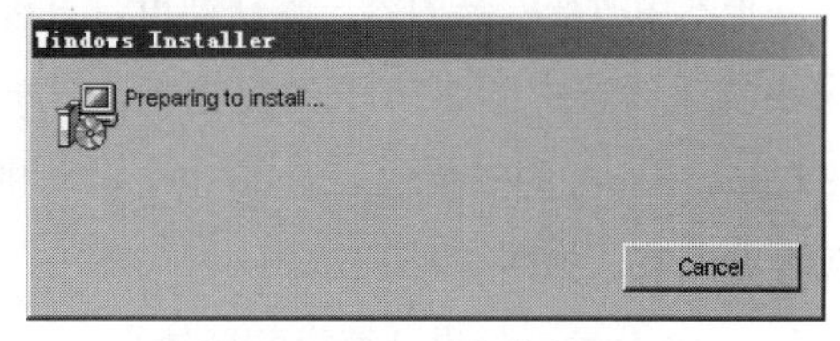

图 2.5　Node.js 安装初始化

不同性能的计算机，其预加载安装过程的等待时间不同，一般情况下 1~3 分钟就会出现安装界面，如图 2.6 所示。

直接单击“Next”按钮，进入如图 2.7 所示的界面。

图 2.6　Node.js 安装界面

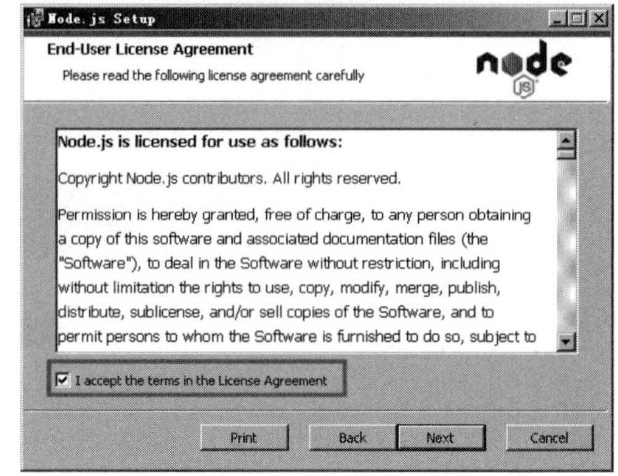

图 2.7　Node.js 选中同意协议

选中同意协议后，继续单击“Next”按钮，进入如图 2.8 所示的界面。

需要注意的是，这一步不要盲目单击“Next”按钮，一定要根据自己的磁盘来分配安装地址，如果默认选择 C 盘安装，那么后面安装目录会越来越大，占据很多空间，建议安装到 C 盘以外的其他盘，并记录路径，后面配置环境变量需要用到。设置好安装目录后继续单击“Next”按钮，进入如图 2.9 所示的界面。

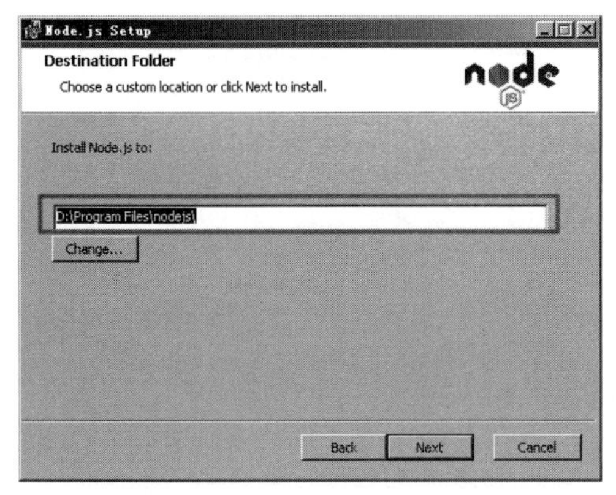

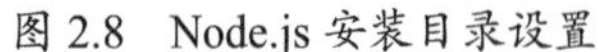
图 2.8　Node.js 安装目录设置

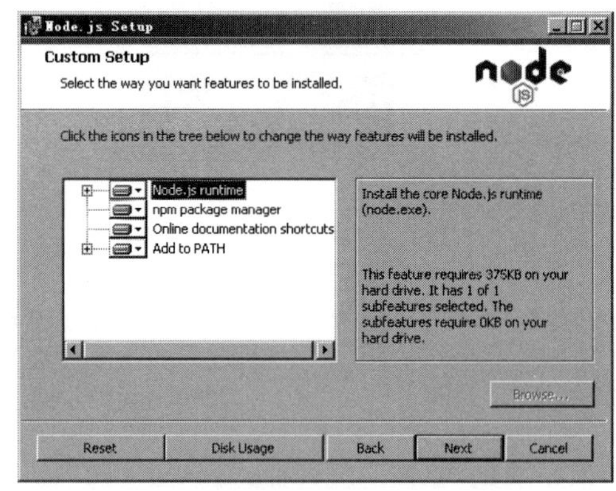

图 2.9　Node.js 自定义安装设置

这一步不用改变安装内容，默认即可，直接单击“Next”按钮，进入如图 2.10 所示的界面。

这一步建议选中图 2.10 中的复选框，这样即便安装过程有需要依赖的如 Visual C/C++ 或类似 .NET Framework 的安装包，Node 也会自动将它们安装好。选中复选框后，继续单击“Next”按钮直到开始安装，如图 2.11 所示。

等待 5~10 分钟。如果计算机配置较高，那么估计会更快。安装成功界面如图 2.12 所示。

单击“Finish”按钮会弹出如图 2.13 所示的界面，即 CMD 命令行界面。

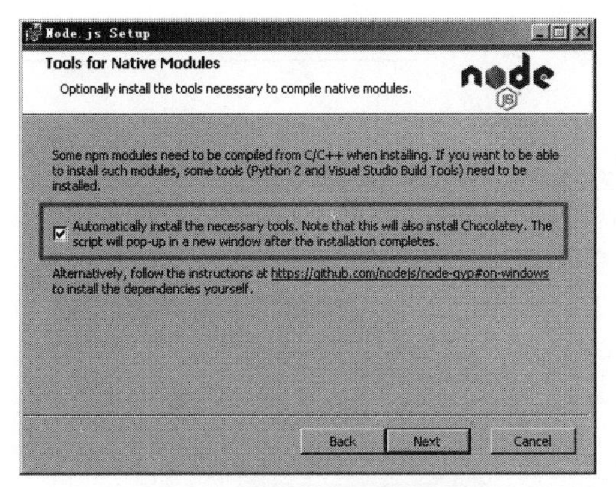

图 2.10　Node.js 安装设置

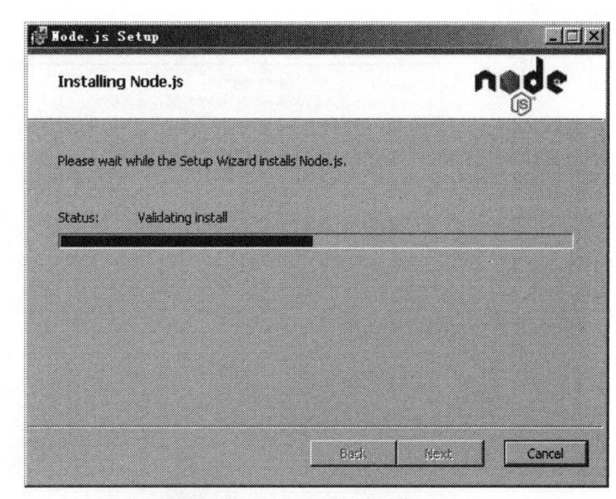

图 2.11　Node.js 安装中

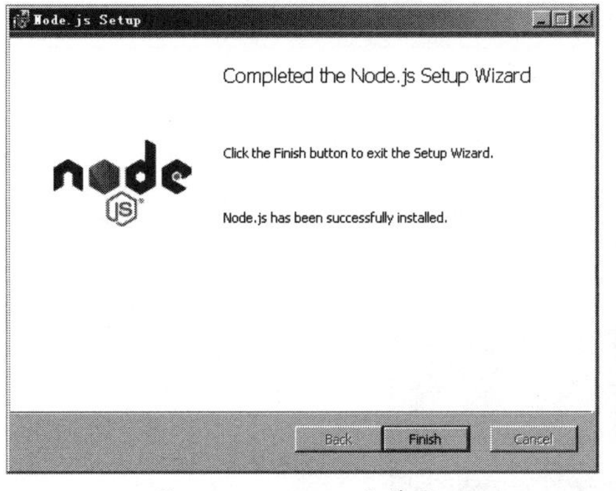

图 2.12　Node.js 安装成功

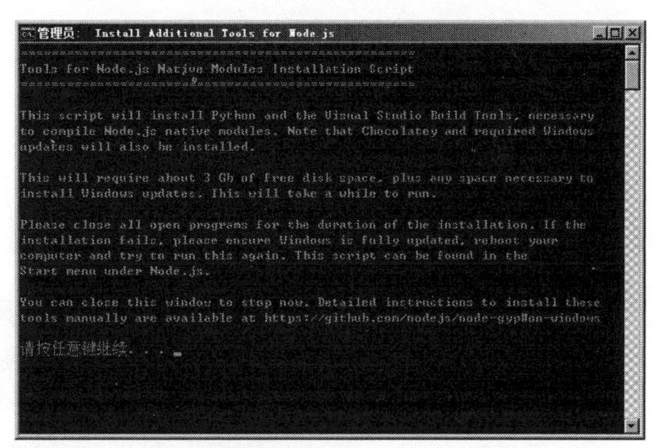

图 2.13　CMD 命令行界面

在这个界面中，要通过 node -v 命令来查看安装的 Node.js 版本号。当前界面可以通过“开始”→“程序”→“附件”→“命令提示符”进入，也可以通过“开始”→“运行”→输入“cmd”→按“Enter”键打开。在 CMD 命令行界面中输入“node -v”，然后按“Enter”键，结果如图 2.14 所示。

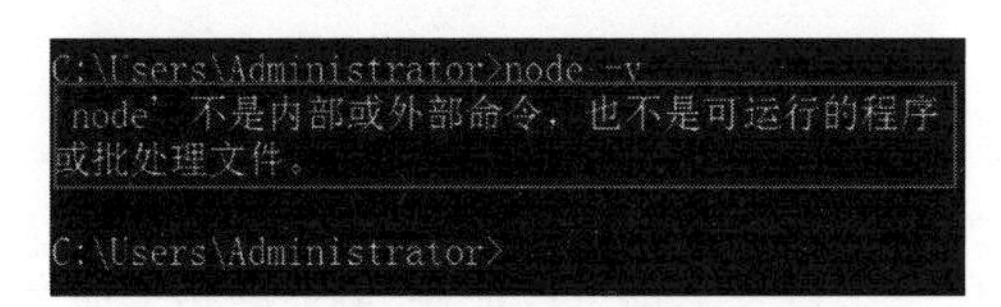

图 2.14　CMD 命令行报错界面

由图 2.14 可知，Node.js 安装出现错误，问题出在哪里呢？根据经验，还需要配置 Node.js 环境变量才能真正完成安装。

操作方式：“开始”→“我的电脑”（Windows 7 及以上版本叫作“计算机”）→右击，在弹出的快捷菜单中选择“属性”选项，打开“系统属性”对话框（或者在打开的窗口中选择“高级系统设置”选项），在“高级”选项卡中单击“环境变量”按钮，打开“环境变量”对话框，如图 2.15 所示。

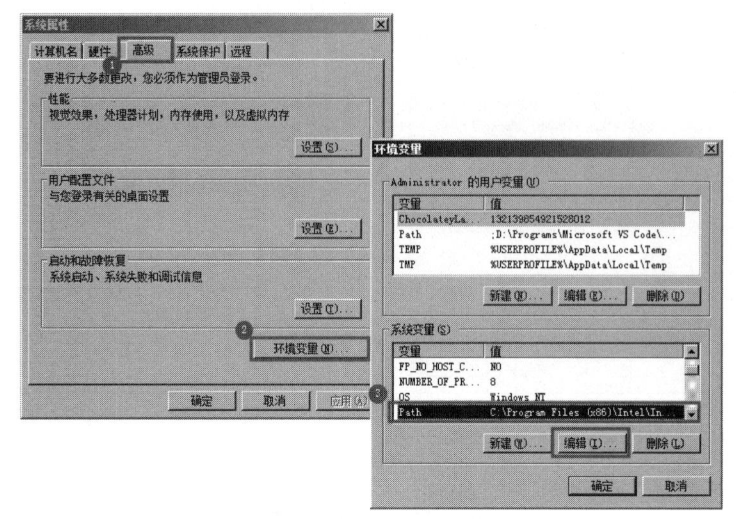

图 2.15 环境变量设置

需要注意的是，编辑时不要修改之前默认的路径设置，否则会有意想不到的破坏，甚至导致系统崩溃无法启动；将之前安装 Node.js 的路径“D:\Program Files\nodejs\”复制进去，注意这里要用分号“;”分隔开之前的路径，如图 2.16 所示。

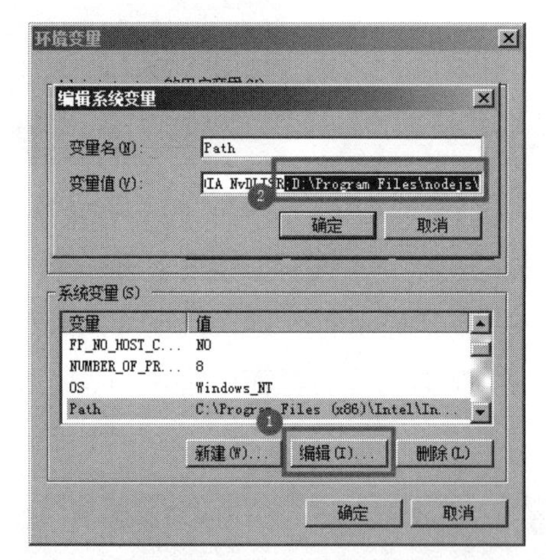

图 2.16 编辑 Path 的值

完成以上设置后，在任何一个目录下都可以使用 node 的相关命令了。重新打开 CMD 命令行窗口，输入“node -v”后按“Enter”键，如图 2.17 所示。

如图 2.17 所示的结果，表明 Node.js 已真正安装成功，窗口中显示了 Node.js 的版本号 v12.13.1。除查看 Node.js 版本号外，还可以查看 npm 的版本号。npm 是 Node.js 所衍生的一个命令，可以不会 Node.js，但是 npm 的一些命令是需要会的，因为它是学习脚手架所必需的一些命令。输入“npm -v”后按“Enter”键，在窗口中出现了一个版本号 6.12.1，如图 2.18 所示。至此，即可说明无论是 Node.js 还是 npm 都已安装成功。

图 2.17　CMD 命令提示 Node.js 版本号

图 2.18　CMD 命令提示 npm 版本号

以上两个步骤是在进行 vue-cli 学习时所必需的步骤。下面再来学习几个 DOS 命令，分别如下。

（1）cd 命令：打开文件夹。

（2）md 命令：新建文件夹。

（3）dir 命令：查看文件夹内容。

（4）cd.. 命令：返回上一级文件夹。

这 4 个命令是在进行脚手架工作时必须要会的命令，下面就切换到 CMD 命令行界面。首先要进入 D 盘就切换盘符，如 C:\ 属于提示符，代表当前所处的文件位置，输入“D:”按“Enter”键就会切换到 D 盘，输入“e:”按“Enter”键就会切换到 E 盘（这里盘符不区分大小写）。进入具体的某一个目录就用“cd 文件夹目录名称路径”即可，cd 命令很简单，cd 就是 change directory（改变目录）的缩写，“cd e:\vue”就代表进入 E 盘下的 vue 文件夹（当然，前提是有 vue 这个文件夹，如果没有就会报错，系统找不到指定路径），如图 2.19 所示。

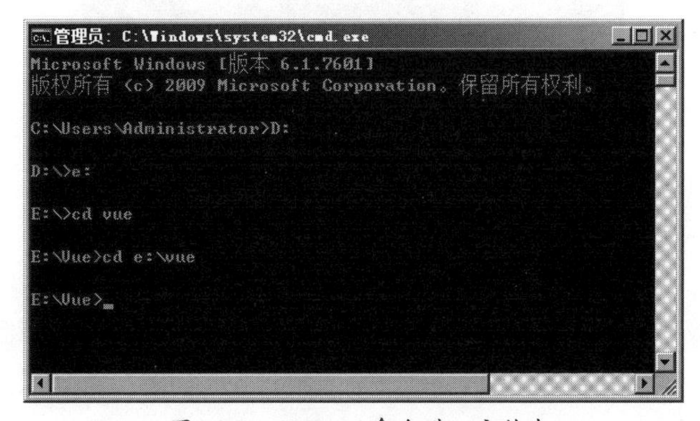

图 2.19　CMD cd 命令进入文件夹

然后可以用 md 命令创建一个文件夹，md 命令也很简单，md 就是 make directory（创建目录）的缩写。例如，创建文件夹的名称就叫作 vuecli2，可以先在 E 盘创建一个名为 vue-learn 的文件夹作为以后这个项目所在的工作文件目录，然后依次输入以下内容，如图 2.20 所示。

```
e:（说明：切换到 E 盘）
```

```
md vue-learn 回车（说明：创建 vue-learn 文件夹）
cd vue-earn 回车（说明：进入 vue-learn 文件夹目录）
md vuecli2 回车（说明：在 vue-learn 文件夹中创建 vuecli2 文件夹）
```

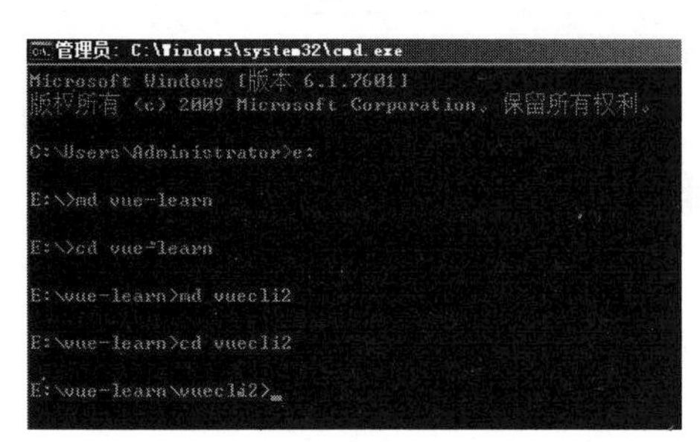

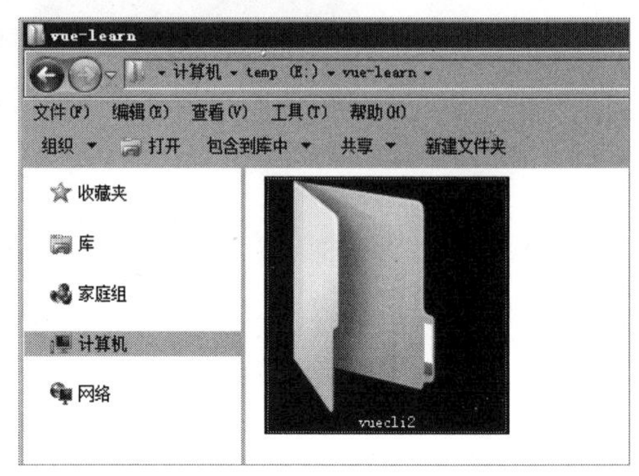

图 2.20　CMD md 命令创建文件夹

用 md 命令创建好文件夹之后，再使用 cd 命令进入该文件夹，相当于在 Windows 中打开这个文件夹。这时可以看到前面的盘符发生了改变，是名为 vuecli2 的一个空文件夹。这里有一个小窍门：用 cd 空格之后输入文件夹的开头字母，如输入“cd v”后按“Tab”键就会自动出现同文件夹目录下 v 字母开头的文件名，这样就方便快捷输入了。

接下来可以通过 dir 命令去查看当前文件夹的目录信息，如当前磁盘的文件目录信息、文件夹大小、子目录数量、创建日期时间、文件数量等，如图 2.21 所示。dir 命令更简单，dir 就是 directory（目录）的前 3 个字母。

```
E:\vue-learn\vuecli2>dir
 驱动器 E 中的卷是 temp
 卷的序列号是 5CC2-AD05

 E:\vue-learn\vuecli2 的目录

2019/11/20  23:52    <DIR>          .
2019/11/20  23:52    <DIR>          ..
               0 个文件              0 字节
               2 个目录 6,264,184,832 可用字节

E:\vue-learn\vuecli2>
```

图 2.21　CMD dir 命令查看当前文件夹的目录信息

如果要返回上一级目录，就用 cd.. 命令，在输入“cd..”后按“Enter”键，即可返回到 E 盘的根目录文件夹，连续使用 cd.. 命令将直接到达当前盘根目录，如图 2.22 所示。

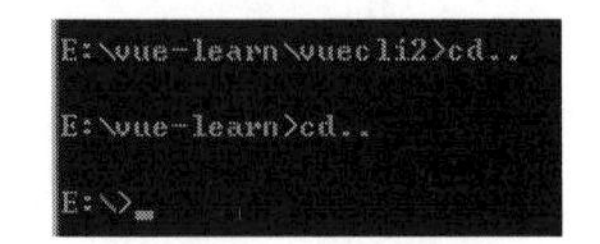

图 2.22　CMD cd.. 命令返回上一级目录

本小节要熟练使用 cd、md、dir 命令，这将有助于方便、快捷地使用脚手架。

2.1.2 npm 安装及参数设置

本小节主要介绍 vue-cli 的安装，在介绍安装之前要先来了解 npm 和 cnpm 的区别。在 2.1.1 小节已经知道 npm 是 Node.js 的一个工具，它的主要作用是进行包管理，在使用 Vue.js 时，Node.js 可以不会，但是 Node.js 的 npm 是必须掌握的，要学会其中的一些常用命令。npm（node package manager）是 Node.js 的包管理器（包括卸载、安装、依赖管理等），由于 npm 是从国外的服务器下载的，受网络的影响比较大，也可能会出现异常，所以必须使用国内镜像来代替国外的服务器。国内的淘宝镜像则称为 cnpm（china node package manager）。在进行脚手架配置时，将以 cnpm 为主，两者的用法完全相同，区别是一个以 npm 作为命令的开头，另一个以 cnpm 作为命令的开头。

-g 是 npm 最常用的参数，用于全局安装，可以在命令行下直接使用，使用全局安装以后可以在任何情况下的命令行中直接使用。与全局安装相对应，还有一个本地安装，后面会解释全局安装与本地安装之间的一些区别及它们的位置，可以通过 npm root -g 命令来查看全局安装的文件夹位置，如图 2.23 所示。对 Windows 比较熟悉的读者可能会知道，在 Windows 中有一个 user 的目录，这个文件夹中所放的便是一些全局的配置。

图 2.23 查看 npm 安装目录

接下来就使用以下命令对 cnpm 进行安装，如图 2.24 所示。

```
npm install -g cnpm --registry=https://registry.npm.taobao.org
```

```
C:\Users\Administrator>npm install -g cnpm --registry=https://registry.npm.taoba
o.org
[..................] / rollbackFailedOptional:        npm-session 08273d751ebf886
```

```
C:\Users\Administrator>npm install -g cnpm --registry=https://registry.npm.taoba
o.org
C:\Users\Administrator\AppData\Roaming\npm\cnpm -> C:\Users\Administrator\AppDat
a\Roaming\npm\node_modules\cnpm\bin\cnpm
+ cnpm@6.1.0
updated 1 package in 46.964s
```

图 2.24 使用命令安装 cnpm 的过程和成功界面

在使用 npm 和 cnpm 命令安装 Vue.js 之前可以看一下以下两条命令。

```
npm install -g vue-cli
cnpm install -g vue-cli
```

唯一的区别就是使用 npm 还是 cnpm，即在进行安装时是选择国外的服务器，还是选择国内的淘宝镜像来进行安装。至于参数 -g 的位置则比较灵活，可以放在这一条命令的最后，也可以放在 vue-cli 的前面，可根据个人的喜好和书写习惯来放置，但需要注意的是，命令中的空格是不能省略的。使用 npm 或 cnpm 命令安装 vue-cli 时，都会出现类似于如图 2.25 所示的界面。

```
e:\vue-learn\vuecli2>cnpm install -g vue-cli
Downloading vue-cli to C:\Users\Administrator\AppData\Roaming\npm\node_modules\v
ue-cli_tmp
Copying C:\Users\Administrator\AppData\Roaming\npm\node_modules\vue-cli_tmp\_vue
-cli@2.9.6@vue-cli to C:\Users\Administrator\AppData\Roaming\npm\node_modules\vu
e-cli
Installing vue-cli's dependencies to C:\Users\Administrator\AppData\Roaming\npm\
node_modules\vue-cli/node_modules
[1/20] commander@^2.9.0 installed at node_modules\_commander@2.20.3@commander
[2/20] consolidate@^0.14.0 installed at node_modules\_consolidate@0.14.5@consoli
date
[3/20] minimatch@^3.0.0 installed at node_modules\_minimatch@3.0.4@minimatch
[4/20] multimatch@^2.1.0 installed at node_modules\_multimatch@2.1.0@multimatch
[5/20] ora@^1.3.0 installed at node_modules\_ora@1.4.0@ora
[6/20] rimraf@^2.5.0 existed at node_modules\_rimraf@2.7.1@rimraf
[7/20] chalk@^2.1.0 installed at node_modules\_chalk@2.4.2@chalk
[8/20] semver@^5.1.0 installed at node_modules\_semver@5.7.1@semver
[9/20] uid@0.0.2 installed at node_modules\_uid@0.0.2@uid
[10/20] tildify@^1.2.0 installed at node_modules\_tildify@1.2.0@tildify
[11/20] read-metadata@^1.0.0 installed at node_modules\_read-metadata@1.0.0@read
-metadata
[12/20] coffee-script@1.12.7 existed at node_modules\_coffee-script@1.12.7@coffe
e-script
[13/20] user-home@^2.0.0 installed at node_modules\_user-home@2.0.0@user-home
[14/20] validate-npm-package-name@^3.0.0 installed at node_modules\_validate-npm
-package-name@3.0.0@validate-npm-package-name
[15/20] handlebars@^4.0.5 installed at node_modules\_handlebars@4.5.3@handlebars

[16/20] metalsmith@^2.1.0 installed at node_modules\_metalsmith@2.3.0@metalsmith

[17/20] download-git-repo@^1.0.1 installed at node_modules\_download-git-repo@1.
1.0@download-git-repo
[18/20] async@^2.4.0 installed at node_modules\_async@2.6.3@async
[19/20] request@^2.67.0 installed at node_modules\_request@2.88.0@request
[20/20] inquirer@^6.0.0 installed at node_modules\_inquirer@6.5.2@inquirer
deprecate metalsmith@2.3.0 › gray-matter@2.1.1 › coffee-script@^1.12.4 CoffeeScr
ipt on NPM has moved to "coffeescript" (no hyphen)
Recently updated (since 2019-11-16): 1 packages (detail see file C:\Users\Admini
strator\AppData\Roaming\npm\node_modules\vue-cli\node_modules\.recently_updates.
txt)
  2019-11-18
    → handlebars@^4.0.5(4.5.3) (15:11:39)
All packages installed (239 packages installed from npm registry, used 9s(networ
k 8s), speed 638.25kB/s, json 223(438.5kB), tarball 4.55MB)
[vue-cli@2.9.6] link C:\Users\Administrator\AppData\Roaming\npm\vue@ -> C:\Users
\Administrator\AppData\Roaming\npm\node_modules\vue-cli\bin\vue
[vue-cli@2.9.6] link C:\Users\Administrator\AppData\Roaming\npm\vue-init@ -> C:\
Users\Administrator\AppData\Roaming\npm\node_modules\vue-cli\bin\vue-init
[vue-cli@2.9.6] link C:\Users\Administrator\AppData\Roaming\npm\vue-list@ -> C:\
Users\Administrator\AppData\Roaming\npm\node_modules\vue-cli\bin\vue-list
```

图 2.25　使用 cnpm 命令安装 vue-cli2

利用 npm 来下载和安装各种各样的依赖包，这些依赖包的管理都由 npm 自动去完成，不需要额外进行处理，只需按照指定的命令去操作即可。在进行安装时要手动指定或通过 cnpm 的方式来完成。下面就切换到 DOS 界面（CMD 命令行窗口），在这个界面中进行具体的操作。以 npm 的方式来进行 Vue.js 的安装，先把 Vue.js 脚手架安装好之后，再通过脚手架来搭建 Vue.js 项目（或者配置编码），所以 vue-cli 并不是工程名称，而是当前要安装的 Vue.js 脚手架的固定名称（或者一个应用中的部分内容）。以 npm 的方式安装 vue-cli2 的命令如下，如图 2.26 所示。

```
npm install -g vue-cli
```

```
e:\vue-learn\vuecli2>npm install -g vue-cli
[..................] / rollbackFailedOptional:        npm-session 053fe97a689f096
```

图 2.26　使用 npm 命令安装 vue-cli2

在国内用 npm 命令来安装会等待很久，因为访问的是国外服务器。在此只是演示可以用这个命令来安装，实际操作中都是用 cnpm 命令来安装的。可关闭当前 DOS 窗口或按“Ctrl+C”键来终止刚才的命令，在 DOS 命令窗口中按“Ctrl+C”键就会出现“终止批处理操作吗（Y/N）？”的提示，输入“Y”来终止当前的安装，然后使用以下命令来安装 Vue.js 脚手架。

```
cnpm install -g vue-cli
```

使用以上命令后会出现如图 2.25 所示的界面，等待大约 2 分钟（根据本地网速不同会有时间差异）即可安装完成。需要注意的是，如果没有安装 cnpm 命令但又希望通过国内镜像来安装 Vue.js 脚手架，则可使用以下命令。

```
npm install -gd express --registry=http://registry.npm.taobao.org
```

以上命令也会采取 cnpm 的方式来进行安装，但是如果每次使用淘宝镜像安装都在后面跟一串如此长的网址肯定有些不便。为避免每次安装都需要 --registry 参数，可以使用以下命令进行永久设置。

```
npm config set registry http://registry.npm.taobao.org
```

使用以上命令后，再使用 npm 就等同于使用 cnpm 命令了。不过，除非是做实验，否则笔者不建议采用这种全局设置，因为毕竟有时可能需要用到原生的 npm 命令。所以，这一条命令的使用比例并不高，即便是每次都重复输入镜像网址，其实工作量也不会增加得太多，但是从技术的角度上来说，仅通过这样的一个命令行，便可以从系统的设置中将 npm 的下载位置更改为淘宝镜像，还是非常实用的。建议使用如图 2.24 所示的方式安装好命令 cnpm，需要用淘宝镜像时就在 npm 前面加个 c，不需要用 cnpm 时就直接输入 npm 即可，可灵活切换使用。在日常的命令行中输入之前用过的命令时，可以直接用键盘上的“↑”和“↓”键或“PgUp”和“PgDn”键来切换到历史记录中用过的命令，非常方便。

在了解 cnpm 之前，先对 npm 命令的几个参数作几点说明，而且这几个参数对于 cnpm 也同样适用。需要说明的是，npm 和 cnpm 仅是下载的位置不同，除此之外所有的参数、功能和作用都是完全相同的。-S 和 -D 这两个参数都是大写：-S 是 --save 的缩写，它表明是将安装包的信息加入生产阶段（所谓生产阶段，主要就是指在开发完成以后已经进入实际的应用阶段了，主要是在做发布、产品交付时使用）；-D 是 --save-dev 的缩写，所代表的是 save 和 dev 这两项的综合，是在开发阶段，所以大多数情况下选择 -D。参数的写法非常灵活，可以用 -S、-D 这样的缩写方式，也可以用 --save 或 --save-dev 完整的参数，在使用时，可以根据自己的喜好进行选择。另外，install 也可以缩写为小写的 i，示例如下。

```
cnpm i -gD vue-cli
```

以上命令是比较常用的、最精简的安装 Vue.js 脚手架的命令。

在 DOS 界面中通过命令来进入某个项目目录比较麻烦，下面推荐一个非常简单的方式。首先打开资源管理器找到某个目录，如 E:\vue-learn\vuecli2，然后在资源管理器的地址栏输入“cmd”后按“Enter”键即可直接在该位置进入 DOS 界面（提示：这里只是为了练习，所以在一个专门的目录安装脚手架，日常使用是默认安装到全局目录 C 盘 users 用户文件夹下），如图 2.27 所示。

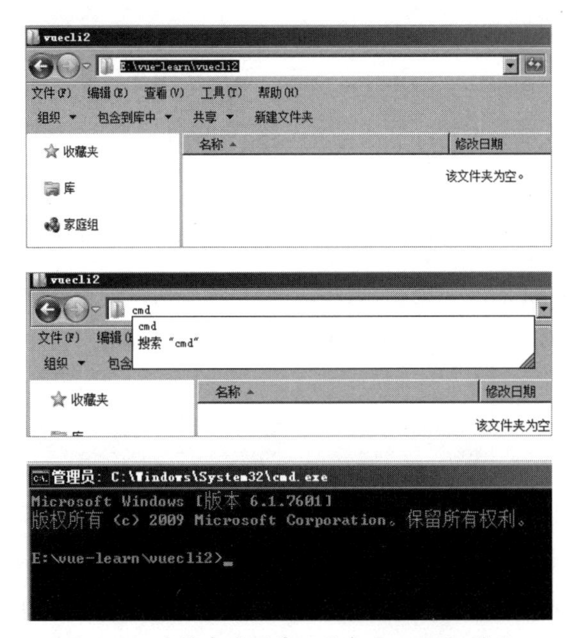

图 2.27　直接在资源管理器中进入 DOS 界面

安装成功后，将会在 vuecli2 文件夹下出现一个 node_modules 文件夹。图 2.28 所示是安装成功后的命令提示信息。

如果使用上面的命令没有安装成功 Vue.js 脚手架，则可以使用以下命令来安装。

```
cnpm install -g @vue/cli-init
```

安装成功后的页面提示，如图 2.29 所示。

```
E:\vue-learn\vuecli2>cnpm i -gD vue-cli
Downloading vue-cli to C:\Users\Administrator\AppData\Roaming\npm\node_modules\v
ue-cli_tmp
Copying C:\Users\Administrator\AppData\Roaming\npm\node_modules\vue-cli_tmp\_vue
-cli@2.9.6@vue-cli to C:\Users\Administrator\AppData\Roaming\npm\node_modules\vu
e-cli
Installing vue-cli's dependencies to C:\Users\Administrator\AppData\Roaming\npm\
node_modules\vue-cli/node_modules
[1/20] commander@^2.9.0 installed at node_modules\_commander@2.20.3@commander
[2/20] multimatch@^2.1.0 installed at node_modules\_multimatch@2.1.0@multimatch
[3/20] minimatch@^3.0.0 installed at node_modules\_minimatch@3.0.4@minimatch
[4/20] ora@^1.3.0 installed at node_modules\_ora@1.4.0@ora
[5/20] rimraf@^2.5.0 existed at node_modules\_rimraf@2.7.1@rimraf
[6/20] consolidate@^0.14.0 installed at node_modules\_consolidate@0.14.5@consoli
date
[7/20] chalk@^2.1.0 installed at node_modules\_chalk@2.4.2@chalk
[8/20] semver@^5.1.0 installed at node_modules\_semver@5.7.1@semver
[9/20] tildify@^1.2.0 installed at node_modules\_tildify@1.2.0@tildify
[10/20] uid@0.0.2 installed at node_modules\_uid@0.0.2@uid
[11/20] user-home@^2.0.0 installed at node_modules\_user-home@2.0.0@user-home
[12/20] coffee-script@1.12.7 existed at node_modules\_coffee-script@1.12.7@coffe
e-script
[13/20] read-metadata@^1.0.0 installed at node_modules\_read-metadata@1.0.0@read
-metadata
[14/20] handlebars@^4.0.5 installed at node_modules\_handlebars@4.5.3@handlebars

[15/20] metalsmith@^2.1.0 installed at node_modules\_metalsmith@2.3.0@metalsmith

[16/20] validate-npm-package-name@^3.0.0 installed at node_modules\_validate-npm
-package-name@3.0.0@validate-npm-package-name
[17/20] async@^2.4.0 installed at node_modules\_async@2.6.3@async
[18/20] request@^2.67.0 installed at node_modules\_request@2.88.0@request
[19/20] download-git-repo@^1.0.1 installed at node_modules\_download-git-repo@1.
1.0@download-git-repo
[20/20] inquirer@^6.0.0 installed at node_modules\_inquirer@6.5.2@inquirer
deprecate metalsmith@2.3.0 › gray-matter@2.1.1 › coffee-script@^1.12.4 CoffeeScr
ipt on NPM has moved to "coffeescript" (no hyphen)
Recently updated (since 2019-11-16): 1 packages (detail see file C:\Users\Admini
strator\AppData\Roaming\npm\node_modules\vue-cli\node_modules\.recently_updates.
txt)
  2019-11-18
    → handlebars@^4.0.5(4.5.3) (15:11:39)
All packages installed (239 packages installed from npm registry, used 8s(networ
k 8s), speed 660.82kB/s, json 223(438.35kB), tarball 4.55MB)
[vue-cli@2.9.6] link C:\Users\Administrator\AppData\Roaming\npm\vue@ -> C:\Users
\Administrator\AppData\Roaming\npm\node_modules\vue-cli\bin\vue
[vue-cli@2.9.6] link C:\Users\Administrator\AppData\Roaming\npm\vue-init@ -> C:\
Users\Administrator\AppData\Roaming\npm\node_modules\vue-cli\bin\vue-init
[vue-cli@2.9.6] link C:\Users\Administrator\AppData\Roaming\npm\vue-list@ -> C:\
Users\Administrator\AppData\Roaming\npm\node_modules\vue-cli\bin\vue-list

E:\vue-learn\vuecli2>
```

图 2.28　命令行安装成功 vue-cli2

```
管理员: C:\Windows\System32\cmd.exe
Microsoft Windows [版本 6.1.7601]
版权所有 (c) 2009 Microsoft Corporation。保留所有权利。

E:\vue-learn\vuecli2>cnpm install -g @vue/cli-init
Downloading @vue/cli-init to C:\Users\Administrator\AppData\Roaming\npm\node_mod
ules\@vue\cli-init_tmp
Copying C:\Users\Administrator\AppData\Roaming\npm\node_modules\@vue\cli-init_tm
p\_@vue_cli-init@4.0.5@@vue\cli-init to C:\Users\Administrator\AppData\Roaming\n
pm\node_modules\@vue\cli-init
Installing @vue/cli-init's dependencies to C:\Users\Administrator\AppData\Roamin
g\npm\node_modules\@vue\cli-init/node_modules
[1/2] execa@^1.0.0 installed at node_modules\_execa@1.0.0@execa
[2/2] vue-cli@^2.9.2 installed at node_modules\_vue-cli@2.9.6@vue-cli
deprecate vue-cli@^2.9.2 This package has been deprecated in favour of @vue/cli
deprecate vue-cli@2.9.6 › metalsmith@2.3.0 › gray-matter@2.1.1 › coffee-script@^
1.12.4 CoffeeScript on NPM has moved to "coffeescript" (no hyphen)
Recently updated (since 2019-11-17): 1 packages (detail see file C:\Users\Admini
strator\AppData\Roaming\npm\node_modules\@vue\cli-init\node_modules\.recently_up
dates.txt)
  2019-11-18
    → vue-cli@2.9.6 › handlebars@^4.0.5(4.5.3) (15:11:39)
All packages installed (253 packages installed from npm registry, used 9s(networ
k 9s), speed 605.85kB/s, json 236(457.81kB), tarball 4.61MB)

E:\vue-learn\vuecli2>
```

图 2.29　安装成功 vue-cli2

为了验证 Vue.js 脚手架是否安装成功，输入“vue -V”（注意 -V 的 V 是大写的）后按“Enter”键，如果显示 Vue.js 版本，就代表 Vue.js 脚手架安装成功，如图 2.30 所示。

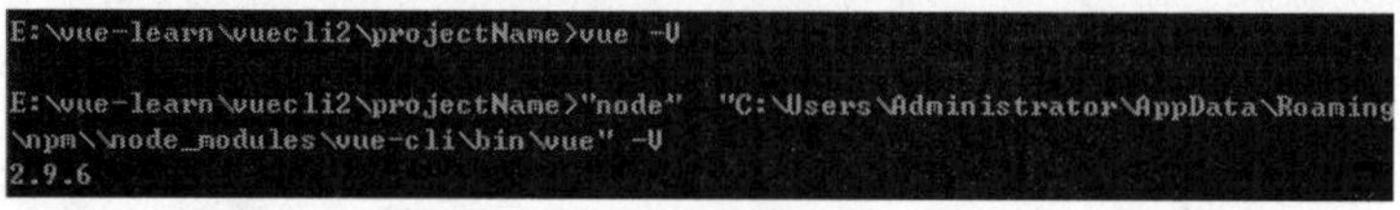

```
E:\vue-learn\vuecli2\projectName>vue -V

E:\vue-learn\vuecli2\projectName>"node"  "C:\Users\Administrator\AppData\Roaming
\npm\\node_modules\vue-cli\bin\vue" -V
2.9.6
```

图 2.30　查看安装的 Vue.js 版本

2.1.3 用脚手架生成项目目录

创建 Vue.js 项目的命令如下。

```
vue init webpack projectName
```

在创建 Vue.js 项目时有很多命令可以使用，其中 webpack 是使用频率最高的，本小节只需要会使用 webpack 模板创建项目即可。projectName 是项目名称，创建后会以输入的项目名称来创建一个文件夹，如图 2.31 所示。

```
选定 管理员: C:\Windows\System32\cmd.exe - vue  init webpack projectName
Microsoft Windows [版本 6.1.7601]
版权所有 (c) 2009 Microsoft Corporation。保留所有权利。

E:\vue-learn\vuecli2>vue init webpack projectName

E:\vue-learn\vuecli2>"node"  "C:\Users\Administrator\AppData\Roaming\npm\\node_m
odules\vue-cli\bin\vue" init webpack projectName

 downloading template
```

图 2.31　Vue.js 项目初始化

按“Enter”键后会提示“? Project name (projectName) ”，此时需要输入项目名称，这里直接输入“vue-test”（注意这个名称不是项目文件夹的名称而是项目名称，注意区分），如图 2.32 所示。

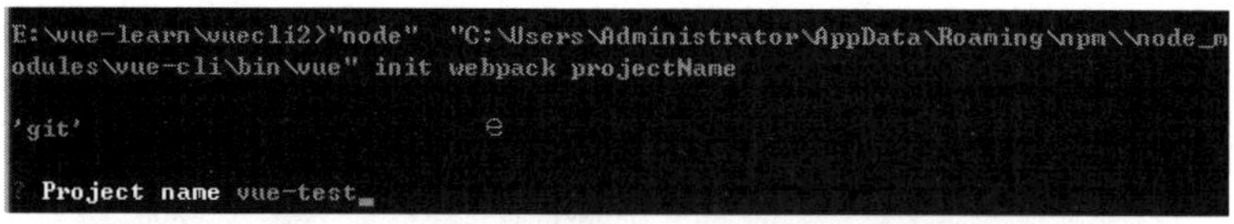

```
E:\vue-learn\vuecli2>"node"  "C:\Users\Administrator\AppData\Roaming\npm\\node_m
odules\vue-cli\bin\vue" init webpack projectName

'git'

? Project name vue-test_
```

图 2.32　Vue.js 项目初始化输入项目名称

然后按“Enter”键，会提示“? Project description (A Vue.js project)”，此时需要输入对项目的描述内容，这里继续输入“vue-test”，然后继续按“Enter”键，会提示“? Author”，这里输入项目作者姓名或网络昵称即可，按“Enter”键后会出现以下提示。

```
> Runtime + Compiler: recommended for most users
  Runtime-only: about 6KB lighter min+gzip, but templates (or any Vue-specific
HTML) are ONLY allowed in .vue files - render functions are required elsewhere
```

以上提示内容是推荐使用一个运行时编辑器，继续按“Enter”键，会提示“? Install vuerouter? (Y/n)”，即是否需要安装 Vue.js 路由，输入“y”后按“Enter”键。然后会提示“? Use ESLint to lint your code? (Y/n)”，即是否使用 ESLinti 管理代码，ESLint 是代码风格管理工具，可用来统一代码风格，一般项目中都会使用，输入“y”后按“Enter”键，会出现以下提示。

```
? Pick an ESLint preset (Use arrow keys)
> Standard (https://github.com/standard/standard)
  Airbnb (https://github.com/airbnb/JavaScript)
  none (configure it yourself)
```

继续按“Enter”键，会提示“? Set up unit tests (Y/n)”，即是否设置单元测试，输入“y”后按“Enter”键，会出现以下提示。

```
? Pick a test runner (Use arrow keys)
> Jest
  Karma and Mocha
  none (configure it yourself)
```

继续按“Enter”键，会提示“? Setup e2e tests with Nightwatch? (Y/n)”，其中 e2e 测试是一个非常先进的自动化测试模块（自动化测试是把人的测试行为转化为机器执行的程序，可以提高效率，解放生产力，节省人力成本和时间成本，降低人类易出错的风险），输入“y”后按“Enter”键，会出现以下提示。

```
? Should we run `npm install` for you after the project has been created?
(recommended) (Use arrow keys)
> Yes, use npm
  Yes, use Yarn
  No, I will handle that myself
```

可以用键盘上的“↑”和“↓”键修改运行 npm install 的工具，这里默认使用 npm 即可，直接按“Enter”键，系统将会自动为 Vue.js 项目安装需要依赖的 npm 工具命令合集。按“Enter”键后就开始自动安装 Vue.js 项目了，等待 5~10 分钟 Vue.js 项目安装完成，整个过程请务必保证网络通畅，网速会决定安装时间长短，如图 2.33 所示。

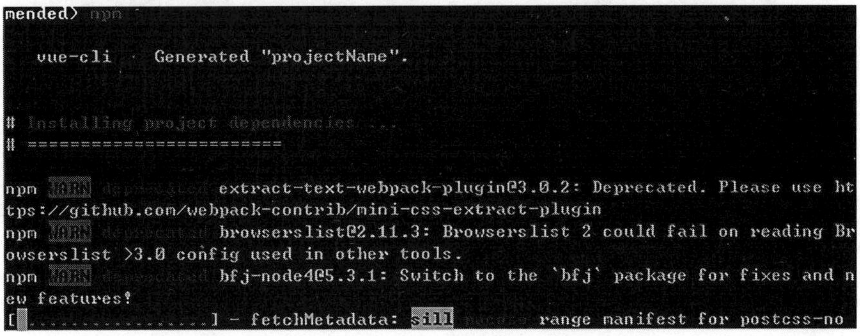

图 2.33　Vue.js 项目依赖安装中

图 2.34 Vue.js 项目安装成功

安装成功后会出现如图 2.34 所示的提示。

在“To get started:”下面有两条命令，其中 cd projectName 命令表示直接进入 projectName 文件夹，npm run dev 命令表示运行创建好的 Vue.js 项目。如果出现了以下报错提示内容：

```
npm ERR! This is probably not a problem with npm. There is likely additional
logging output above.
```

则说明刚刚创建的 Vue.js 项目文件夹中没有安装对应的项目依赖包，这时需要使用 npm install 命令安装（图 2.35），再使用 npm run dev 命令运行。在安装 Vue.js 项目依赖包时最好不要离开 DOS 界面，否则可能中断安装过程。

```
E:\vue-learn\vuecli2\projectName>npm install
npm WARN deprecated extract-text-webpack-plugin@3.0.2: Deprecated. Please use ht
tps://github.com/webpack-contrib/mini-css-extract-plugin
npm WARN deprecated browserslist@2.11.3: Browserslist 2 could fail on reading Br
owserslist >3.0 config used in other tools.
npm WARN deprecated bfj-node4@5.3.1: Switch to the `bfj` package for fixes and n
ew features!
npm WARN deprecated core-js@2.6.10: core-js@<3.0 is no longer maintained and not
 recommended for usage due to the number of issues. Please, upgrade your depende
ncies to the actual version of core-js@3.
npm WARN deprecated fsevents@1.2.9: One of your dependencies needs to upgrade to
 fsevents v2: 1) Proper nodejs v10+ support 2) No more fetching binaries from AW
S, smaller package size
npm WARN deprecated browserslist@1.7.7: Browserslist 2 could fail on reading Bro
wserslist >3.0 config used in other tools.

> core-js@2.6.10 postinstall E:\vue-learn\vuecli2\projectName\node_modules\core-
js
> node postinstall || echo "ignore"

Thank you for using core-js ( https://github.com/zloirock/core-js ) for polyfill
ing JavaScript standard library!

The project needs your help! Please consider supporting of core-js on Open Colle
ctive or Patreon:
> https://opencollective.com/core-js
> https://www.patreon.com/zloirock

Also, the author of core-js ( https://github.com/zloirock ) is looking for a goo
d job -)


> ejs@2.7.4 postinstall E:\vue-learn\vuecli2\projectName\node_modules\ejs
> node ./postinstall.js

Thank you for installing EJS: built with the Jake JavaScript build tool (https:/
/jakejs.com/)


> uglifyjs-webpack-plugin@0.4.6 postinstall E:\vue-learn\vuecli2\projectName\nod
e_modules\webpack\node_modules\uglifyjs-webpack-plugin
> node lib/post_install.js

npm notice created a lockfile as package-lock.json. You should commit this file.

npm WARN ajv-keywords@3.4.1 requires a peer of ajv@^6.9.1 but none is installed.
 You must install peer dependencies yourself.
npm WARN optional SKIPPING OPTIONAL DEPENDENCY: fsevents@1.2.9 (node_modules\fse
vents):
npm WARN notsup SKIPPING OPTIONAL DEPENDENCY: Unsupported platform for fsevents@
1.2.9: wanted {"os":"darwin","arch":"any"} (current: {"os":"win32","arch":"x64"}
)

added 1216 packages from 669 contributors and audited 11868 packages in 128.21s
found 11 vulnerabilities (1 low, 6 moderate, 4 high)
  run `npm audit fix` to fix them, or `npm audit` for details
```

图 2.35 安装 Vue.js 项目依赖包

如果安装过程中出现了“Unexpected end of JSON input while parsing near”这样的提示，就需要用以下命令清除安装缓冲，再重新安装一次。

```
npm cache clean --force
```

注意

使用 vue init webpack 安装 Vue.js 模板项目越来越慢了，可能与远程服务器镜像有关，请在安装时尽量耐心等待。

安装好 Vue.js 项目依赖包后输入：

```
npm run dev
```

即可运行刚刚安装好的 Vue.js 模板项目，运行之后如图 2.36 所示。

```
15% building modules 45/46 modules 1 active ...\vue-style-loader\lib\listToStyl
15% building modules 46/47 modules 1 active ...de_modules\css-loader\lib\css-ba
95% emitting

 DONE  Compiled successfully in 6514ms                                 17:24:54

  Your application is running here: http://localhost:8080
```

图 2.36 Vue.js 项目运行成功

根据提示在浏览器中访问 http://localhost:8080 就可以打开运行好的 Vue.js 项目了，在浏览器中打开后，如果看到如图 2.37 所示的效果就代表 Vue.js 项目运行成功。

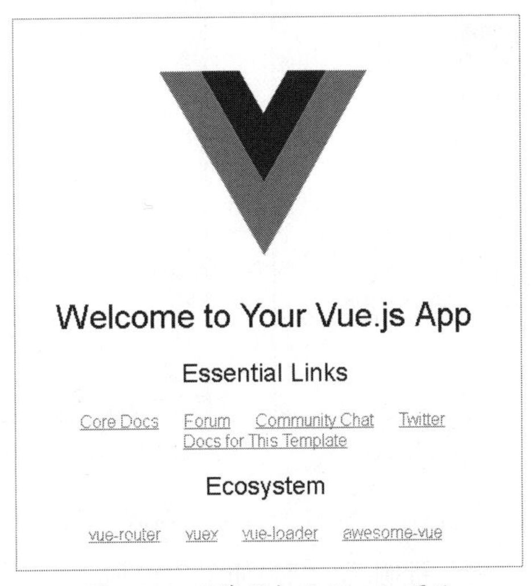

图 2.37 浏览器打开 Vue.js 项目

2.1.4 自定义 Vue.js 模板项目文件

本小节先不讨论文件之间的执行次序依赖关系，也不去做参数配置，而是先要完成一个小项目，即将 vue-cli 默认的首页更改为自定义的 hello world，通过这个项目案例，再去分析它们的执行次序文件之间的关系等。

下面先切换到 DOS 界面，把这个服务启动起来，前面章节所创建的文件在 E:\vue-learn\vuecli2\projectName 中，用 cd 命令进入这个项目，要想启动服务，使用 npm run dev 命令即可。启动后访问在 2.1.3 小节中用过的 http://localhost:8080 地址（这个首页是默认的），现在的任务是把这个默认的首页修改一下，不考虑样式也不考虑美观程度，修改之后再去分析页面之间的依赖关系、文件之间的执行次序及参数等。

打开资源管理器并切换到 E:\vue-learn\vuecli2\projectName 文件夹，单击“src”文件夹，再单击“components”文件夹，用记事本打开 HelloWorld.vue 文件，如图 2.38 所示。

用记事本打开，看起来会有些乱，如果用 Notepad++ 打开 HelloWorld.vue 文件，就会比较清晰，如图 2.39 所示。

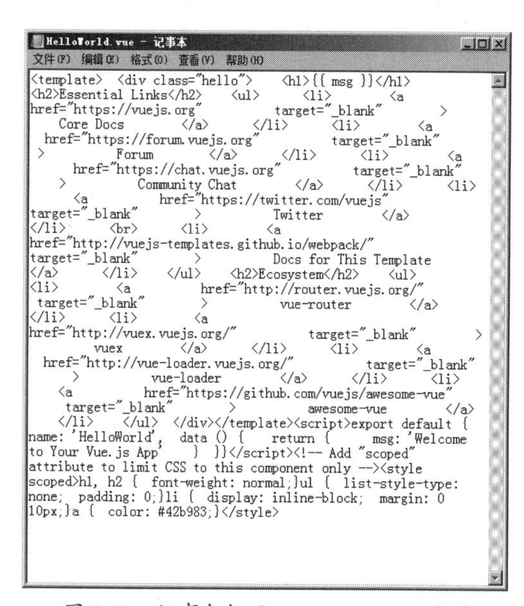

图 2.38　记事本打开 HelloWorld.vue 文件

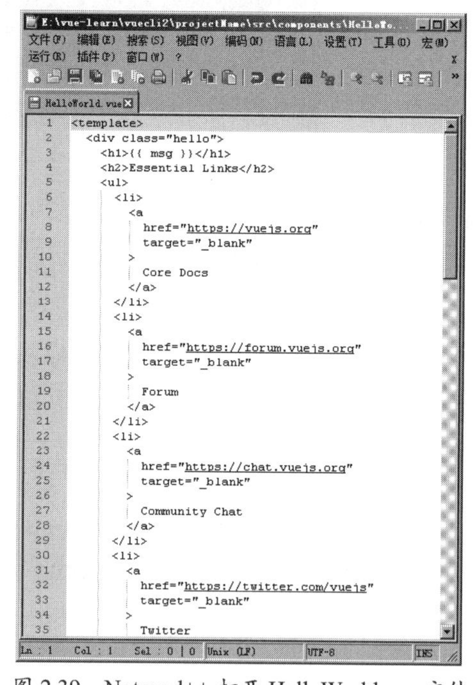

图 2.39　Notepad++ 打开 HelloWorld.vue 文件

直接将 <h2>Essential Links</h2> 修改为 <h2>hello world</h2>，然后保存 Vue 文件，之后回到浏览器刚刚打开的页面，并按“F5”键刷新，结果如图 2.40 所示。

可以看到，页面已经显示为刚刚修改的 Hello World，这也是 Vue.js 开发的一个很高效快捷的地方，直接修改后刷新网页即可。实际上，再等待 1 秒，网页会自动刷新更新为最新的修改效果，无须手动刷新网页，除非缓存特别严重的情况下，需要按“Ctrl+F5”键强制刷新缓存。

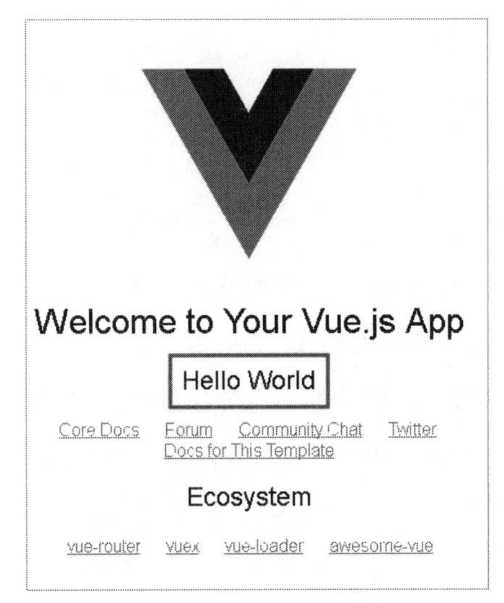

图 2.40　修改后的 HelloWorld.vue 文件运行效果

通过这样一个简单的实例可以帮助我们深刻理解 Vue.js 的运行机制，下面再来仔细观察一下 Vue 文件的结构。一般在 components 文件夹下存放的都是组件文件，用记事本打开 HelloWorld.vue 文件不难看出，其结构如下。

```
<template>
    ...
</template>
<script>
export default {
    ...
}
</script>
<style>
    ...
</style>
```

这是 Vue.js 组件的标准结构，尽量不要去改变它。需要特别强调的是，template 节点中的根节点只能有一个标签，不能有多个，即

```
<template>
    <div>...</div>
</template>
```

或者

```
<template>
    <h1>...</h1>
</template>
```

都是合法的，但是如果写成如下形式：

```
<template>
<div>...</div>
    <h1>...</h1>
</template>
```

就会报错，不允许在 template 下面同时存在多个根节点，可以有无数个子孙节点。

script 节点下的 export default {} 是规定的格式，如果要在里面添加属性，就必须用 data() {return {}}，注意必须用 return 返回参数。因为每次组件被引用都会自动创建一个新的组件实例，为了避免属性冲突，不同实例的同名属性用 return 返回就避免了作用域冲突的问题，正确写法如下。

```
export default {
  data() {
    return {
      msg: "Hello World!"
    }
  },
}
```

CSS 样式表比较灵活，可以用 scss、sass、less、stylus 类型的样式表，设置方式如下。

```
<style lang="scss" scoped>
</style>
<style lang="sass" scoped >
</style>
<style lang="less" scoped >
</style>
<style lang="stylus" scoped >
</style>
```

注意 scoped 一定要加入，否则组件的样式就会影响到全局的样式。

2.1.5 使用 vue-cli3 图形界面

本小节开始介绍如何使用 vue-cli3，首先直接输入以下命令安装 vue-cli3。

```
cnpm install -g @vue/cli
```

输入以上命令后会出现如图 2.41 所示的安装提示。

```
E:\vue-learn\vuecli2>cnpm install -g @vue/cli
Downloading @vue/cli to C:\Users\Administrator\AppData\Roaming\npm\node_modules\
@vue\cli_tmp
Copying C:\Users\Administrator\AppData\Roaming\npm\node_modules\@vue\cli_tmp\_@v
ue_cli@4.0.5@@vue\cli to C:\Users\Administrator\AppData\Roaming\npm\node_modules
\@vue\cli
Installing @vue/cli's dependencies to C:\Users\Administrator\AppData\Roaming\npm
\node_modules\@vue\cli/node_modules
[1/36] deepmerge@^3.2.0 installed at node_modules\_deepmerge@3.3.0@deepmerge
[2/36] commander@^2.20.0 installed at node_modules\_commander@2.20.3@commander
[3/36] @vue/cli-ui-addon-webpack@^4.0.5 installed at node_modules\_@vue_cli-ui-a
ddon-webpack@4.0.5@@vue\cli-ui-addon-webpack
[4/36] @vue/cli-ui-addon-widgets@^4.0.5 installed at node_modules\_@vue_cli-ui-a
ddon-widgets@4.0.5@@vue\cli-ui-addon-widgets
[5/36] didyoumean@^1.2.1 installed at node_modules\_didyoumean@1.2.1@didyoumean
[6/36] debug@^4.1.0 installed at node_modules\_debug@4.1.1@debug
[7/36] execa@^1.0.0 existed at node_modules\_execa@1.0.0@execa
[8/36] ejs@^2.7.1 installed at node_modules\_ejs@2.7.4@ejs
[9/36] envinfo@^7.4.0 installed at node_modules\_envinfo@7.5.0@envinfo
[10/36] boxen@^4.1.0 installed at node_modules\_boxen@4.1.0@boxen
[11/36] chalk@^2.4.1 installed at node_modules\_chalk@2.4.2@chalk
[12/36] cmd-shim@^2.0.2 installed at node_modules\_cmd-shim@2.1.0@cmd-shim
[13/36] isbinaryfile@^4.0.0 installed at node_modules\_isbinaryfile@4.0.2@isbina
ryfile
[14/36] javascript-stringify@^1.6.0 installed at node_modules\_javascript-string
```

图 2.41　安装 vue-cli3

安装好 vue-cli3 后，使用以下命令：

```
vue -V
```

查看安装版本，一般情况下提示“@vue/cli 4.0.5”就说明安装成功，此时使用命令：

```
vue ui
```

然后按“Enter”键就可以启动图形化的 vue-cli3 界面，如图 2.42 所示。

```
E:\vue-learn\vuecli2>vue ui

E:\vue-learn\vuecli2>"node"  "C:\Users\Administrator\AppData\Roaming\npm\\node_m
odules\@vue\cli\bin\vue.js" ui
  Starting GUI...
  Ready on http://localhost:8000
```

图 2.42　vue-cli3 图形界面启动中

启动 vue-cli3 后会自动打开默认浏览器重定向到 vue-cli3 的可视化图形界面，默认情况下的网址为 http://localhost:8000/project/select，网页上会有“项目”“创建”“导入”3 个菜单按钮，分别用于查看已有 Vue.js 项目、新建 Vue.js 项目（替代了之前使用的 vue init webpack 命令创建方式）、导入现有的 Vue.js 项目目录的功能，如图 2.43 所示。

单击“创建”按钮，会出现如图 2.44 所示的界面，单击左上角的 按钮，找到之前用命令行语句创建好的 vue-learn 文件夹。

单击右上角的 按钮，在弹出的列表中选择“新建文件夹”选项，创建一个名为 vuecli3 的文件夹作为本次练习的文件夹，如图 2.45 和图 2.46 所示。

图 2.43　vue-cli3 图形界面

图 2.44　找到 vue-learn 文件夹

图 2.45　新建文件夹

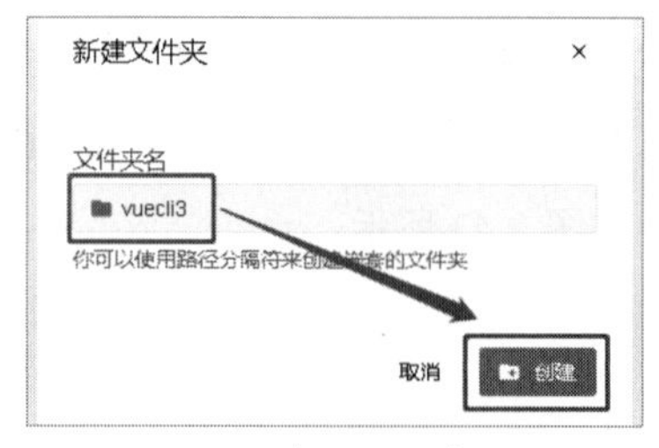

图 2.46　填写文件夹名称

单击创建好的“vuecli3”文件夹进入文件夹内，然后单击底部的“+ 在此创建新项目”按钮会出现如图 2.47 所示的界面。

该界面包含创建项目文件夹的选项，在“项目文件夹”下的文本框中输入“vuecli3-test”，在“包管理器”下的下拉列表框中选择“npm”选项，在“更多选项”中只需要选中“Git”下的“初始化 git 仓库”，然后单击“下一步”按钮，出现如图 2.48 所示的界面。

图 2.47　创建新项目

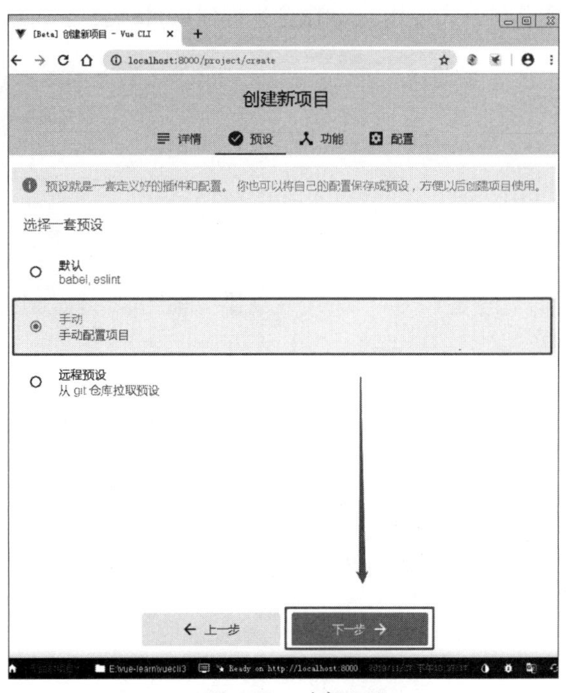

图 2.48　选择预设

这里选中“手动”单选按钮，因为一般需要设置项目的配置，所以不建议选中“默认”单选按钮，然后单击“下一步”按钮，进入项目功能选择界面，按照如图 2.49 所示进行选择。

单击“下一步”按钮，进入配置界面，选择“ESLint with error prevention only”选项，再单击“√ 创建项目”按钮，如图 2.50 所示。

进入保存预设界面，如图 2.51 所示，可以单击“创建项目，不保存预设”按钮，这样就不会把刚才的设置保存为预设。当然，也可以单击“保存预设并创建项目”按钮，这样以后可以直接选择本次设置的方案作为

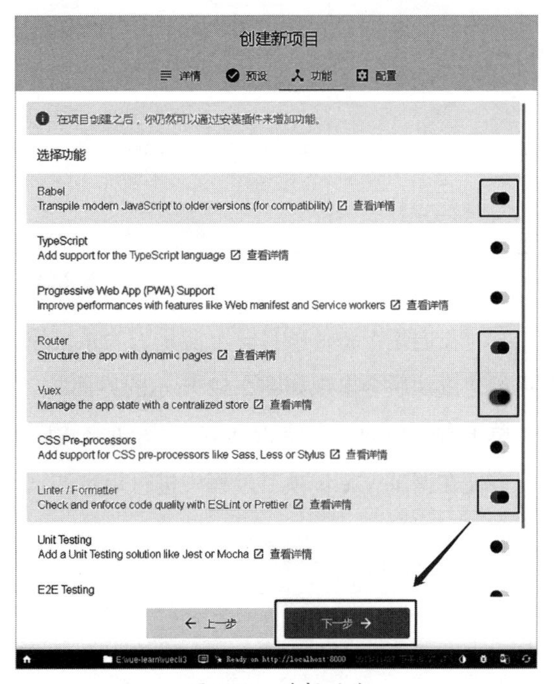

图 2.49　选择功能

配置项并创建项目。如果单击“保存预设并创建项目”按钮，就会出现“正在创建项目 ...”，等待5~10 分钟就会自动创建好 Vue.js 3+ 版本的项目。通过可视化界面来创建 Vue.js 项目要比命令行创建 Vue.js 项目稍慢一些，不过对于新手来说，采用可视化界面创建项目可以加深他们对流程的理解，等熟练后再使用 npm 命令来创建项目就会更方便。

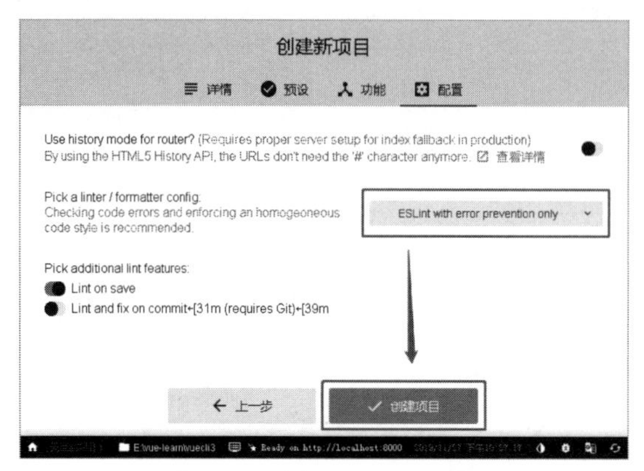

图 2.50　选择 ESLint 配置

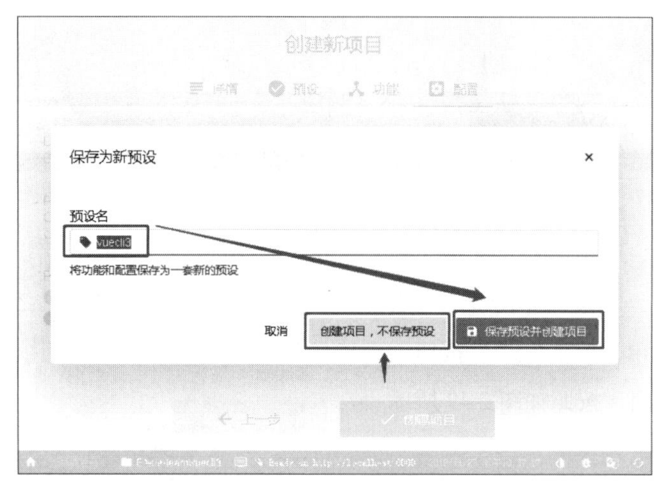

图 2.51　保存预设

有时在创建 Vue.js 项目时可能是因为系统原因，会出现等待很长时间项目才创建成功的情况。项目创建成功后会出现如图 2.52 所示的界面。

单击右上角的“安装 devtools”按钮，然后单击“继续”按钮就可以安装基于谷歌浏览器的插件，方便在调试 Vue.js 项目过程中进行定点调试，如图 2.53 所示。

图 2.52　项目创建成功后的界面

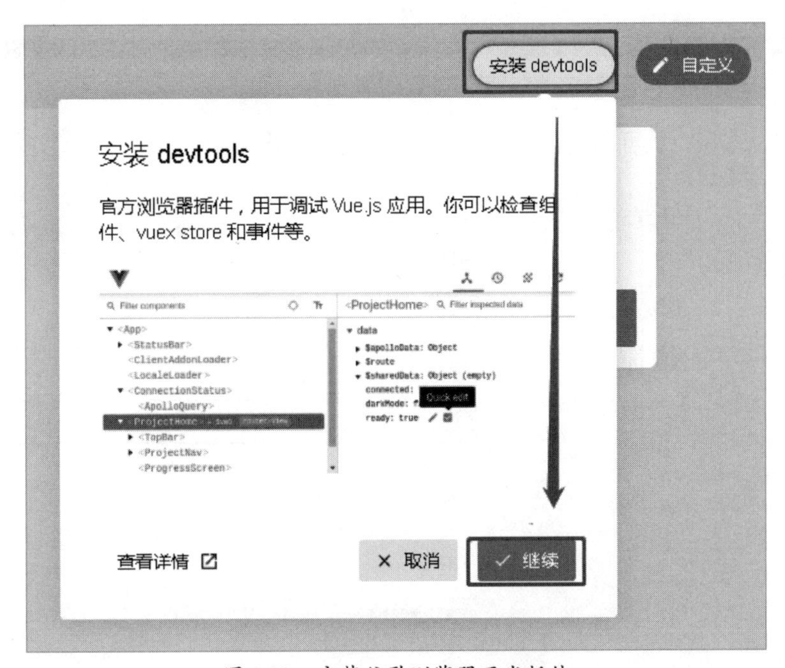

图 2.53　安装谷歌浏览器开发插件

单击“插件”按钮，就可以查看项目中已经安装好的插件列表，如图 2.54 所示。

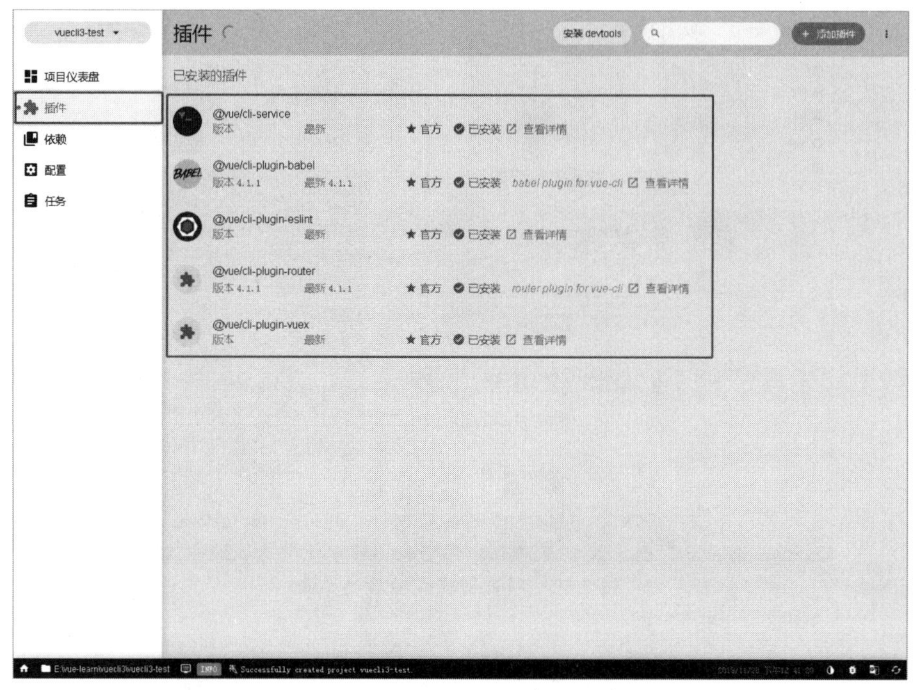

图 2.54　插件列表

单击“配置”按钮，就可以进行项目基础配置，包括输出目录、资源目录等，如图 2.55 所示。

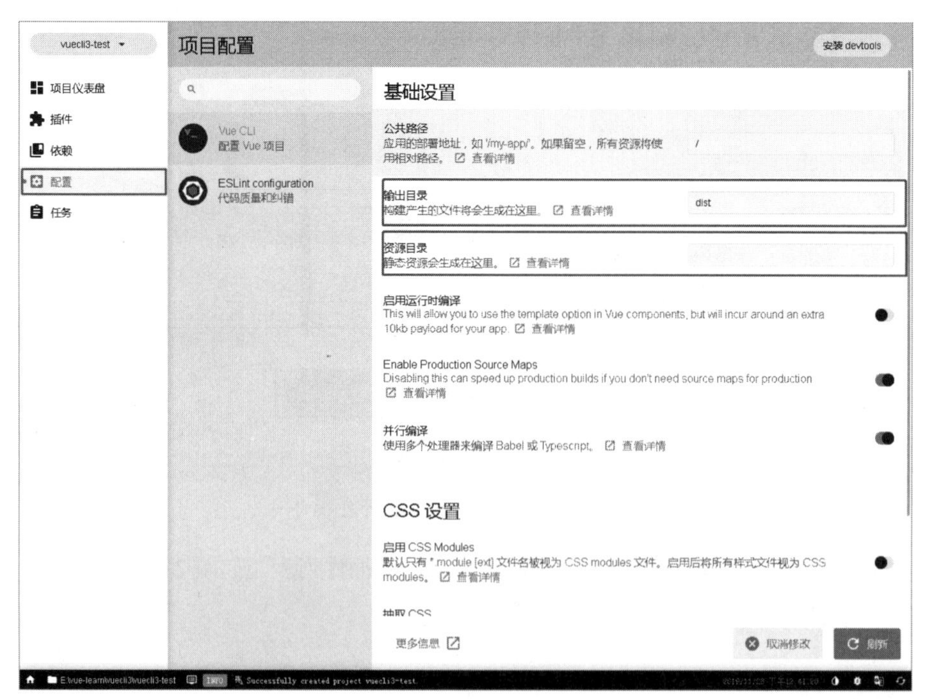

图 2.55　项目配置

单击“任务”按钮，单击“serve”按钮，然后单击“运行”按钮，等待几分钟，即可进入如图 2.56 所示的界面，单击“启动 app”按钮就可以在浏览器中打开本次创建的 Vue.js 项目，如图 2.57 和图 2.58 所示。

图 2.56　任务列表

图 2.57　serve 界面

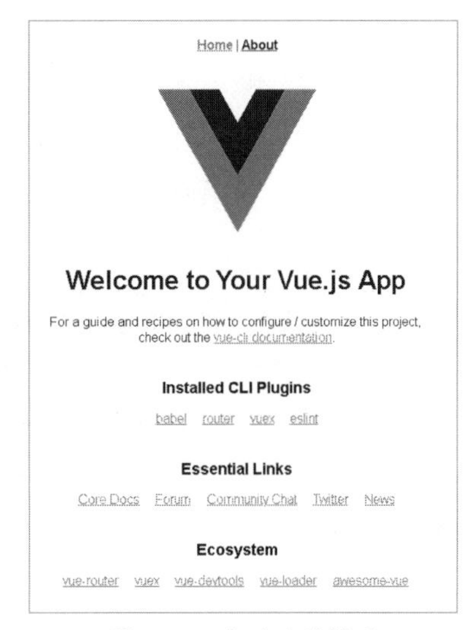

图 2.58　启动后的界面

单击“build”按钮，进入构建项目页面（图 2.59），然后单击“运行”按钮，等待大约 10 分钟就会生成项目的发布文件，当显示如图 2.60 所示的界面，就代表所有的项目文件已经发布成功。

图 2.59　build 界面

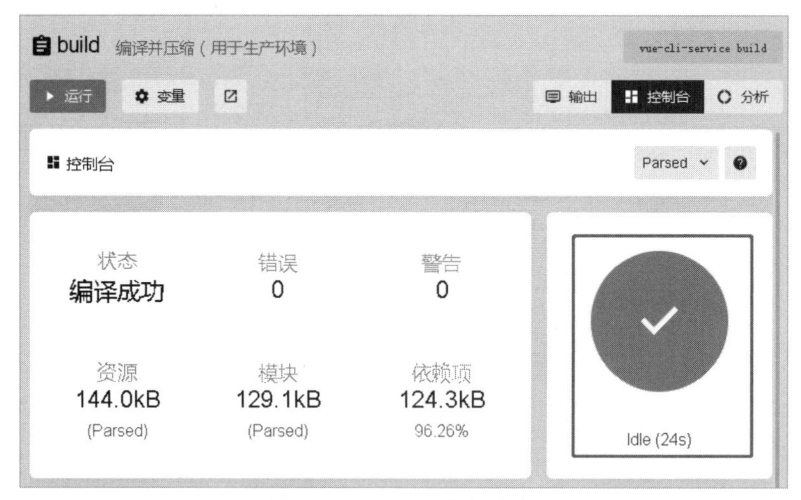

图 2.60　vuecli3 发布成功

找到项目文件夹目录 vue-learn/vuecli3/vuecli3-test/，在里面会有一个新的 dist 文件夹（图 2.61），这个文件夹中的内容就是发布成功后的文件，直接将这些文件上传到服务器 wwwroot 根目录，就可以作为服务器端的前端页面文件了。

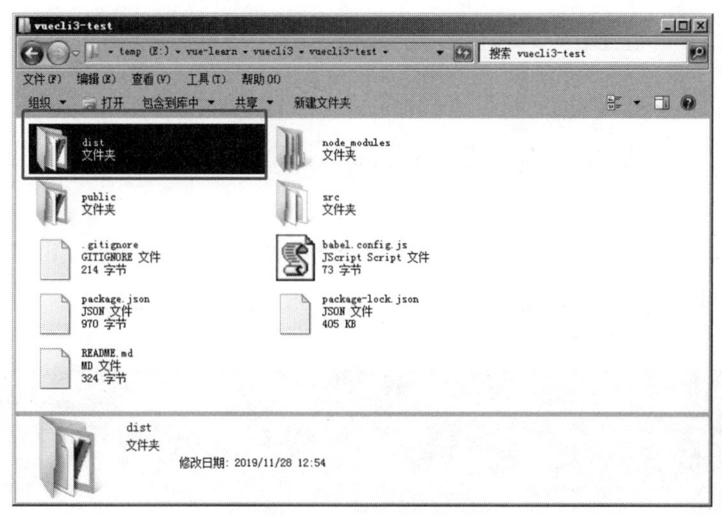

图 2.61 vuecli3 dist 文件夹

打开 dist 文件夹可以看到包含以下文件，如图 2.62 所示。

（1）index.html：项目的首页。

（2）favicon.ico：项目的图标（用于显示在浏览器标题栏前面）。

（3）js 文件夹：存放压缩后的 JS 文件。

（4）css 文件夹：存放压缩后的 CSS 文件。

（5）img 文件夹：存放 static 中的静态图片文件及 assets 中的文件。

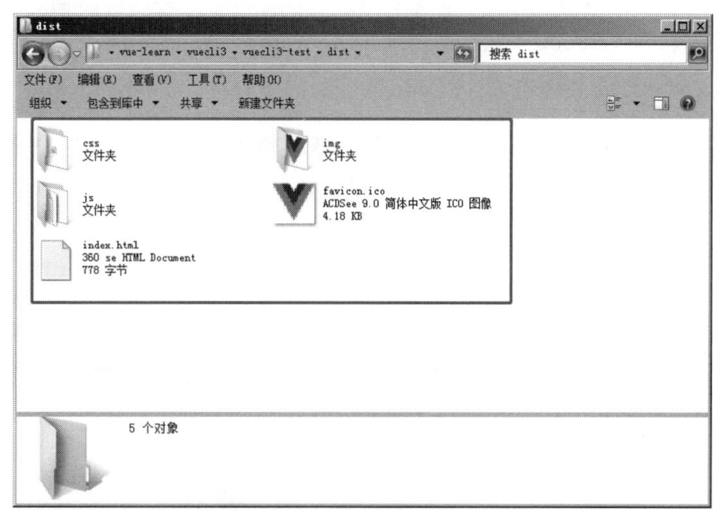

图 2.62 vuecli3 dist 文件夹内容

2.1.6 下载、安装、设置 VSCode 编辑器

VSCode（Visual Studio Code）是一款免费开源的现代化轻量级代码编辑器，目前笔者比较推荐 WebStorm 和 VSCode 两款编辑器，其中 WebStorm 快捷键更多但是加载速度很慢，VSCode 相对而言更适合作为 Vue.js 项目的开发工具。

首先下载 VSCode，进入 VSCode 官网，按照图 2.63 中的箭头指示进行下载。读者可以根据自己的操作系统进行下载，VSCode 支持 Windows、macOS、Linux 等系统。

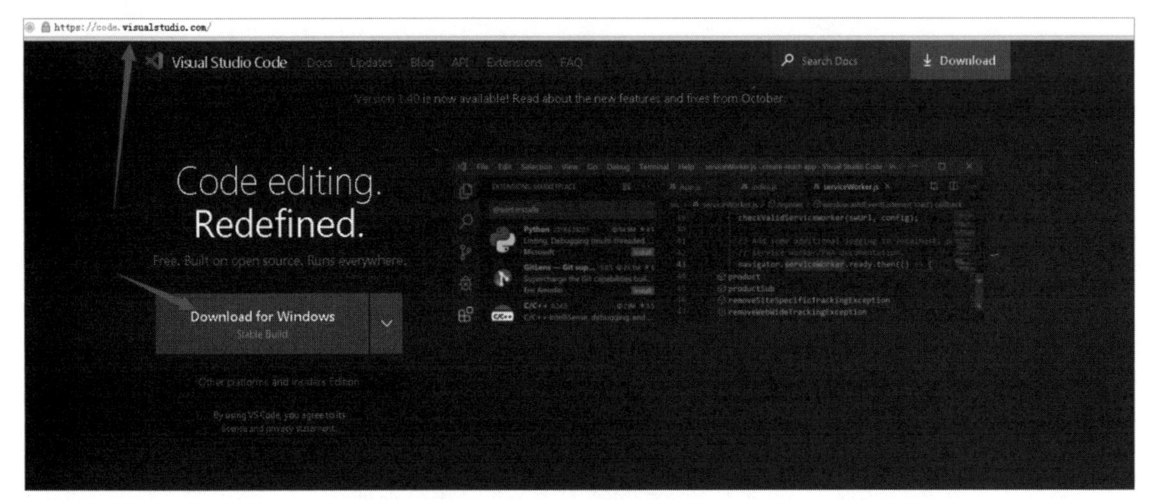

图 2.63　VSCode 官网

图 2.64 所示是下载的 VSCode 安装包。

双击下载好的 VSCode 安装包进入 VSCode 的安装向导界面，如图 2.65 所示。

VSCodeUserSetup-x64-1.40.2.exe
Visual Studio Code Setup
Microsoft Corporation

图 2.64　VSCode 安装包

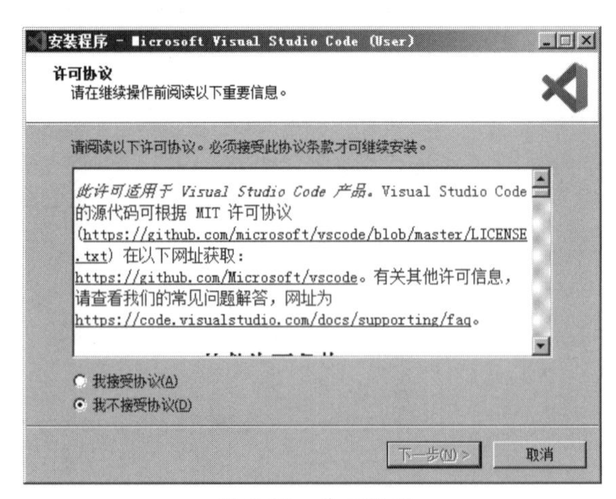

图 2.65　许可协议

选中“我接受协议”单选按钮，单击“下一步”按钮，进入如图 2.66 所示的界面。

选中所有复选框，单击“下一步”按钮，进入如图 2.67 所示的界面。

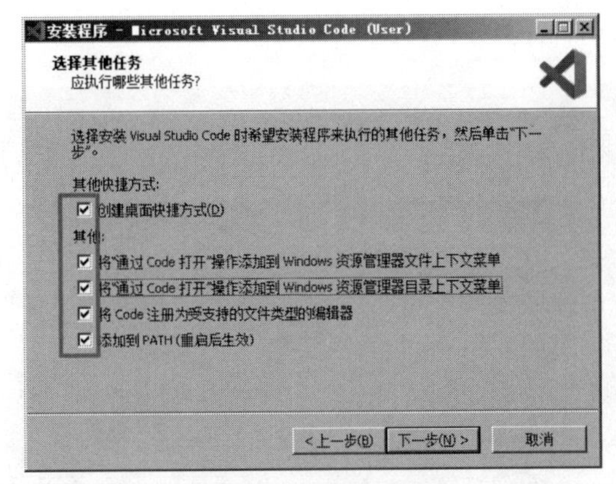

图 2.66 选择其他任务

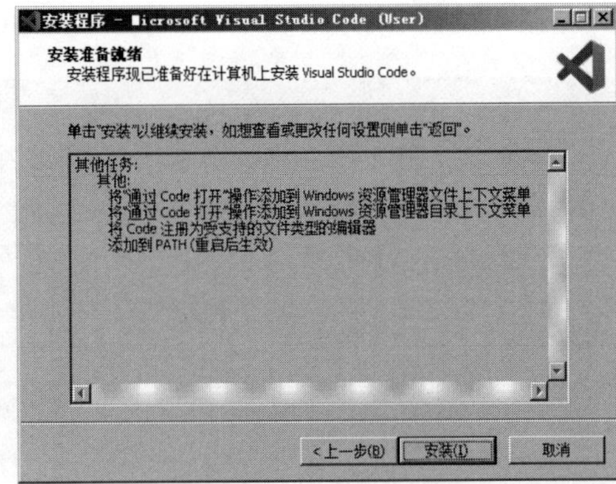

图 2.67 安装准备就绪

单击“安装”按钮，选择 VSCode 软件安装位置，这个位置可以任意选择，但是笔者建议安装到 D 盘，如图 2.68 所示。

单击“下一步”按钮，等待安装包解压，如图 2.69 所示。

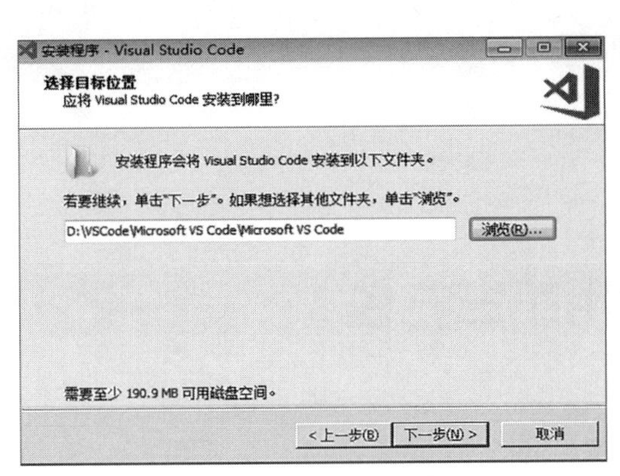

图 2.68 选择目标位置

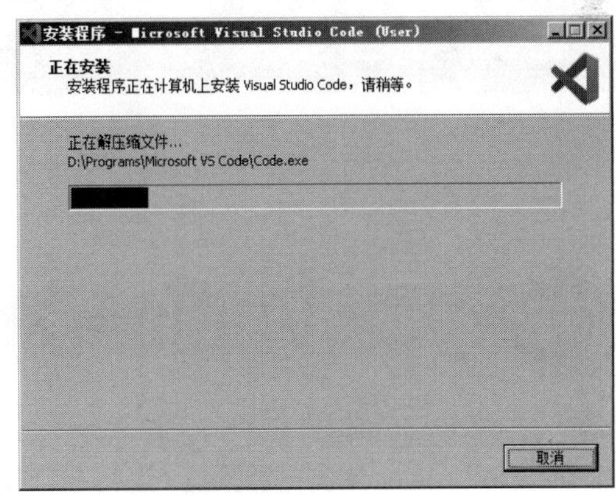

图 2.69 正在安装

安装成功后，可以直接打开 VSCode，如图 2.70 所示。

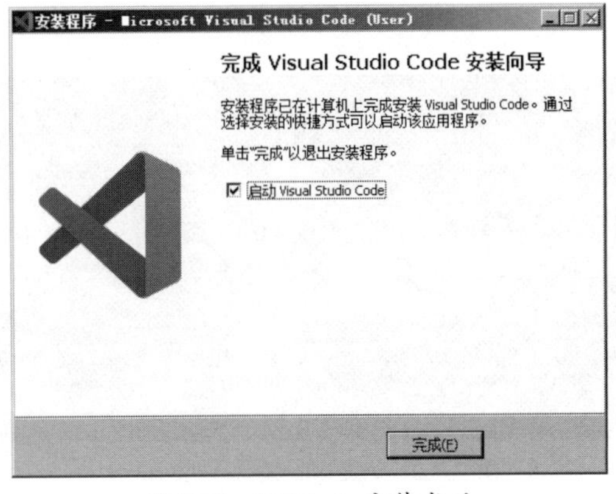

图 2.70 VSCode 安装成功

安装结束后会默认打开 VSCode，打开的 VSCode 启动界面，如图 2.71 所示。

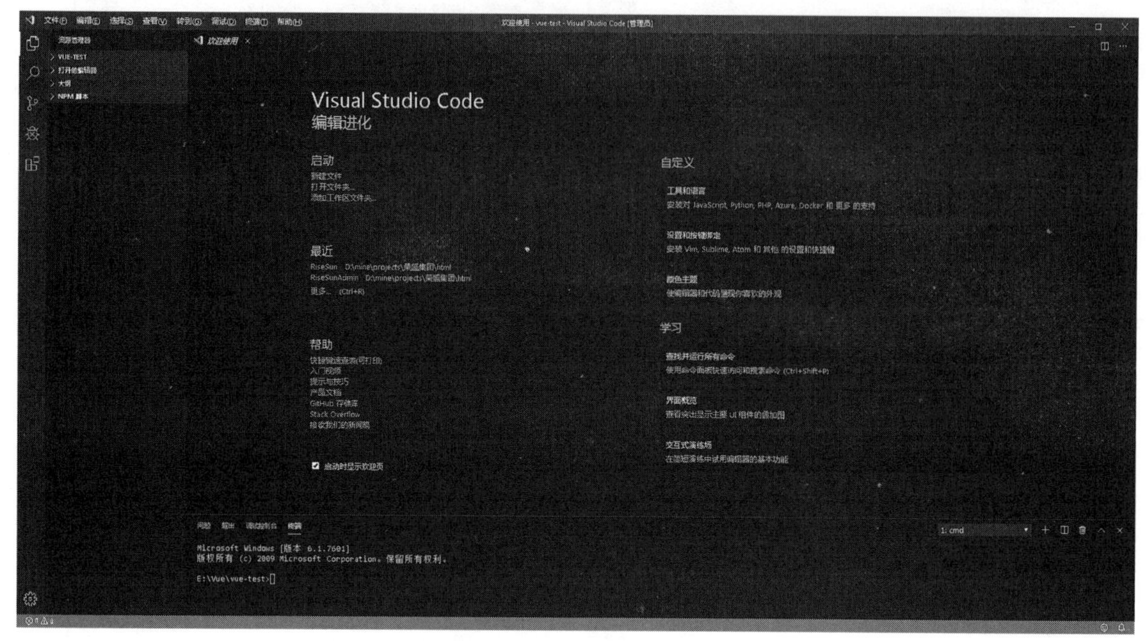

图 2.71　VSCode 启动界面

2.2 安装 VSCode 常用第三方包

1. view in brower 用浏览器预览 / 运行 HTML 文件的插件

打开 VSCode，单击编辑器主界面左上侧第 5 个按钮，即“扩展”按钮（注意不是 2019 版本的 VSCode 可能不是第 5 个按钮，而是第 4 个），或者按“Ctrl+Shift+X”键进入扩展搜索框，在应用商店搜索框中输入“view in browser”会自动进行搜索，如图 2.72 所示。

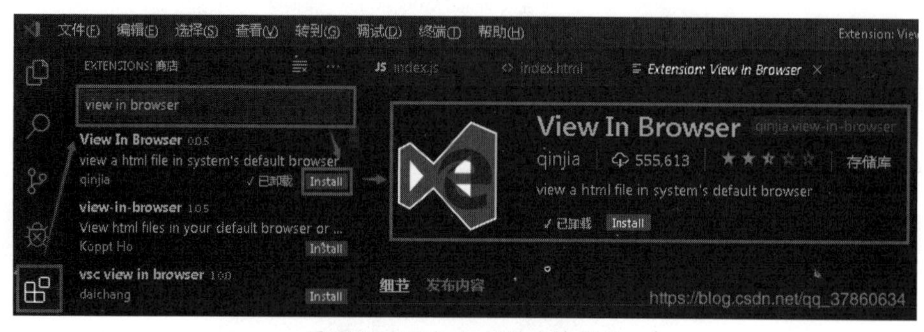

图 2.72　VSCode 插件安装页面

安装好以后右击任意 HTML 文件，在弹出的快捷菜单中选择“View In Browser”选项（图 2.73），或者按“Ctrl+F1”键即可在浏览器中打开 HTML 文件。

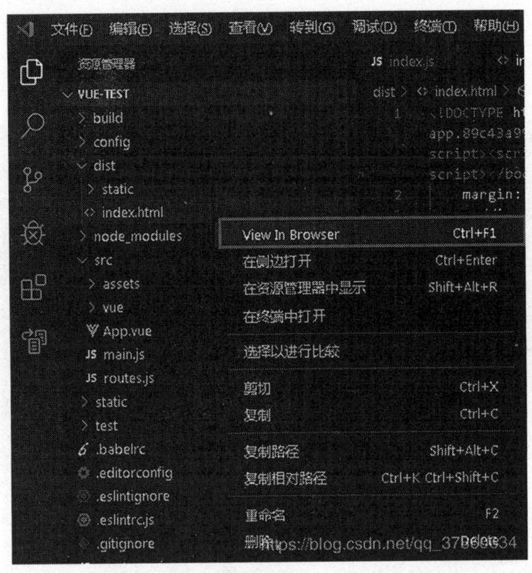

图 2.73　在浏览器中打开 HTML 文件

2. 汉化、安装中文版 VSCode

打开扩展搜索框，搜索“chinese”，安装第一个插件（图 2.74），然后重启 VSCode 即可实现汉化。

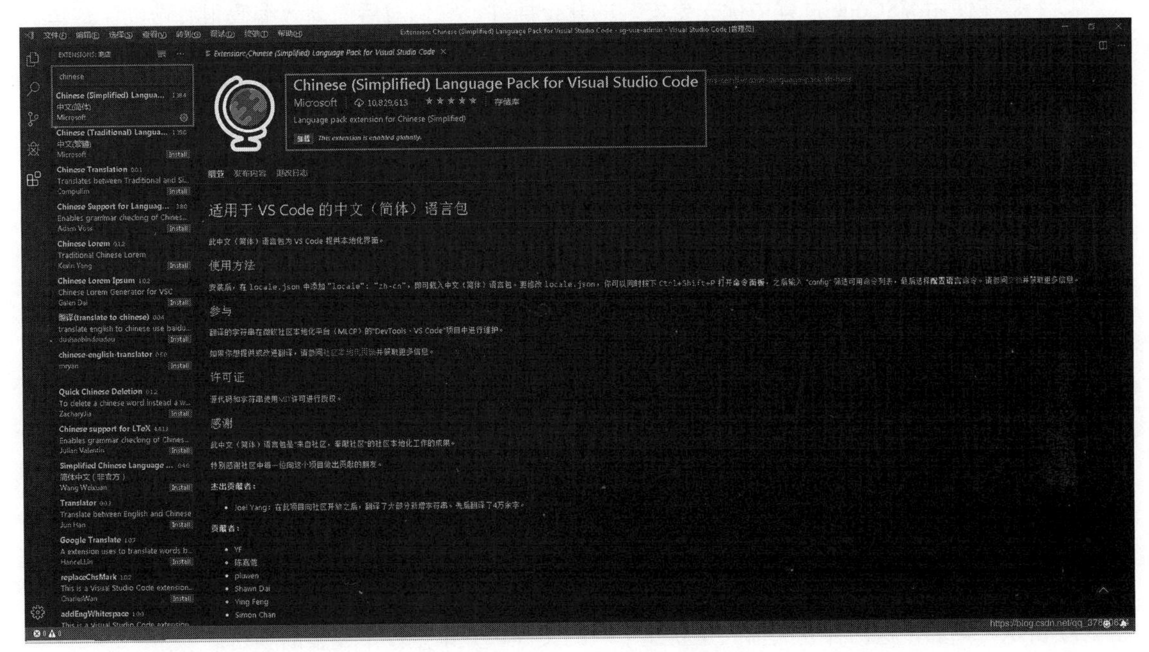

图 2.74　汉化 VSCode

3. VSCode 自动换行

执行“文件”→“首选项”→“设置”命令，然后在右侧文本框中输入“Editor:WordWrap”，在其下拉列表框中选择“on”选项，如图 2.75 所示。重启 VSCode，即可在编辑代码时实现代码行的自动换行。

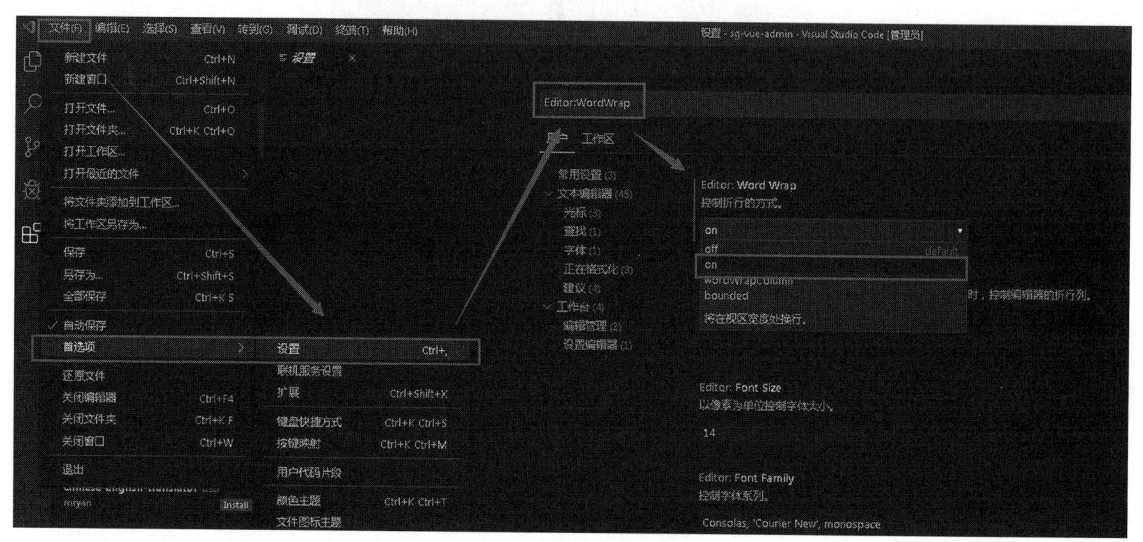

图 2.75　VSCode 设置自动换行

以上是在使用 VSCode 过程中优先要安装的几个插件，它们对后面高效编码很有帮助。这里只推荐针对本书有帮助的插件，其他插件请读者自行尝试。

2.3 在 VSCode 中开发项目

工欲善其事，必先利其器，下面就来好好熟悉一下 VSCode 软件。

2.3.1 在 VSCode 中创建新项目

如果是新建单一的文件，则可以直接单击欢迎界面中的“新建文件”超链接，这样即可得到一个新的文件，如图 2.76 所示。

而如果关闭了欢迎界面，则可以利用“文件”菜单中的“新建文件”命令新建一个文件，如图 2.77 所示。当然，这两种方法都只是新建单一的文件，并不是一个完整的项目。

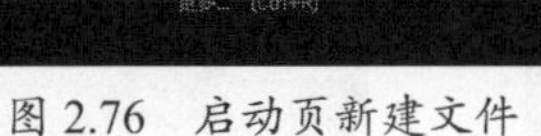

图 2.76 启动页新建文件 图 2.77 菜单栏新建文件

接下来开始创建一个项目。首先在 E:\vue-learn 中新建一个空文件夹 VSCode，如图 2.78 所示。

然后打开 VSCode，执行"文件"→"打开文件夹"命令，或者按"Ctrl+K"和"Ctrl+O"键（注意这两组快捷键要连续按，不要停留间隔太久），如图 2.79 所示。

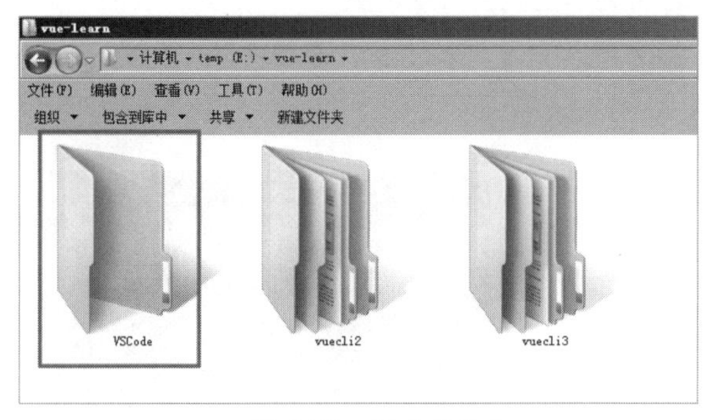

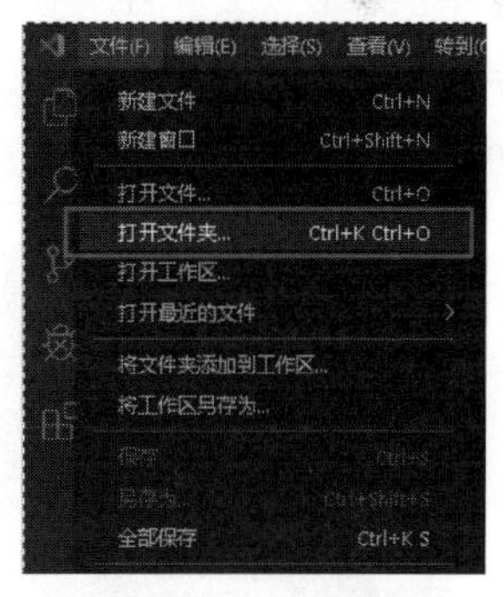

图 2.78 创建文件夹 图 2.79 打开文件夹

之后在弹出的"打开文件夹"对话框中选择之前创建好的空文件夹，单击"选择文件夹"按钮，如图 2.80 所示。

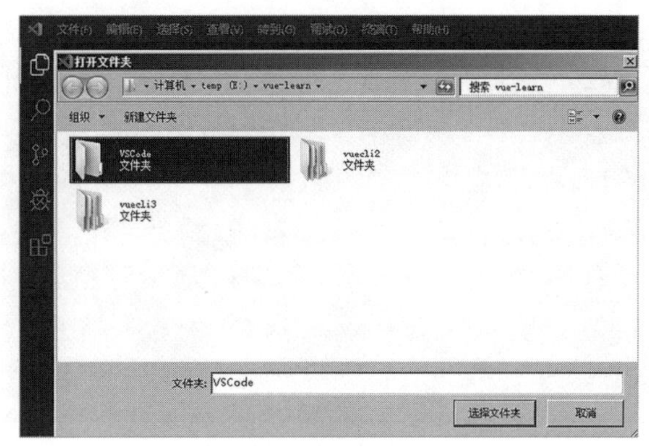

图 2.80 找到文件夹

此时文件夹已经被导入 VSCode 中了，就相当于有了一个空的项目，如图 2.81 所示。

将鼠标放到项目文件夹上，右侧就会出现一些图标，从左到右分别是新建文件、新建文件夹、刷新、折叠，如图 2.82 所示。

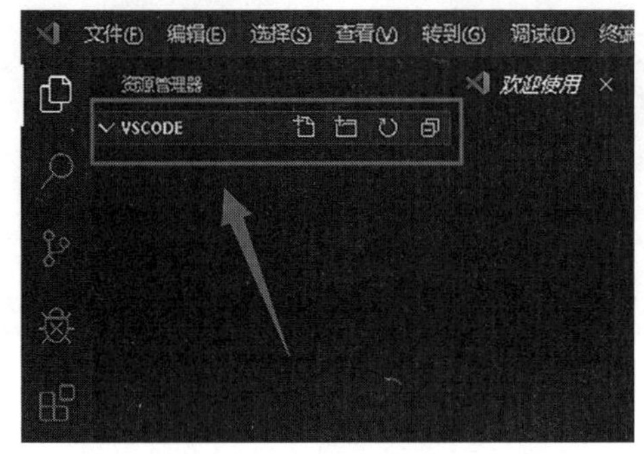

图 2.81　空项目文件夹

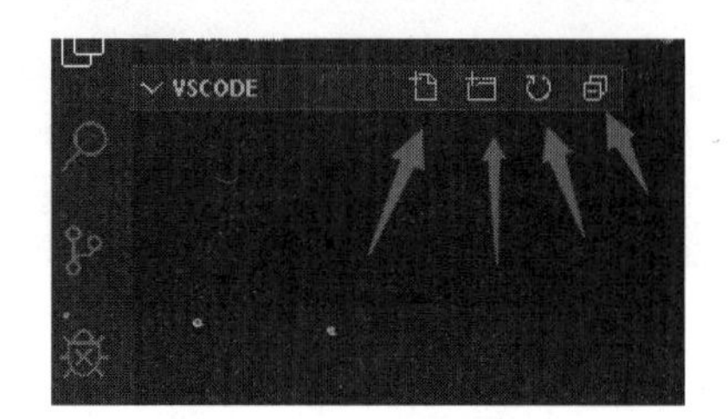

图 2.82　右侧按钮

单击“新建文件”按钮，下方就会出现新文件命名文本框，在其中输入文件名即可，如图 2.83 所示。如果没有输入文件名，则鼠标离开之后文本框就会自动消失。

这里新建几个文件夹和文件。需要注意的是，文件名要添加后缀，这样 VSCode 才可以识别是什么类型的文件，如图 2.84 所示。

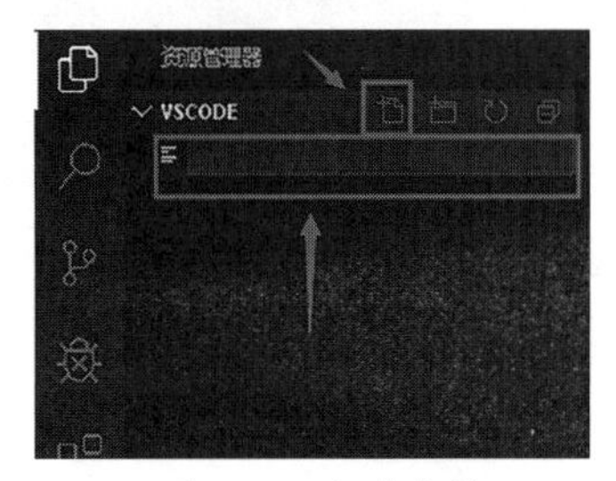

图 2.83　新建文件

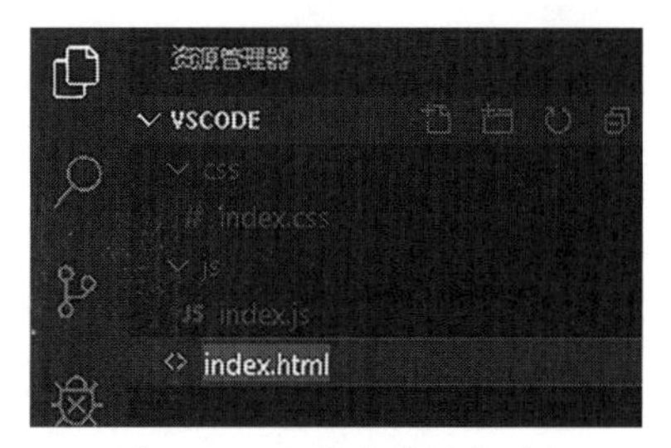

图 2.84　文件名要添加后缀

接着选定项目文件夹，再按“Ctrl+Shift+P”键，输入“tasks”，如图 2.85 所示。

图 2.85　命令输入

在图 2.85 中，VSCode 会提示一些指令，选择第一个配置任务即可。当然，计算机中的

VSCode 不一定显示配置任务在第一行，需要找到它并选择。

之后会自动跳转到如图 2.86 所示的位置，选择“使用模板创建 tasks.json 文件”选项，再选择“Others 运行任意外部命令的示例”选项即可，如图 2.87 所示。

图 2.86　选择要配置的任务

图 2.87　创建任务配置文件

最后在项目文件夹下会自动生成一个 tasks.json 文件，可以通过这个文件对项目进行配置，如设置预览文件的浏览器等，如图 2.88 所示。

图 2.88　tasks.json 文件

2.3.2 VSCode 导入项目

打开 VSCode，执行“文件”→“打开文件夹”命令，弹出“打开文件夹”对话框，选中“projectName”文件夹，然后单击“选择文件夹”按钮，如图 2.89 所示。

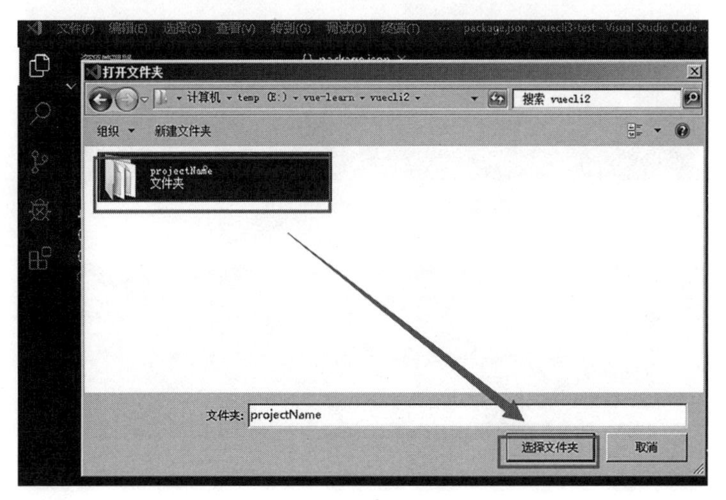

图 2.89　导入工程

然后执行“查看”→“继承终端”命令或按“Ctrl+~”键调出终端（按“Ctrl+J”键也可以打开底部区域，但是打开的不一定是“终端”选项卡，可能是之前选中的选项卡，只有按“Ctrl+~”键才能直接打开“终端”选项卡并弹出），如图 2.90 所示。

图 2.90　打开命令终端

在终端中输入命令进入程序目录，输入“npm install”安装 Vue.js 插件并初始化项目，完成后执行 npm run dev 命令启动项目，就可以在浏览器中打开页面了，如图 2.91 和图 2.92 所示。

图 2.91　运行 npm install 命令

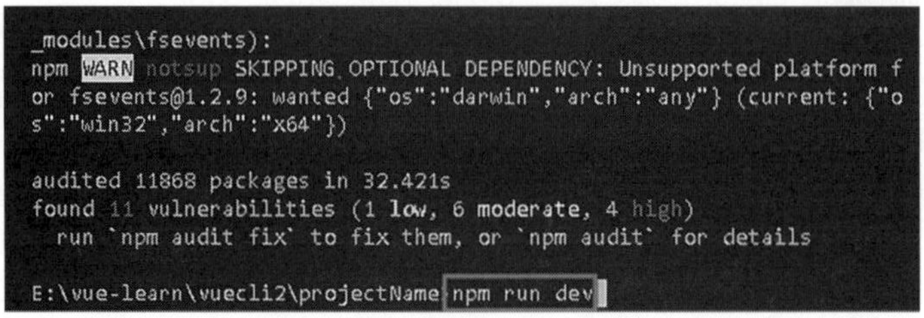

```
_modules\fsevents):
npm WARN notsup SKIPPING OPTIONAL DEPENDENCY: Unsupported platform f
or fsevents@1.2.9: wanted {"os":"darwin","arch":"any"} (current: {"o
s":"win32","arch":"x64"})

audited 11868 packages in 32.421s
found 11 vulnerabilities (1 low, 6 moderate, 4 high)
  run `npm audit fix` to fix them, or `npm audit` for details

E:\vue-learn\vuecli2\projectName>npm run dev
```

图 2.92　运行 npm run dev 命令

运行成功后会出现如图 2.93 所示的提示，访问其中的超链接 http://localhost:8080 就可以在浏览器中运行项目了。

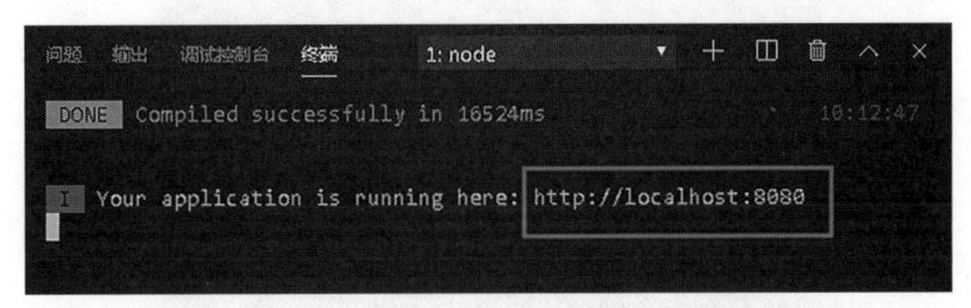

图 2.93　运行成功

如果要设置 Vue.js 在运行 npm run dev 命令时，项目在浏览器中自动打开页面，则可在 config/index.js 文件中找到 dev: {} 中的“autoOpenBrowser:”并设置为 true，如图 2.94 所示。此时重新运行 npm run dev 命令即可自动弹出浏览器页面。

图 2.94　设置自动打开浏览器

在终端按“Ctrl+C”键来停止运行。如果在运行 npm run dev 命令过程中出现了如下报错信息：

```
npm ERR! missing script: dev
npm ERR! A complete log of this run can be found in:
npm ERR!     C:\Users\Administrator\AppData\Roaming\npm-cache\_logs\2019-12-
07T01_52_33_545Z-debug.log
```

则可在项目根目录中找到配置文件 package.json 并打开，然后找到如图 2.95 所示的 scripts 的位置。

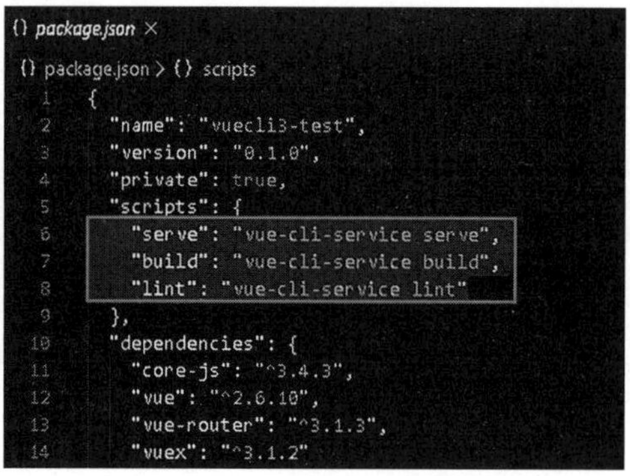

```
{} package.json ×
{} package.json > {} scripts
1   {
2     "name": "vuecli3-test",
3     "version": "0.1.0",
4     "private": true,
5     "scripts": {
6       "serve": "vue-cli-service serve",
7       "build": "vue-cli-service build",
8       "lint": "vue-cli-service lint"
9     },
10    "dependencies": {
11      "core-js": "^3.4.3",
12      "vue": "^2.6.10",
13      "vue-router": "^3.1.3",
14      "vuex": "^3.1.2"
```

图 2.95　package.json 文件

在如图 2.95 所示的“server”这一行代码上面加入以下代码。

```
"dev": "webpack-dev-server --inline --progress --config build/webpack.dev.
conf.js",
"start": "npm run dev",
```

保存后再使用 npm run dev 命令运行项目，如果还是出现报错信息，则建议把该项目文件夹删除，然后再重新使用 vue init webpack 命令生成模板项目。

注意

按“Ctrl+J”键在终端输入“npm i”或“npm install”，等待所有依赖项都安装完毕，这个步骤尤为重要，事关本书附带的源代码能否在读者的计算机中正常地运行。

2.3.3 VSCode 快捷键

快捷键能够提高工作效率。VSCode 版本不同，可能会导致部分快捷键有所不同，这里以 2019 版本为参考，以下是在开发网页项目时经常会用到的快捷键，如表 2.1 至表 2.8 所示。

表 2.1　VSCode 常用快捷键

快捷键	功能描述
Ctrl+Shift+P，F1	展示全局命令面板
Ctrl+P	快速打开最近打开的文件
Ctrl+Shift+N	打开新的编辑器窗口
Ctrl+Shift+W	关闭编辑器窗口
Ctrl+X	剪切
Ctrl+C	复制
Alt+↑/↓	向上 / 向下移动行
Shift+Alt+↑/↓	向上 / 向下复制行

续表

快捷键	功能描述
Ctrl+Shift+K	删除行
Ctrl+Enter	在当前行下方插入新的一行
Ctrl+Shift+Enter	在当前行上方插入新的一行
Ctrl+Shift+\	匹配大括号的闭合处，跳转
Ctrl+]/[	行缩进
Home	跳转到行首
End	跳转到行尾
Ctrl+Home	跳转到文件开头
Ctrl+End	跳转到文件末尾
Ctrl+↑/↓	向上 / 向下滚动行
Alt+PgUp/PgDn	向上 / 向下滚动页面
Ctrl+Shift+[	折叠区域代码
Ctrl+Shift+]	展开区域代码
Ctrl+/	切换行注释
Shift+Alt+A	切换块注释
Alt+Z	切换自动换行

表 2.2　VSCode 导航快捷键

快捷键	功能描述
Ctrl+T	列出所有符号
Ctrl+G	跳转到行
Ctrl+P	跳转到文件
Ctrl+Shift+O	跳转到符号
Ctrl+Shift+M 或 Ctrl+J	打开问题面板
F8	跳转到下一个错误或警告
Shift+F8	跳转到上一个错误或警告
Ctrl+Shift+Tab	导航编辑器组历史记录
Alt+←/→	后退 / 前进
Ctrl+M	切换选项卡移动焦点
Ctrl+F	查找
Ctrl+H	替换
F3/Shift+F3	查找下一个 / 上一个

续表

快捷键	功能描述
Alt+Enter	选择查找到的所有匹配项
Ctrl+D	将所选内容添加到下一个查找匹配项，下次查找时自动查找添加的内容

表 2.3　VSCode 多行光标快捷键

快捷键	功能描述
Alt+Click	插入光标
Ctrl+Alt+ ↑ / ↓	在上方 / 下方插入光标
Ctrl+U	撤销最后一次光标操作
Shift+Alt+I	在选定的每行末尾插入光标
Ctrl+I	选择当前行
Ctrl+Shift+L	当前选择的所有匹配项后插入光标
Ctrl+F2	当前选择单词的所有匹配项后插入光标
Shift+Alt+ →	扩展选择区域
Shift+Alt+ ←	收缩选择区域
Shift+Alt+ 拖曳	列（框）选择
Ctrl+Shift+Alt+ 方向键	列（框）选择
Ctrl+Shift+Alt+PgUp/PgDn	列（框）选择上 / 下页
Esc Esc（连续按两次 Esc 键）	取消多行光标
Shift+Alt+F	格式化代码
F12	跳转到定义处
Alt+F12	代码片段显示定义
Ctrl+KF12	在边栏打开定义
Ctrl+.	快速修复
Shift+F12	显示所有引用
F2	重命名符号
Ctrl+Shift+. / ,	替换为下一个 / 上一个值

表 2.4　VSCode 编辑器管理快捷键

快捷键	功能描述
Ctrl+F4，Ctrl+W	关闭编辑器
Ctrl+\	拆分编辑器
Ctrl+1/2/3	焦点进入第一、第二或第三编辑器组
Ctrl+Shift+PgUp/PgDn	向左 / 向右移动编辑器

表 2.5　VSCode 文件管理快捷键

快捷键	功能描述
Ctrl+N	新建文件
Ctrl+O	打开文件
Ctrl+S	保存文件
Ctrl+Shift+S	另存为
Ctrl+F4	关闭当前编辑窗口
Ctrl+K Ctrl+W	关闭所有编辑窗口
Ctrl+Shift+T	撤销最近关闭的一个文件编辑窗口
Ctrl+Enter	保持开启
Ctrl+Shift+Tab	调出最近打开的文件列表，重复按会切换到上一个
Ctrl+Tab	调出最近打开的文件列表，重复按会切换到下一个
Ctrl+K P	复制活动文件的路径
Ctrl+K R	在资源管理器中显示活动文件

表 2.6　VSCode 显示快捷键

快捷键	功能描述
F11	切换全屏模式
Ctrl+=/–	放大 / 缩小
Ctrl+B	侧边栏显示 / 隐藏
Ctrl+Shift+E	资源视图和编辑视图的焦点切换
Ctrl+Shift+F	打开全局搜索
Ctrl+Shift+G	打开源代码管理
Ctrl+Shift+D	打开调试面板
Ctrl+Shift+X	打开扩展面板
Ctrl+Shift+H	在文件中替换
Ctrl+Shift+J	开启详细查询
Ctrl+Shift+V	切换 Markdown 预览
Ctrl+K V	在边栏打开 Markdown 预览

表 2.7 VSCode 调试快捷键

快捷键	功能描述
F9	切换断点
F5	开始 / 继续
F11/Shift+F11	单步进入 / 单步跳出
F10	单步跳过

表 2.8 VSCode 集成终端快捷键

快捷键	功能描述
Ctrl+`	打开集成终端
Ctrl+Shift+`	创建新终端
Ctrl+C	复制所选
Ctrl+V	粘贴到当前激活的终端
Shift+PgUp/PgDn	向上 / 向下滚动页面
Ctrl+Home/End	滚动到顶部 / 底部

2.3.4 在 VSCode 中安装插件

1. 安装 ECharts 插件

ECharts 是一个使用 JavaScript 实现的开源可视化库，可以流畅地运行在 PC（个人计算机）和移动设备上，兼容当前绝大部分浏览器（IE8/9/10/11、Chrome、Firefox、Safari 等），底层依赖矢量图形库 ZRender，提供直观、交互丰富、可高度个性化定制的数据可视化图表。

按“Ctrl+J”键打开“终端”选项卡并输入以下命令（注意之前是创建了一个空文件夹然后创建的 VSCode 项目文件夹，所以这里必须要进入最里面那层 VSCode 文件夹再输入下面的命令，或者导入 VSCdoe 项目文件夹再输入命令，否则 ECharts 插件会安装到外层文件夹）。

```
cnpm install echarts --save
```

需要注意的是，命令输入的目录是在 VSCode\VSCode 下，如图 2.96 所示。

如果出现如图 2.96 所示的提示，就代表 ECharts 安装成功，直接找到项目根目录下 src/main.js 这个文件打开并输入以下代码。

```
问题  输出  调试控制台  终端

Microsoft Windows [版本 6.1.7601]
版权所有 (c) 2009 Microsoft Corporation。保留所有权利。

E:\vue-learn\VSCode\VSCode> cnpm install echarts --save
√ Installed 1 packages
√ Linked 1 latest versions
√ Run 0 scripts
√ All packages installed (2 packages installed from npm registry, used 1s(network 1s), speed 6.24kB/s, json 2(9.13kB), tarball 0B)

E:\vue-learn\VSCode\VSCode>
```

图 2.96　安装 ECharts 插件

```
import echarts from 'echarts';
Vue.prototype.$echarts = echarts;
```

尽量在最后一行开始引入，如图 2.97 所示。这样就可以在业务文件中引用 ECharts 了，具体使用细节将在第 8 章中进行详细介绍。

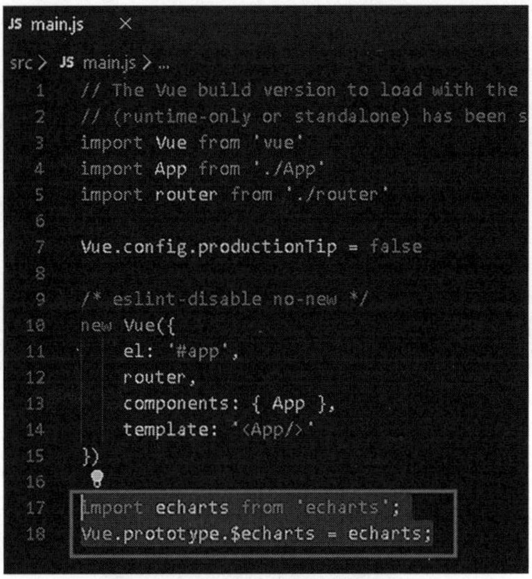

```
JS main.js  ×
src > JS main.js > ...
1   // The Vue build version to load with the
2   // (runtime-only or standalone) has been s
3   import Vue from 'vue'
4   import App from './App'
5   import router from './router'
6
7   Vue.config.productionTip = false
8
9   /* eslint-disable no-new */
10  new Vue({
11      el: '#app',
12      router,
13      components: { App },
14      template: '<App/>'
15  })
16
17  import echarts from 'echarts';
18  Vue.prototype.$echarts = echarts;
```

图 2.97　引入 ECharts 插件

2. 安装 ElementUI 插件

Element 是一套为开发者、设计师和产品经理准备的基于 Vue.js 2.0 的桌面端组件库，按“Ctrl+J”键打开“终端”选项卡并输入以下命令。

```
cnpm install element-ui --save
```

如果出现如图 2.98 所示的提示，就代表 ElementUI 安装成功。

然后查看配置文件 package.json 是否有 element-ui 组件的版本号，如图 2.99 所示。

安装成功后，在 node_modules 中可以看到 element-ui 文件夹，所有安装的源文件都可以在该文件夹中找到，如图 2.100 所示。

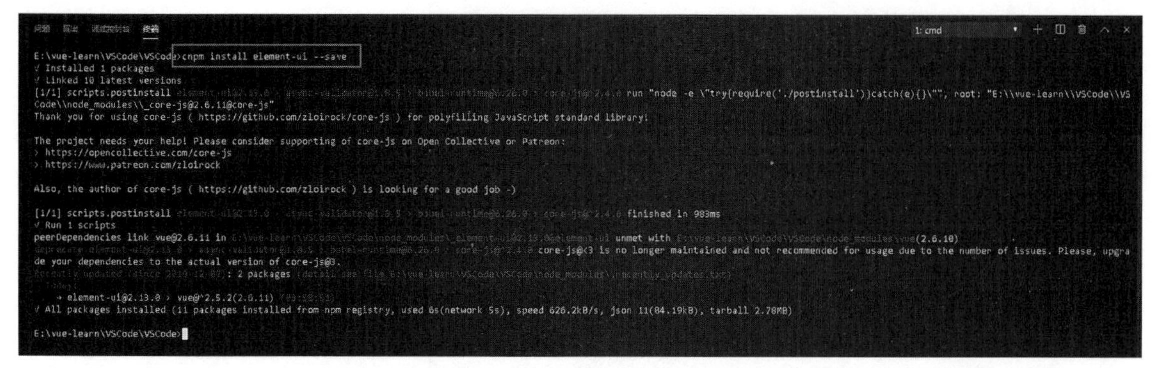

图 2.98　安装 ElementUI 插件

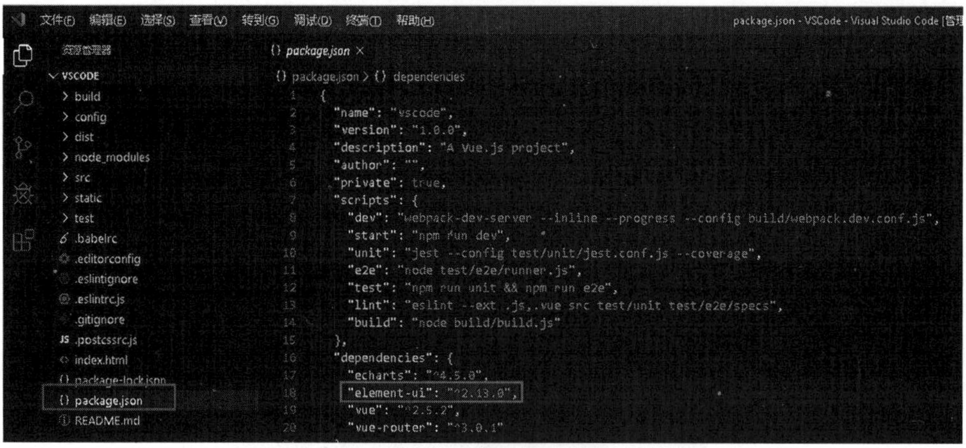

```
{
  "name": "vscode",
  "version": "1.0.0",
  "description": "A Vue.js project",
  "author": "",
  "private": true,
  "scripts": {
    "dev": "webpack-dev-server --inline --progress --config build/webpack.dev.conf.js",
    "start": "npm run dev",
    "unit": "jest --config test/unit/jest.conf.js --coverage",
    "e2e": "node test/e2e/runner.js",
    "test": "npm run unit && npm run e2e",
    "lint": "eslint --ext .js,.vue src test/unit test/e2e/specs",
    "build": "node build/build.js"
  },
  "dependencies": {
    "echarts": "^4.5.0",
    "element-ui": "^2.13.0",
    "vue": "^2.5.2",
    "vue-router": "^3.0.1"
```

图 2.99　package.json 文件

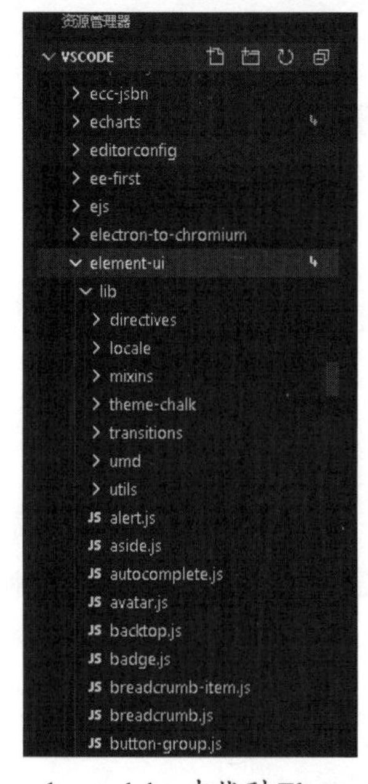

图 2.100　node_modules 中找到 ElementUI 插件包

在 src/main.js 文件中引入 element-ui 组件，在最后一行输入以下代码即可。

```
import ElementUI from 'element-ui';
import 'element-ui/lib/theme-chalk/index.css';
Vue.use(ElementUI);
```

具体使用细节将在第 9 章中进行详细介绍。

3. 安装 axios 插件

axios 是一个基于 Promise 的 HTTP 库，可以用在浏览器和 Node.js 中。按“Ctrl+J”键打开“终端”选项卡并输入以下命令，如图 2.101 所示。

```
cnpm install axios
```

```
E:\vue-learn\VSCode\VSCode>cnpm install axios
√ Installed 1 packages
√ Linked 4 latest versions
√ Run 0 scripts
√ All packages installed (5 packages installed from npm registry, used 3s(network 3s), speed 5.93kB/s, json 5(16.19kB), tarball 2.06kB)
```

图 2.101　安装 axios 插件

如果出现如图 2.101 所示的提示，就代表 axios 安装成功。在 src/main.js 文件中引入 axios，在最后一行输入以下代码即可。

```
import axios from 'axios';
Vue.prototype.$axios = axios;
```

具体使用细节将在第 4 章中进行详细介绍。

4. 安装 SCSS 插件

Sass 是成熟、稳定、强大的 CSS 预处理器，而 SCSS 是 Sass 3 版本中引入的新语法特性，完全兼容 CSS3 的同时继承了 Sass 强大的动态功能。CSS 书写代码规模较大的 Web 应用时，容易造成选择器、层叠的复杂度过高，因此推荐通过 Sass 预处理器进行 CSS 的开发。Sass 提供的变量、嵌套、混合、继承等特性，让 CSS 的书写更加有趣与程式化。

按“Ctrl+J”键打开“终端”选项卡并输入以下命令（注意 // 后面的不用输入，那只是为了说明该条命令的作用），如图 2.102 所示。

```
cnpm install node-sass --save-dev           // 安装 node-sass
cnpm install sass-loader --save-dev         // 安装 sass-loader
cnpm install style-loader --save-dev        // 安装 style-loader
```

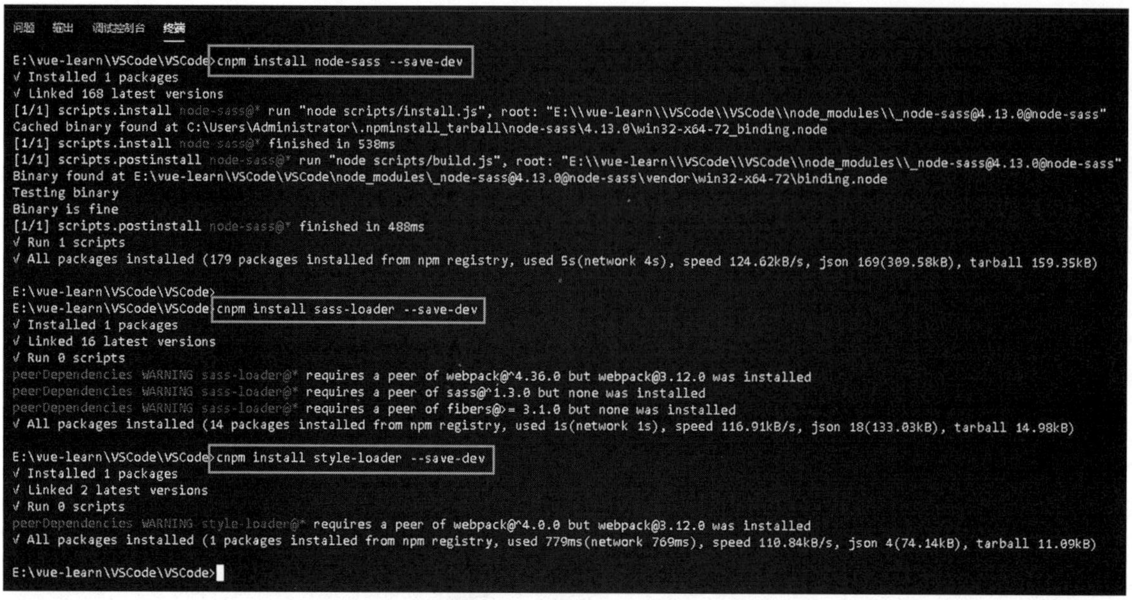

```
问题  输出  调试控制台  终端

E:\vue-learn\VSCode\VSCode>cnpm install node-sass --save-dev
√ Installed 1 packages
√ Linked 168 latest versions
[1/1] scripts.install node-sass@* run "node scripts/install.js", root: "E:\\vue-learn\\VSCode\\VSCode\\node_modules\\_node-sass@4.13.0@node-sass"
Cached binary found at C:\Users\Administrator\.npminstall_tarball\node-sass\4.13.0\win32-x64-72_binding.node
[1/1] scripts.install node-sass@* finished in 538ms
[1/1] scripts.postinstall node-sass@* run "node scripts/build.js", root: "E:\\vue-learn\\VSCode\\VSCode\\node_modules\\_node-sass@4.13.0@node-sass"
Binary found at E:\vue-learn\VSCode\VSCode\node_modules\_node-sass@4.13.0@node-sass\vendor\win32-x64-72\binding.node
Testing binary
Binary is fine
[1/1] scripts.postinstall node-sass@* finished in 488ms
√ Run 1 scripts
√ All packages installed (179 packages installed from npm registry, used 5s(network 4s), speed 124.62kB/s, json 169(309.58kB), tarball 159.35kB)

E:\vue-learn\VSCode\VSCode>
E:\vue-learn\VSCode\VSCode>cnpm install sass-loader --save-dev
√ Installed 1 packages
√ Linked 16 latest versions
√ Run 0 scripts
peerDependencies WARNING sass-loader@* requires a peer of webpack@^4.36.0 but webpack@3.12.0 was installed
peerDependencies WARNING sass-loader@* requires a peer of sass@^1.3.0 but none was installed
peerDependencies WARNING sass-loader@* requires a peer of fibers@>= 3.1.0 but none was installed
√ All packages installed (14 packages installed from npm registry, used 1s(network 1s), speed 116.91kB/s, json 18(133.03kB), tarball 14.98kB)

E:\vue-learn\VSCode\VSCode>cnpm install style-loader --save-dev
√ Installed 1 packages
√ Linked 2 latest versions
√ Run 0 scripts
peerDependencies WARNING style-loader@* requires a peer of webpack@^4.0.0 but webpack@3.12.0 was installed
√ All packages installed (1 packages installed from npm registry, used 779ms(network 769ms), speed 110.84kB/s, json 4(74.14kB), tarball 11.09kB)

E:\vue-learn\VSCode\VSCode>
```

图 2.102　安装 SCSS 插件

安装完成后，如果运行报以下错误：

```
Module build failed: TypeError: this.getResolve is not a function at Object.
loader
```

则说明当前 Sass 的版本太高，webpack 编译时出现了错误。要解决这个问题，只需要替换为低版本即可。修改方法如下：找到 package.json 文件，将其中 "sass-loader" 的版本更换即可。

```
"sass-loader": "^8.0.0" 更换成 "sass-loader": "^7.3.1"
```

这样就可以在 Vue 文件中直接使用 SCSS 规范的 CSS 语言了。

2.3.5 在 VSCode 中运行 Vue.js 项目

下面使用 VSCode 这款前端开发工具直接创建项目并运行。

（1）打开 VSCode，并打开要创建项目的文件夹（可以用之前创建的 E:\vue-learn\VSCode），如图 2.103 所示。需要注意的是，务必将 VSCode 文件夹中乱七八糟的文件全部删去。

（2）打开集成终端，即执行“查看”→“集成终端”命令或直接按“Ctrl+`”键，如果没有安装 vue-cli，则在终端输入：

```
npm install-g vue-cli
```

全局安装 vue-cli，如图 2.104 所示。

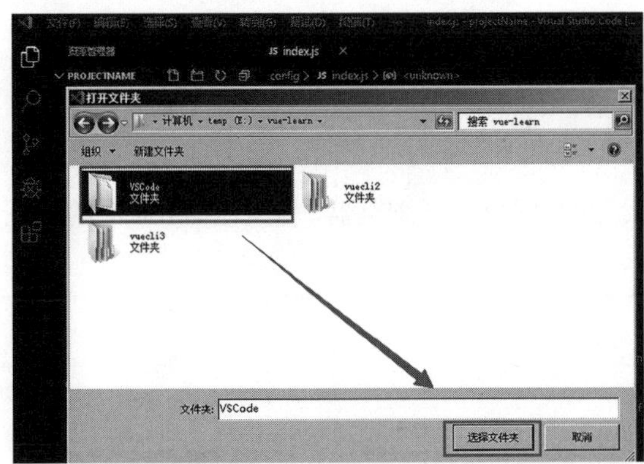

图 2.103　打开空项目文件

图 2.104　在 VSCode 中安装 vue-cli

（3）新建项目，输入以下命令。

```
vue init webpack projectName
```

将 projectName 更换为想创建的项目名称（注意在 VSCode 中使用 Vue.js 命令时，projectName 不要用作关键字，它是系统使用的保留字）。这里创建的项目名称为 VSCode，然后一直按“Enter”键或输入“y”后按“Enter”键，等待项目初始化，如图 2.105 所示。

```
E:\vue-learn\VSCode>"node"  "C:\Users\Administrator\AppData\Roaming\npm\\node_modules\@vue\cli\bin\vue.js" init webpack VSCode

? Project name vscode
? Project description A Vue.js project
? Author
? Vue build standalone
? Install vue-router? Yes
? Use ESLint to lint your code? Yes
? Pick an ESLint preset Standard
? Set up unit tests Yes
? Pick a test runner jest
? Setup e2e tests with Nightwatch? Yes
? Should we run `npm install` for you after the project has been created? (recommended) npm

   vue-cli · Generated "VSCode".

# Installing project dependencies ...
# ========================
```

图 2.105　输入创建 Vue.js 项目模板的命令

经过如图 2.106 所示的一系列依赖包的自动安装，等待项目完成。

```
# Installing project dependencies ...
# ========================

npm WARN deprecated extract-text-webpack-plugin@3.0.2: Deprecated. Please use https://github.com/webp
npm WARN deprecated core-js@2.6.11: core-js@<3 is no longer maintained and not recommended for usage

npm WARN deprecated browserslist@2.11.3: Browserslist 2 could fail on reading Browserslist >3.0 confi
npm WARN deprecated bfj-node4@5.3.1: Switch to the `bfj` package for fixes and new features!
npm WARN deprecated json3@3.3.2: Please use the native JSON object instead of JSON 3
npm WARN deprecated fsevents@1.2.9: One of your dependencies needs to upgrade to fsevents v2: 1) Prop
npm WARN deprecated browserslist@1.7.7: Browserslist 2 could fail on reading Browserslist >3.0 config
[ ..................] / fetchMetadata: sill pacote range manifest for raw-body@2 fetched in 382ms
```

图 2.106　等待依赖包安装完成

(4) 项目完成后，运行以下命令，如图 2.107 所示。

```
cd VSCode
npm run dev
```

等待 VSCode 运行出现如图 2.108 所示的内容。此时即可打开浏览器，输入图 2.108 中的网址。

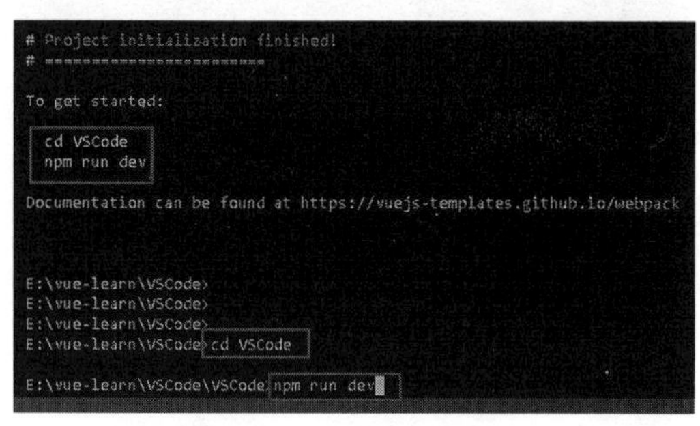

图 2.107　运行 Vue.js 项目

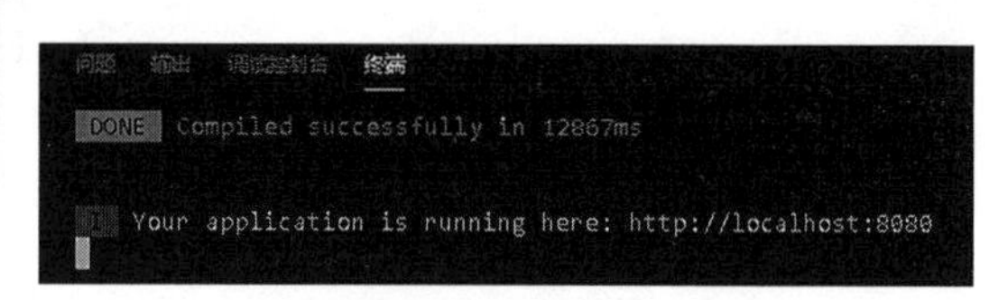

图 2.108　运行成功

另外，也可以按“Ctrl”键的同时单击该链接，如图 2.109 所示，这样就可以直接在默认浏览器中打开该网址。

在浏览器中打开的页面如图 2.110 所示。

图 2.109　快捷访问网址

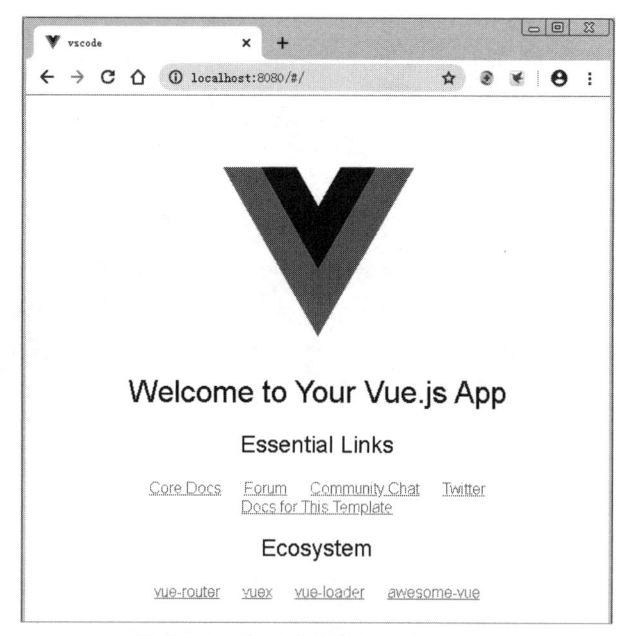

图 2.110　在浏览器中打开 Vue.js 项目

2.3.6 用 VSCode 发布项目

使用 npm run build 命令进行打包，打包后直接打开 dist 文件夹下的 index.html 文件，会发现文件可以打开，但是页面是空白的，所有的 js、css、img 等路径都有问题，是指向根目录的。查看 config/index.js 文件中的 assetsPublicPath 字段，初始项目是 /，它是指向项目根目录的，此处配置可以修改，视具体情况而定。下面 3 种情况为配置值的具体含义。

```
build: {
    // Template for index.html
    index: path.resolve(__dirname, '../dist/index.html'),

    // Paths
    assetsRoot: path.resolve(__dirname, '../dist'),
    assetsSubDirectory: 'static',
    assetsPublicPath: '/',

    /**
     * Source Maps
     */

    productionSourceMap: true,
    // https://webpack.js.org/configuration/devtool/#production
    devtool: '#source-map',

    // Gzip off by default as many popular static hosts such as
    // Surge or Netlify already gzip all static assets for you
    // Before setting to `true`, make sure to:
    // npm install --save-dev compression-webpack-plugin
    productionGzip: false,
    productionGzipExtensions: ['js', 'css'],

    // Run the build command with an extra argument to
    // View the bundle analyzer report after build finishes:
    // `npm run build --report`
    // Set to `true` or `false` to always turn it on or off
    bundleAnalyzerReport: process.env.npm_config_report
}
```

其中，./ 代表当前目录、../ 代表父级目录、/ 代表根目录。

根目录：在计算机的文件系统中，根目录是指逻辑驱动器的最上一级目录，它是相对子目录来说的；它如同一棵大树的“根”一般，所有的树杈都以它为起点，故被命名为根目录。以微软公司开发的 Windows 操作系统为例，打开“我的电脑”（“计算机”），双击 C 盘就进入 C 盘的根目录，双击 D 盘就进入 D 盘的根目录。

如果项目有用到 vue-router，就会发现 src/router 目录下的 index.js 文件中将 mode: "history" 这行注释掉并在下一行配上 base: "/"，base 取值与 assetsPublicPath 一致。将打好的包（dist 文件夹）

上传到服务器，并配置 Nginx 可以访问到 dist 文件夹下的 index.html 文件即可。从 package.json 文件中可以看出，执行 npm run build 命令，实际是执行了 node build/build.js。在 build 文件夹中找到 build.js，build 的主要工作是：检测 node 和 npm 版本；删除 dist 包；webpack 构建打包；在终端输出构建信息并结束，如果报错，则输出报错信息。

build.js 用到了 webpack.prod.conf.js，与 webpack.base.conf.js 合并之后，作为 webpack 配置文件。webpack.prod.conf.js 的主要工作是：提取 webpack 生成的 bundle 中的文本到特定的文件，使得 CSS、JS 文件与 webpack 输出的 bundle 分离；合并基本的 webpack 配置，配置 webpack 的输出，包括输出路径、文件名格式；配置 webpack 插件，包括丑化代码；在 .gzip 下引入 compression 插件进行压缩。

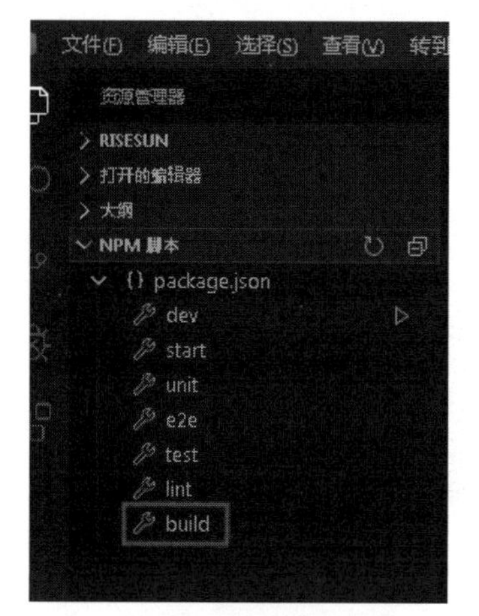

图 2.111　单击运行 build

总结：执行 npm run dev 或 npm run start 命令，实际是在 node 环境下执行了 build/dev-server.js。dev-server.js 会去获取 config 中的端口等配置，通过 express 启动一个服务，并通过插件自动打开浏览器，加载 webpack 编译后放在内存中的 bundle，如图 2.111 所示。

执行 npm run build 命令，实际是执行了 build/build.js，通过 webpack 的一系列配置及插件，将文件打包合并丑化，并创建 dist 目录，放置编译打包后的文件，这将是未来用在生产环境的包，如图 2.112 所示。

图 2.112　发布成功提示

运行完成后的命令行终端如图 2.112 所示，此时打开项目目录下的 dist 文件夹就可以看到如图 2.113 所示的文件，这就是发布好的可以用于服务器端部署的前端文件。

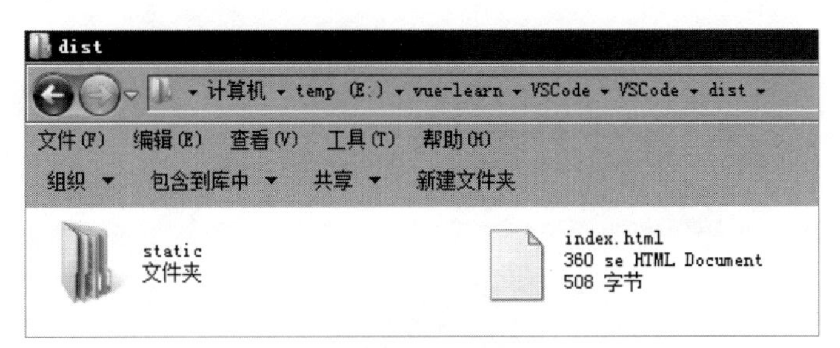

图 2.113 发布好的压缩文件

2.4 小结

本章的目标是熟练使用 VSCode，掌握 npm 基础命令，理解基本配置文件的属性含义，掌握编辑器常用快捷键。下面将创建 Vue.js 模板项目的步骤总结如下。

（1）安装 Node.js。

（2）安装 cnpm 命令。

（3）安装 Vue.js 脚手架（vue-cli）。

（4）安装 Vue.js 模板项目。

（5）安装 Vue.js 项目的依赖文件。

（6）使用 npm run dev 命令开发环境，使 Vue.js 项目运行起来。

（7）使用 npm run build 命令发布项目的部署文件。

以上就是一个完整 Vue.js 简单项目的创建、运行、发包流程，也是本章的重点。

在使用任何 IDE，包括 VSCode 开发工具时也是采用上面的流程，不同之处就是输入命令的窗口位置、样式变了，其他都是殊途同归。

第3章

初识 Vue.js

Vue.js 是一款只需 HTML、CSS、JavaScript 基础足够熟练，就可以快速上手学习的前端框架，它简单轻便的核心构架采用了渐进式的开发模式，可以游刃有余地进行各种规模、规范的开发。其性能在所有前端框架中具有相当大的优势，对虚拟 DOM 进行快速渲染并优化其渲染结构，极大地降低了访问页面的流量损耗。Vue.js 拥有明确规范的目录结构，config 会提供输入输出、构建代码的基础配置环境，build 文件夹提供给用户最方便的发布程序服务，src 是主体开发源代码文件夹，static 文件夹用于存放常用静态资源，一个 index.html 文件借助 main.js 文件就可以将单页面运行起来。

3.1 Vue.js 项目初始化

3.1.1 创建一个 Vue.js 实例

本小节将创建一个 Vue.js 的应用实例。使用简洁的模板语法将定义的内容注入 DOM 的节点中是 Vue.js 框架的核心机制之一。Vue.js 的应用分为两个重要部分：一个是视图，另一个是脚本。在看到这时，建议读者在计算机中打开 VSCode 同步操作下面的代码，这样可以实时呈现效果。

```
<!DOCTYPE html>
<html>
    <head>
        <meta charset="utf-8">
        <title>我的第 1 个 Vue.js 实例 </title>
        <script src="http://shuzhiqiang.com/vue/Vue.js"></script>
    </head>
    <body>
    <div id="app">
        <p>{{ text }}</p>
    </div>

    <script>
        new Vue({
            el: '#app',
            data: {
                text: '哈罗！世界！'
            }
        })
```

```
    </script>
    </body>
</html>
```

首先在页面中创建一个 id 为 app 的 <div> 标签，并在这个 <div> 标签内插入一个变量，使用双大括号将绑定的变量括起来，如 {{ text }}，这是 Vue.js 最常用的一种文本插值的方式。

然后用 <script></script> 包裹一段 JavaScript 代码，通过 new Vue() 声明一个 Vue.js 框架的实例，获得 Vue.js 的应用对象，在声明时必须要在 Vue() 括号内传入一个对象参数，其中有两个非常重要的属性。第一个重要的属性是 el，el 代表 element 这个单词的缩写，其后面一般跟 DOM 节点，如 class 选择器“class-name”、id 选择器“#id”等。第二个重要的属性是 data，data 用于保存数据，在视图中使用了哪些变量，就需要在 data 中注册这些变量，并且为变量进行初始化赋值。例如，这里使用了变量 text，那么就对 text 进行赋值，即 text: '哈罗！世界！'，然后运行该网页，就可以在网页中看到显示的效果“哈罗！世界！”的文本内容了。当然，如果要对文本内容进行美化，就需要在网页视图中加入 <style></style>，这里不再深入展开。

3.1.2 数据绑定与方法使用

3.1.1 小节创建了一个 Vue.js 的应用实例，其实每个 Vue.js 的应用都是通过 Vue.js 函数创建一个新的 Vue.js 实例开始的。通常会使用一个变量来接收 Vue.js 函数被 new 之后的结果，其实它就是一个 Vue.js 的对象。在开发中经常会使用 VM 来代表一个 Vue.js 实例，这个 VM 就是 View Modal（视图模型）的缩写。

在创建 Vue.js 实例时，data 中的所有属性会注入 Vue.js 的响应式系统中。当这些属性的值发生改变时，视图将产生对应的变化，即响应对应的数值变化。

```
<!DOCTYPE html>
<html>
    <head>
        <meta charset="utf-8">
        <title>我的第 2 个 Vue.js 实例 </title>
        <script src="http://shuzhiqiang.com/vue/Vue.js"></script>
    </head>
    <body>
    <div id="app">
        <p>{{ name }}{{ sex }}</p>
    </div>
```

```
    <script>
        let obj = {
            name: "张三",
            sex: "美女"
        };
        let myVM = new Vue({
            el: "#app",
            data: obj
        });
      obj.sex = '帅哥！';
    </script>
    </body>
</html>
```

这里给 data 传递一个外部对象，也就是先创建一个 obj = {} 对象，其中有两个属性，一个是姓名 name 为“张三”，另一个是性别 sex 为“美女”，然后传递给 Vue.js 对象，为了演示 Vue.js 的响应式，在最后修改 obj 对象的 sex 属性为“帅哥！”，这样运行刷新下网页就会发现之前的“张三美女”就变成了“张三帅哥！”。

这里需要注意的是，如果需要让变量能够响应式的同步变化，就必须要在 new Vue() 中包裹对应的属性对象，才能让这些属性同步变化。

当然，有一种特殊情况是需要冻结属性以防止发生同步变化，那么可以对该对象进行处理，也就是使用 Object.freeze(obj) 将需要冻结的对象包裹起来。这样即便是用了 new Vue() 包裹的动态对象，当它的值发生变化时也不会有同步到网页中显示的情况发生。在使用 Vue.js 时大部分情况都是使用它的响应式特性，只有极少数情况会使用 freeze 冻结某一个对象。

另外，除数据属性外，Vue.js 还拥有一些有用的实例属性和方法，它们基本上都是用美元符号“$”作为前缀，以便与用户定义的属性有所区分。一般以“$”开头的变量和方法都是全局的，局部的变量和方法尽量不要以“$”开头，以免发生混淆。

在这里，用 myVM.$data.sex = '帅哥！' 也可以达到同步修改变量的目的。Vue.js 还有一个非常有用的实例方法 $watch，它可以观察一个变量的变化，并且能够获取变化之前和变化之后的结果，其语法格式如下。

```
myVM.$watch('sex', function(newValue, oldValue){
    console.log(newValue, oldValue)
})
myVM.$data.sex = '美女2'
```

以上代码是用来观察 sex 值的变化，$watch 中的第一个参数是监听的属性；第二个参数是一个回调函数，回调函数包括两个参数 newValue 和 oldValue，其中 newValue 是 sex 变量改变之后的新值，oldValue 是 sex 变量改变之前的旧值。在监听语句结束后，手动修改对应监听变量 sex 的值为“美女 2”，这时控制台会输出新旧 sex 的值为“帅哥！，美女”。

很明显，这个 $watch 方法会观察对应变量的变化过程，将新的值和旧的值以回调函数的形式传回，该方法对以后的开发非常有帮助。

3.1.3 生命周期钩子函数

在原生的网页中，代码是从上到下执行的，一般是头部 head 先加载，然后是中间的 body，最后是在 HTML 标签的结尾处加载完毕。其中的 head 大都是引入外部的资源，如 JS、CSS 等外部文件，然后 body 是 DOM 标签部分，紧接着是 JavaScript 脚本区域。这就是传统网页的运行顺序。Vue.js 提供了更为详细的加载流程的生命周期钩子函数，它们可以把代码分类放在不同的区域，这样代码就会变得非常清晰，即便是不同的前端开发人员来维护代码也会得心应手。

Vue.js 提供了 beforeCreate、created、beforeMount、mounted、beforeUpdate、updated、beforeDestroy、destroyed 等钩子函数，当然还有几个较为冷门的钩子函数，这里不再展开，初学者一般只需了解这八个钩子函数即可。其中，beforeCreate 阶段是在创建页面相关变量，但并未赋值，此时变量值都为 undefined；created 阶段通常是对初始化后的变量进行赋值；beforeMount 阶段完成了 data 和元素的数据初始化，但是页面中的 Vue.js 属性依然是一个占位符而已，此阶段 $refs 内部的 DOM 还无法获取；mounted 是 DOM 元素全部都编译加载完成的阶段，此时可以对 DOM 元素进行操作；beforeUpdate 是网页的 DOM 元素发生改变之前触发；updated 是网页的 DOM 元素发生改变之后触发；beforeDestroy 是当前网页被替代或销毁之前触发；destroyed 是网页销毁之后触发（这个阶段所有变量已经不再内存，所以无法对当前页面的变量进行操作，否则会报错）。

每个钩子函数都是以函数的形式接入，例如，created() {} 不能用箭头函数，created:() => {} 就是错误的表达式，箭头函数是没有 this 的，但是在使用 Vue.js 的过程中要对 this 指针频繁应用，所以不能用箭头函数插入钩子函数。

下面通过代码来了解一下钩子函数挂载的先后顺序。

```
<template></template>

<script>
export default {
  data() {
```

```
    return {};
  },
  // 在实例初始化之后，数据观测（data observer）和 event/watcher 事件配置之前被调用
  beforeCreate() {
    console.log("beforeCreate");
  },
  // 在实例创建完成后被立即调用。在这一步，实例已完成以下配置：数据观测（data observer），
  // 属性和方法的运算，watch/event 事件回调。但是，挂载阶段还没开始，$el 属性目前不可见
  created() {
    console.log("created");
  },
  // 在挂载开始之前被调用：相关的编译函数首次被调用
  beforeMount() {
    console.log("beforeMount");
  },
  // el 被新创建的 vm.$el 替换，挂载成功
  mounted() {
    console.log("mounted");
  },
  // 数据更新时调用
  beforeUpdate() {
    console.log("beforeUpdate");
  },
  // 组件 DOM 已经更新，组件更新完毕
  updated() {
    console.log("updated");
  },
};
</script>

<style>
</style>
```

3.1.4 生命周期示意图

图 3.1 展示了 Vue.js 实例的生命周期。我们现在可能还无法完全理解，不过随着我们的不断学习和使用，图 3.1 的参考价值会越来越高（要想学习更详细的生命周期可直接跳转到第 6 章）。

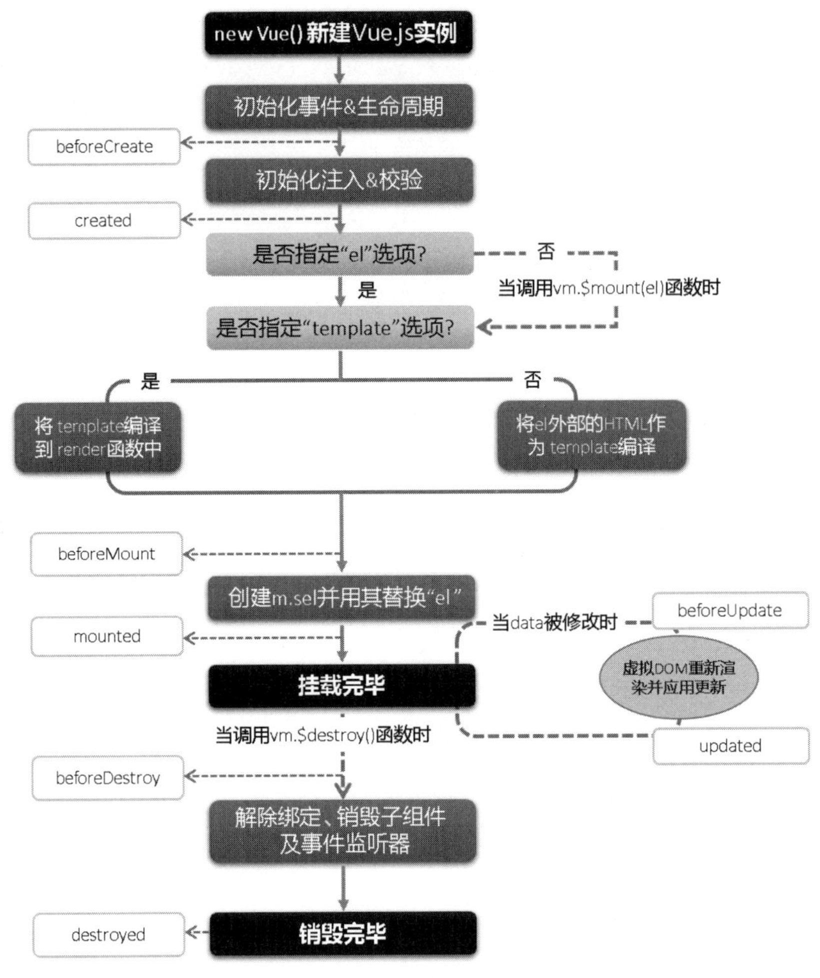

图 3.1 Vue.js 实例的生命周期

3.2 模板语法

Vue.js 采用了基于 HTML 的模板语法，最常见模板语法中的数据绑定形式就是使用文本插值类型的 Mustache 语法（双大括号），以普通文本形式作为提示，如 {{ text }}，允许前端工程师声明式地将 DOM 绑定至底层 Vue.js 实例的数据，无论何时何地，只要 text 属性值发生了变化，对应显示区域也会同步变化，后面将这种变化称之为"更新"。使用 v-once 指令，可以执行一次性的插值，当 text 的内容发生改变时，插值处的内容不会发生改变。所有 Vue.js 的模板都是合法的 HTML，所以能被遵循规范的浏览器和 HTML 解析器解析。

Vue.js 通过编译将 template 模板转换成 render 编译函数，执行编译函数就可以得到一个虚拟节点树。在对 Model 进行操作时，会触发对应 Dep 中的 Watcher 对象。Watcher 对象会调用对应的 update 来修改视图。这个过程主要是将新旧虚拟节点进行差异对比，然后根据对比结果进行 DOM 操作来更新视图。简单来说，在 Vue.js 的底层实现上，Vue.js 将模板编译成虚拟 DOM 编译函数。结合 Vue.js 自带的响应系统，在状态改变时，Vue.js 能够智能地计算出重新编译组件的最小代价并应用到 DOM 操作上。

某些老牌程序员比较熟悉虚拟 DOM 并且偏爱 JavaScript 的原生开发，那么也可以不用模板，直接写 render 编译函数，使用可选的 JSX 语法即可。

3.2.1 向网页插入文本内容

常见的数据绑定形式是使用 Mustache 语法（双大括号）的文本插值。

```
<div>name: {{ text }}</div>
```

Mustache 标签将会被替换为对应数据对象上 text 属性的值。绑定的数据对象上 text 属性发生了改变，插值处的内容会同步更新。

如果只想执行一次性的插值，则可以使用 v-once 指令，当数据更新时，插值处的内容不会更新。但是，有一个问题，这会导致处在这个节点中的其他绑定数据不会再被更新。

```
<div v-once>name: {{ text }}</div>
```

3.2.2 原始 HTML

使用双大括号会将数据解释为普通文本，而非 HTML 代码。为了输出真正的 HTML，可以使用 v-html 指令。

```
<div>name: {{ innerText }}</div>
<div>name: <b v-html="innerHTML"></b></div>
```

这里的 {{ innerText }} 就等同于原生 JavaScript 中的 innerText 属性，用于显示文本内容，而 v-html="innerHTML" 就等同于原生 JavaScript 中的 innerHTML 属性，用于显示 HTML 标签的内容。<b> 标签的内容将会被属性值 innerHTML 替换，作为 HTML 直接显示出来 —— 会忽略解析属性值中的数据绑定。所以，对于用户 UI 界面，组件更适合作为可组合的、可重用的基本单位。反之，不要使用 v-html 来复合局部模板，因为 Vue.js 不是基于字符串的模板引擎。

网站、系统、平台上动态编译的任意 HTML 可能会存在很大安全隐患，因为它很容易导致 XSS 攻击（跨站脚本攻击）。XSS 是 Web 程序中常见的漏洞。需要注意的是，请只对可信内容使用 HTML 插值，绝不要对用户提供的内容使用插值。否则，导致恶意 JavaScript 代码执行，用户输入在前端的 JavaScript 处理 DOM 时达到了注入 JavaScript 代码的效果。

Mustache 语法不能作用在 HTML 特性上，所以绑定 HTML 特性需要使用 v-bind 指令。

```
<div v-bind:id="text"></div>
```

对于布尔特性（它们只要存在就意味着值为 true），v-bind 的工作原理有所不同。例如：

```
<button v-bind:disabled="btnDisabled">Button</button>
```

如果 btnDisabled 的值为 undefined、null 或 false，那么 disabled 特性就不会被包含在编译出来的 <button> 元素中。也就是说，当传入的变量是空值、非真值时，模板语法就会使得该节点的属性值不被绑定。

3.2.3 使用 JavaScript 表达式

到目前为止，在模板语法中，一直都只是绑定了简单的属性键值。但实际上，对于所有的数据绑定，Vue.js 都提供了完全的 JavaScript 表达式语法的支持。

```
{{ text.split('').reverse().join('') }}
{{ 99 + number }}
{{ bool? "真的": "假的" }}
<div v-bind:id="NO-' + id"></div>
```

以上代码会被 Vue.js 指派给 JavaScript 进行解析。但是，大括号和 v-bind 中的语法并不是所有语句类型都支持，有一个限制就是，每个绑定都只能包含单个表达式，如果是声明变量的语句、判断真值的语法逻辑、for 循环语句等就不会被支持。

```
<!-- 这是语句，不是表达式 -->
{{ var name = '张三' }}
<!-- 流控制也不会生效，请使用三元表达式 -->
{{ if (ok) { return message } }}
```

上面的代码都会自动放在沙盒中运行，沙盒就是一个“与世隔绝”的代码运行环境，用来解释、编译不安全的 JavaScript 代码段。如果需要对执行代码中的可访问对象进行限制，就可以使用沙盒，这时只能访问全局变量的一个白名单，不可以在模板表达式中试图访问用户定义的全局变量。

3.2.4 指令参数

指令是带有“v-”前缀的特殊特性。通常在绑定某一个具体的 HTML 节点位置及原生 HTML 中的 class 和 id 所写的位置时使用指令（v- 开头的属性）。指令特性的值预期是单个 JavaScript 表达式，v-for 是例外情况。指令的功能就是当表达式的值发生改变时，将其产生的连带影响实时地更新于 DOM。例如：

```
<div v-if="show">需要你显示的文本内容</div>
```

这里 v-if 指令将根据表达式 show 的值的真 / 假来插入 / 移除 <div> 元素。

有些指令可以收到参数传值，如在 href 前加上 v-bind。例如：

```
<a v-bind:href="link">...</a>
```

在这行代码中 href 是属性名称，v-bind 指令将该 HTML 标签的 href 属性与表达式 link 的值绑定。如果是 v-bind:src，就是绑定 src 参数。

另一个例子是 v-on 指令，它用于监听 DOM 事件。例如：

```
<button v-on:click="click2doing">...</button>
```

在这里，参数是监听单击的事件名。

3.2.5 动态参数

从 Vue.js 2.6.0 开始，可以用方括号括起来的 JavaScript 表达式作为一个指令的参数。

```
<!--
注意，参数表达式的写法存在一些约束
-->
<div v-bind:[sxName]="url"> ... </div>
```

这里的 sxName 会被作为一个 JavaScript 表达式进行动态求值，求得的值将作为参数。需注意的是，sxName 不能以数字开头，否则节点属性不会被编译出来。例如，如果 Vue.js 实例有一个 data 属性 sxName，其值为 "class"，那么这个绑定将等同于 v-bind:class；如果 sxName 是 '111href'，那么属性不会被绑定上。当然，也可以更简洁地直接使用 :[sxName]="url"。

可以使用动态参数为动态事件名绑定函数。

```
<a v-on:[evtName]="doSomething"> ... </a>
```

当 evtName 的值为 "click" 时，v-on:[evtName] 等同于 v-on:click。当然，也可以更简洁地直接使用 @[evtName]="doSomething"。

需要注意的是，方括号内是不支持连接运算符的，只能用一个变量名。例如：

```
<!-- 这会触发一个编译警告 -->
<a v-bind:['foo' + bar]="value"> ... </a>
```

变通的方法是使用没有空格或引号的表达式，或者用计算属性替代这种复杂表达式。

在 DOM 中使用模板时不要使用大写字符来命令键名，因为浏览器会把属性名全部转换为小写。

```
<!--
```

```
在 DOM 中使用模板时这段代码会被转换为 `v-bind:[myattr]`。
除非在实例中有一个名为 myattr 的属性值，否则代码不会工作
-->
<a v-bind:[myAttr]="value"> ... </a>
```

3.2.6 修饰符缩写

修饰符是以小数点“.”开头的后缀，放在指令后修饰对应绑定属性以何种方式来绑定值。例如，.stop 修饰符告诉 v-on 指令对于触发的事件调用 event.stoppropagation()。

```
<button v-on:click.stop="onClick">...</button>
```

3.2.7 v-bind 缩写

用 Vue.js 为 HTML 标签添加动态行为，“v-”是一种视觉上的明显提示，用来区分模板中 Vue.js 本来具有的特性。但是，对于一些频繁用到的指令来说，就会感到使用烦琐，因为整个网页代码到处都是以 v- 开头的标签。同时，在创建由 Vue.js 管理所有模板的单页面应用程序时，v- 前缀并非是必须的。因此，Vue.js 为 v-on 和 v-bind 这两个最常用的指令提供了特定简写方式，v-bind 的缩写是“:”（老牌程序开发者都是用 :src，初学者才会用 v-bind:src）。

```
<!-- 完整语法 -->
<div v-bind:src=" 图片路径 ">...</div>

<!-- 缩写 -->
<div :src=" 图片路径 ">...</div>
```

3.2.8 v-on 缩写

v-on 的缩写是“@”。“:”与“@”对于特性的属性或指令来说都是合法字符，但它们看起来可能与普通的 HTML 属性略有不同，它们在大部分浏览器中都能被正确地解析出来。而且，当 HTML 编译完成后，“:”和“@”符号不会出现在最后渲染成功的标签中。当然，更推荐读者使用缩写语法，因为这样可以更快捷、更高效。

```
<!-- 完整语法 -->
< button v-on:click="clickFunc">...</button>

<!-- 缩写 -->
< button @click="clickFunc">...</ button >
...
```

3.3 计算属性和侦听器

变量在网页中是经常可能发生改变的，一种情况是程序内部让这个变量发生改变，另一种情况是网页用户让变量的值发生改变。不管是以什么样的方式修改了此变量的值，都有可能要根据这个变量产生的变化去联动产生其他效果变化，这里产生了两种情况，其他多个变量导致某个变量发生改变时，就使用计算属性；某个变量引起多个变量发生改变时，就使用侦听器。

3.3.1 计算属性

可以通过使用模板表达式进行简单的运算，但是如果在一个网页中满屏都是用模板逻辑，那么会让维护成本增加，不便于对代码进行调整。例如：

```
<div id="myCode">
  {{ text.split('').reverse().join('') }}
</div>
```

在上面这段代码中，模板语法已经不再是简单的声明式逻辑。以上代码是要对 text 进行字符串反转，当要在其他位置引用这个反转后的结果时，就必须要重复写多个 text.split('').reverse().join('')，这样严重增加了代码量，所以 Vue.js 引入了计算属性。

对于那些较为复杂且逻辑混乱还要重复多处引用的变量属性，建议使用计算属性。

3.3.2 基础例子

下面是一个关于计算属性的简单案例。

```
<!DOCTYPE html>
<html>
<head>
    <meta charset="utf-8">
    <title>我的第 3 个 Vue.js 实例 </title>
    <script src="http://shuzhiqiang.com/vue/Vue.js"></script>
</head>
<body>
<div id="app">
        <p>原始 text: "{{ text }}"</p>
        <p>计算之后的反转 text: "{{ reversedText }}"</p>
</div>
<script>
```

```
        var vm = new Vue({
            el: '#app',
            data: {
                text: '张三帅哥！'
            },
            computed: {
                // 计算属性的 getter
                reversedText() {
                    // `this` 指向 VM 实例
                    return this.text.split('').reverse().join('')
                }
            }
        })
    </script>
    </body>
    </html>
```

reversedText 就是计算属性之一，调用 reversedText 属性的地方将会实时地受到 reversedText 内部 getter 函数的影响，随着依赖的参数变化而计算出自己的实际值。

```
console.log(vm.reversedText) // 输出 => '！哥帅三张'
vm.text = '张三美女'
console.log(vm.reversedText) // 输出 => '女美三张'
```

计算属性与普通属性一样可以自由绑定，只是声明的位置不在 data() { return {} } 中，而是在 computed: {} 中以一个带有 return 返回值的方法名呈现。Vue.js 知道 vm.reversedText 依赖于 vm.text，因此当 vm.text 发生改变时，所有依赖 vm.reversedText 的绑定也会更新。笔者建议尽量少用计算属性，因为它会带来意想不到的逻辑混乱。如果 computed 中的参数值比较单一，不是其他第三方变量，则可以使用计算属性。

3.3.3 计算属性缓存 vs 方法

有的读者或许会疑惑，用方法不是也可以达到相同的效果吗？例如：

```
<p> 计算之后的反转 text: "{{ reversedText() }}"</p>
// 在组件中
methods: {
    reversedText() {
        return this.text.split('').reverse().join('');
    }
}
```

可以发现，这两种代码书写方式都可以达到想要的结果，那么为什么要用计算属性呢？两种方式的最后结果确实是完全相同的，不过计算属性的结果存在于缓存中，即便是被多次使用只需要计算一次，而方法就不同了，被使用多少次就会被执行多少次，这样就带来了不必要的资源消耗。很明显，使用计算属性的结果，只要 text 没有发生任何改变，访问任意次 reversedText 计算属性，都会从上次计算的结果缓存中读取数据，而不是去运行计算方法一次。

new Date().getTime() 不是响应式依赖，所以下面的计算属性不会再更新。

```
computed: {
  now: function() {
    return new Date().getTime();
  }
}
```

这样一比较，当页面触发重新编译时，调用方法都会重新再次执行一次函数。那么，用计算属性就好得多，为什么需要用计算属性的缓存呢？例如，有一个资源非常好的功能模块需要大量的计算属性 A，甚至于会导致存在一个庞大的 for 循环，如果不进行数据缓存，那么将可能成倍增加资源的消耗，有时甚至会明显感受到网页编译速度变迟缓了，所以有的放矢使用计算属性是很有必要的。

3.3.4 计算属性 vs 侦听属性

Vue.js 还有另外一个方法可以解决数据变化监听的问题 —— 侦听属性。当数据需要依赖其他数据的变化而变化时，就很容易到处都在用 watch。但是，更好的做法是使用计算属性，而不是命令式的 watch 回调。细想一下这个例子：

```
<div id="demo">{{ allName }}</div>
var vm = new Vue({
  el: '#demo',
  data: {
    firstName: 'Foo',
    lastName: 'Bar',
    allName: 'Foo Bar'
  },
  watch: {
    firstName: function(val) {
      this.allName = val + ' ' + this.lastName
    },
    lastName: function(val) {
      this.allName = this.firstName + ' ' + val
    }
  }
})
```

以上代码是重复的，且相互之间存在类似的依赖关系。使用计算属性来改写这段代码，就会变得非常简洁了。

```
var vm = new Vue({
  el: '#demo',
  data: {
    firstName: 'Foo',
    lastName: 'Bar'
  },
  computed: {
    allName: function() {
      return this.firstName + ' ' + this.lastName
    }
  }
})
```

3.3.5 计算属性的 setter

计算属性默认只执行 getter，如果特殊情况下需要，则也可以显示声明 setter。

```
//...
computed: {
  allName: {
    //getter
    get: function() {
      return this.firstName + ' ' + this.lastName
    },
    //setter
    set: function(newValue) {
      var names = newValue.split(' ')
      this.firstName = names[0]
      this.lastName = names[names.length - 1]
    }
  }
}
//...
```

当执行 vm.allName = '张三' 时，setter 会执行，vm.firstName 和 vm.lastName 也会同步更新。

3.3.6 侦听器

虽然计算属性在大多数情况下更合适，但有时也需要一个自定义的侦听器。这就是为什么 Vue.js 通过 watch 选项提供了一个更通用的方法来响应数据的变化。当需要在数据变化时执行异步或开销较大的操作时，这个方式是最有用的。例如：

```
<div id="watch-example">
  <p>
    Ask a yes/no question:
    <input v-model="question">
  </p>
  <p>{{ answer }}</p>
</div>
<!-- 因为 AJAX 库和通用工具的生态已经相当丰富，Vue.js 核心代码没有重复 -->
<!-- 提供这些功能以保持精简。这也可以让你自由选择自己更熟悉的工具 -->
<script src="https://cdn.jsdelivr.net/npm/axios@0.12.0/dist/axios.min.js">
</script>
<script src="https://cdn.jsdelivr.net/npm/lodash@4.13.1/lodash.min.js">
</script>
<script>
var watchExampleVM = new Vue({
  el: '#watch-example',
  data: {
    question: '',
    answer: 'I cannot give you an answer until you ask a question!'
  },
  watch: {
    // 如果 `question` 发生改变，这个函数就会运行
    question: function (newQuestion, oldQuestion) {
      this.answer = 'Waiting for you to stop typing...'
      this.debouncedGetAnswer()
    }
  },
  created: function() {
    // `_.debounce` 是一个通过 Lodash 限制操作频率的函数。
    // 在这个例子中，希望限制访问 yesno.wtf/api 的频率
    // AJAX 请求直到用户输入完毕才会发出
    this.debouncedGetAnswer = _.debounce(this.getAnswer, 500)
  },
  methods: {
    getAnswer: function() {
      if (this.question.indexOf('?') === -1) {
        this.answer = 'Questions usually contain a question mark. ;-)'
        return
      }
      this.answer = 'Thinking...'
      var vm = this
      axios.get('https://yesno.wtf/api')
        .then(function(response) {
```

```
            vm.answer = _.capitalize(response.data.answer)
          })
          .catch(function(error) {
            vm.answer = 'Error! Could not reach the API.' + error
          })
      }
    }
})
</script>
```

在这个示例中，使用 watch 选项允许我们执行异步操作（访问一个 API），限制我们执行该操作的频率，并在我们得到最终结果前设置中间状态。这些都是计算属性无法做到的。

3.4 class 与 style 绑定

在开发时还需要经常动态地去修改 classname 及内联的 CSS 样式，同样可以使用 v-bind 来处理：只需要通过表达式计算出字符串结果即可。不过，字符串拼接麻烦且易错。因此，在将 v-bind 用于 class 和 style 时，Vue.js 做了专门的增强。表达式结果的类型除字符串外，还可以是对象或数组。

3.4.1 绑定 HTML class

1. 对象语法

可以传给 v-bind:class 一个对象，以动态地切换 class。

```
<div v-bind:class="{ active: hasAcitve}"></div>
```

以上代码的语法表示 active 这个 class 存在与否将取决于数据属性 hasActive 是 true 还是 false。

可以在对象中传入更多属性来动态切换多个 class。此外，v-bind:class 指令也可以和普通的 class 属性共存。例如，下面的代码：

```
<div
  class="sg-class"
  v-bind:class="{ active: hasAcitve, 'word-strong': hasError }"
></div>
```

和下面的 data：

```
data: {
  hasAcitve: true,
```

```
  hasError: false
}
```

结果编译为：

```
<div class="static active"></div>
```

当 hasActive 或 hasError 发生变化时，class 列表也会进行相应的更新。例如，如果 hasError 的值为 true，则 class 列表将变为 "static active word-strong"。

绑定的样式不用再直接写在 HTML 标签中，而是在对应的对象中定义。

```
<div v-bind:class="classObject"></div>
data: {
  classObject: {
    active: true,
    'word-strong': false
  }
}
```

执行结果与上面是一致的。也可以绑定一个返回对象的计算属性。

```
<div v-bind:class="classObject"></div>
data: {
  hasActive: true,
  error: null
},
computed: {
  classObject: function() {
    return {
      active: this.hasActive && !this.error,
      'word-strong': this.error && this.error.type === false
    }
  }
}
```

2. 数组语法

可以把数组传给 v-bind:class，生成一个 class 的样式表属性列表。

```
<template>
    <div v-bind:class="[classA, classB]"></div>
</template>

<script>
    export default {
        data() {
```

```
            return {
                classA: "class1",
                classB: "class2"
            };
        },
    };
</script>
```

编译为：

```
<div class="class1 class2"></div>
```

如果想根据条件切换列表中的 class，则可以用三元表达式。

```
<div v-bind:class="[hasActive ? activeClassName: '', errorClassName]"></div>
```

以上代码将会一直添加 errorClass，只有当 hasActive 为 true 时才添加 activeClass。当有多个条件的 class 时，这样的写法有些烦琐，所以在数组语法中推荐使用对象语法。

```
<div v-bind:class="[{ activeClassName: hasActive }, errorClassName]"></div>
```

3. 用在组件上

当在一个自定义组件上使用 class 属性时，这些 class 将被添加到该组件的根元素上面，这个元素上已经存在的 class 不会被覆盖。

例如，如果声明了以下组件：

```
Vue.component('sg-component', {
  template: '<p class="a b">您好 Vue.js</p>'
})
```

在使用它时添加一些 class：

```
<sg-component class="c d"></sg-component>
```

则 HTML 将被编译为：

```
<p class="a b c d">您好 Vue.js </p>
```

对于带数据绑定 class 也同样适用：

```
<sg-component v-bind:class="{ active: hasActive }"></sg-component>
```

当 hasActive 为 true 时，HTML 将被编译为：

```
<p class="a b active">您好 Vue.js </p>
```

3.4.2 绑定内联样式

1. 对象语法

v-bind:style 的对象语法非常直观，看着很像 CSS，但其实是一个 JavaScript 对象。CSS 属性名可以用驼峰式（camelCase）或短横线分隔（kebab-case）来命名。

```
<template>
    <div v-bind:style="{ color: color, fontSize: fontSize + 'px' }"></div>
</template>

<script>
    export default {
        data() {
            return {
                color: 'blue',
                fontSize: 16
            };
        },
    };
</script>
```

直接绑定到一个样式对象通常更好，这会让模板更清晰。

```
<template>
    <div v-bind:style="style"></div>
</template>

<script>
    export default {
        data() {
            return {
                style: {color: "blue", fontSize: "16px"}
            };
        }
    };
</script>
```

对象语法常常结合返回对象的计算属性使用。

```
<template>
    <div v-bind:style="style"></div>
</template>

<script>
    export default {
```

```
        computed: {
            style() {
                return { color: "blue", fontSize: "16px" };
            }
        }
    };
</script>
```

2. 数组语法

可以把多个样式以数组的形式赋值给 v-bind:style。

```
<div v-bind:style="[baseStyles, overridingStyles]"></div>
```

3. 自动添加前缀

针对部分浏览器，样式表属性会因为不同浏览器内核而产生属性名前缀不同的情况。例如：

```
-moz-       /* 火狐浏览器等使用 Mozilla 引擎的浏览器 */
-webkit-    /*Safari、谷歌浏览器等使用 WebKit 引擎的浏览器 */
-o-         /*Opera 浏览器 */
-ms-        /*Internet Explorer 浏览器 */
```

Vue.js 非常智能地将属性的这一特性继承进来了，使用 v-bind:style 这一类属性，例如，border-radius、transition、transform、box-shadow、keyframes 等属性，Vue.js 会自动添加相应的浏览器引擎前缀。

4. 多重值

如果要指定特殊前缀赋值给 style 的属性，则可以通过数组的形式把属性值不同的前缀传递给 style。例如：

```
<div :style="{ display: ['-webkit-box', '-ms-flexbox', 'flex'] }"></div>
```

这样写只会编译数组中最后一个被浏览器支持的值。在本例中，如果浏览器支持不带浏览器前缀的 flexbox，那么就只会编译 display: flex。

3.5 条件编译

v-if 指令用来判断对应表达式的值的真假。如果对应表达式的值为 true，就会显示对应绑定了 v-if 属性的标签节点内容；如果对应表达式的值为 false，那么该 v-if 对应的节点标签将不予显示且不会被编译，这一点有别于 v-show。

```
<h1 v-if="param">param 为真就会显示这里 </h1>
```

同时，也可以用 v-else 添加一个“else 块”，用来匹配 v-if 后面表达式的值为假的情况。

```
<h1 v-if="param"> param 为真就会显示这里 </h1>
<h1 v-else>param 此刻为假 </h1>
```

3.5.1 在 <template> 元素上使用 v-if 条件编译分组

因为 v-if 是一个指令，所以需要将它绑定到一个元素标签上。如果想切换多个标签，则可以把一个 <template> 标签当作不可见的包裹标签，并在上面使用 v-if。最后的编译结果将不包含 <template> 标签。

```
<template v-if="show">
  <h1> 标题 </h1>
  <p> 标题 1</p>
  <p> 标题 2</p>
</template>
```

3.5.2 v-else

可以使用 v-else 指令来表示 v-if 的“else 块”。

```
<div v-if="Math.random() > 0.5">
  显示这里的文字
</div>
<div v-else>
  隐藏这里的文字
</div>
```

v-else 必须跟在 v-if 或 v-else-if 的标签后面，否则 v-else 将没有“话语权”（系统无法识别）。

3.5.3 v-else-if

v-else-if，确切地说，相当于 v-if 的“else-if 块”，而且可以连续使用。

```
<div v-if="type === '甲'">
  甲
</div>
<div v-else-if="type === '乙'">
  乙
</div>
<div v-else-if="type === '丙'">
  丙
</div>
```

```
<div v-else>
 不是 甲、乙、丙
</div>
```

等同于 v-else，v-else-if 也必须跟在 v-if 或 v-else-if 的标签后面。

3.5.4 v-if vs v-show

另一个用于根据条件显示标签的属性是 v-show 指令，其用法如下。

```
<h1 v-show="show">您好！</h1>
```

不同的是，v-show 会渲染对应的 HTML 标签节点，让对应的标签保留在 DOM 结构中；v-show 是使用 CSS 属性 display 的 none 或 block 让元素节点隐藏或显示；v-show 不支持 <template> 标签，也不支持 v-else 语法。v-if 是真正的条件编译，它可以让编译过程中不显示的节点从 DOM 中销毁，同时对应的监听器也会被销毁或重建；v-if 是惰性的，如果在初始编译时条件为假，则对应的标签相关联的属性样式或监听器都不会被初始化，直到变为真时才会开始调用初始化。

通常来说，v-if 有更高的切换开销，而 v-show 有更高的初始编译开销。所以，如果需要频繁地切换显示和隐藏，则使用 v-show；如果不需要频繁地切换显示和隐藏，则使用 v-if。

3.5.5 v-if 与 v-for

v-if 与 v-for 不能同时出现，当 v-if 与 v-for 同时出现时，v-for 比 v-if 的优先级更高，会导致在某些时候 v-if 失效或渲染失败。如果出现 v-if 失效或渲染失败的情况，则建议使用 hidden 属性来隐蔽对应 DOM 节点内容。

3.6 列表编译

同一类数据要循环显示时，可以选择使用 v-for 指令进行批量渲染，通常出现在列表中，以数组数据的形式按照一定的样式、规律呈现。

3.6.1 用 v-for 把一个数组对应为一组标签

在开发中经常会遇到那种类似新闻列表、商品列表、产品列表、通知消息列表等有规律的排列，其实这些有规律的每一项都可以看作数组中的元素，只不过这个元素可能是一个复杂的 object，可用 v-for 指令基于一个数组来循环显示这个数组中的每一个 item。v-for 指令需要使用 item in items

形式的特殊语法，其中 items 是源数据数组，item 是数组元素迭代的别名。

```
<ul id="举例-1">
  <li v-for="item in items">
    {{ item.message }}
  </li>
</ul>
var 举例1 = new Vue({
  el: '#举例-1',
  data: {
    items: [
      { text: '豆腐' },
      { text: '面皮' }
    ]
  }
})
```

在 v-for 块中，可以访问所有父作用域的属性。v-for 还支持一个可选的第二个参数，即当前项的索引。

```
<ul id="举例-2">
  <li v-for="(item, index) in items">
    {{ globalText}} - {{ index }} - {{ item. text }}
  </li>
</ul>
var 举例2 = new Vue({
  el: '#举例-2',
  data: {
    globalText: '全局文本内容',
    items: [
      { text: '豆腐' },
      { text: '面皮' }
    ]
  }
})
```

也可以用 of 替代 in 作为分隔符。

```
<div v-for="item of items"></div>
```

3.6.2 在 v-for 中使用对象

用 v-for 遍历对象时，第一个参数为对象的值：

```
<ul id="sg-object" class="sg-object">
```

```
  <li v-for="value in object">
    {{ value }}
  </li>
</ul>
new Vue({
  el: '#v-for-object',
  data: {
    object: {
      title: '标题',
      author: '文章发布者',
      publishedAt: '2020-01-01'
    }
  }
})
```

第二个参数为键名：

```
<div v-for="(value, name) in object">
  {{ name }}: {{ value }}
</div>
```

第三个参数为索引：

```
<div v-for="(value, name, index) in object">
  {{ index }}. {{ name }}: {{ value }}
</div>
```

在遍历对象时，会按 Object.keys() 的结果遍历，但是不能确保结果在不同的 JavaScript 引擎下都相同，例如，有的浏览器会把 Number 类型的数字自动转换为 String 字符串型。

3.6.3 维护状态

Vue.js 会采用就近原则更新渲染内容，如果数据顺序发生变化，则 Vue.js 不会通过移动 DOM 元素来解决这种更新的同步问题，而是就近更新每个标签，来保证索引值对应的位置是正确的。这一点类似于 Vue.js 1.0 版本的 track-by="$index"。

其实这样的方式还是很高效的，只不过只能用于非依赖子组件状态或临时 DOM 状态，如输入框的值用列表渲染出来。

如果想让 Vue.js 框架识别每个 item 的顺序，以便于重新排序原生 DOM，就需要为每一个 item 提供一个唯一的 key 属性。

```
<div v-for="item in items" v-bind:key="item.id">
  <!-- 内容 -->
</div>
```

笔者建议在使用 v-for 时尽量多使用 key 这个属性。其实在 VSCode 这些现代编辑器中当出现 v-for 时，如果没有匹配到 key 关键词就会有错误警告和提示波浪线，这说明 v-for 和 key 一起使用比较规范一些。如果 for 循环的数组是一维简单数组，则可以省略 key 关键词。简单来说，key 就是 v-for 内部的一种标识，用来区分开每个循环的节点，就算是节点内容完全相同，用了 key 至少可以区分它们的顺序，避免在某些调用场景下不能精准匹配选项位置。

3.6.4 数组更新检测

在 Vue.js 页面中，经常会对已经声明且被绑定了的数组进行更新、修改、删除等操作，这就会导致数组数据不能实时刷新问题。其中，对数组的操作主要包括变异方法和替换数组。

1. 变异方法

从 v-for 生效的那一刻开始，如果对循环体内的数组进行如下操作，就会导致渲染的结果发生实时改变。

```
push()
pop()
shift()
unshift()
splice()
sort()
reverse()
```

可以打开浏览器的调试窗口中的“Console”选项卡，然后对前面例子的 items 数组试着调用变异方法。例如：

```
举例1.items.push({ text: '新增内容'})
```

2. 替换数组

何为变异方法？简言之，使用了变异方法就会让数组的内容发生变化。反之，也会有非变异方法，如 slice()、filter()、concat()，这些非变异方法不会修改数组，只是返回一个新的被修改后的数组结果。如果业务流程上必须要使用非变异方法，则务必用“=”将修改后的结果覆盖原始数组，否则在 HTML 页面上将不会有明显的变化效果。

```
items = items.filter(function(item) {
  return item.text.match(/标题/)
})
```

有人或许会以为这样处理会让 Vue.js 重新排列 DOM 顺序列表，但实际上并没有。Vue.js 为了让 DOM 可以快速重新排列，做了一些很智能的刷新方式，所以即便是采用了变异或非变异数组方法来改变数组的内容，Vue.js 也会将标签重新替换或渲染。

3. 注意事项

JavaScript 的原生特性屏蔽了 Vue.js 检测数组如下变更。

索引直接设置数组项，例如：

```
vm.items[index] = '新的内容'
```

修改数组长度，例如：

```
vm.items.length = 22
```

示例如下。

```
var vm = new Vue({
  data: {
    items: ['甲', '乙', '丙']
  }
})
vm.items[1] = '新乙' // 不是响应式的
vm.items.length = 1 // 不是响应式的
```

3.6.5 对象变更检测注意事项

JavaScript 限制 Vue.js 检测对象属性的添加或删除。

```
var vm = new Vue({
  data: {
    a: 1
  }
})
// `vm.a` 当前是响应式的

vm.b = 2
// `vm.b` 不是响应式的
```

3.6.6 显示过滤 / 排序后的结果

对数组进行过滤内容、排序，并不是真的要去改变原始数组的内容。在这样的应用场景下，可以使用计算属性，通过计算属性可以返回过滤结果或排序结果，同时又不会改变原生数组的内容。

例如，要过滤某个数组中的奇数，只保留偶数。

```
<li v-for="n in arr">{{ n }}</li>
```

```
data: {
  arr: [ 1, 2, 3, 4, 5 ]
},
computed: {
  newArr: function() {
    return this.arr.filter(function(val) {
      return val % 2 === 0
    })
  }
}
```

3.6.7 在 v-for 中使用值范围

v-for 也可以在 in 后面紧跟整数。在这种情况下，它会把模板重复对应次数。

```
<div>
  <span v-for="n in 10">{{ n }} </span>
</div>
```

3.6.8 在 <template> 上使用 v-for

类似于 v-if，也可以利用带有 v-for 的 <template> 来循环编译一段包含多个相同 DOM 的内容。例如：

```
<ul>
  <template v-for="item in items">
    <li>{{ item.msg }}</li>
    <li class="classname" role="role"></li>
  </template>
</ul>
```

3.6.9 在组件上使用 v-for

本小节内容建立在已了解组件相关知识的基础上。使用自定义组件时，与平时的普通标签使用 v-for 方法一样。

```
<sg-component v-for="item in items" :key="item.id"></sg-component>
```

在组件上使用 v-for 时，key 属性是必须要加上的。

数据不会自动传输到组件中，毕竟组件有自己单独的作用域。要让循环数据传输到自定义组件中，就必须要用 prop 关键词。

```
<sg-component
  v-for="(item, index) in items"
  v-bind:item="item"
  v-bind:index="index"
  v-bind:key="item.id"
></sg-component>
```

Vue.js 并没有默认将 item 加入组件中，因为这样就会让自定义组件与 v-for 的耦合度增加。组件数据需要独立出来才能够使组件在其他应用场景可以复用。

```
<div id="sg-list">
    <form v-on:submit.prevent="addNewItem">
        <label for="new-item">添加一条记录</label>
        <input
            v-model="newItemText"
            id="new-item"
            placeholder="请输入要添加的内容..."
        >
        <button>添加</button>
    </form>
    <ul>
        <li
            is="new-item"
            v-for="(item, index) in items"
            v-bind:key="item.id"
            v-bind:title="item.text"
            v-on:remove="items.splice(index, 1)"
        ></li>
    </ul>
</div>
```

注意这里的 is="new-item" 属性，这样的处理方式在大量使用 DOM 模板时非常有效，因为在 <ul> 标签内只有 <li> 标签会被当成有效内容。这样做实现的效果与 <new-item> 相同，但是可以避开一些非主流浏览器的渲染报错。

```
Vue.component('new-item', {
    template: '\
        <li>\
            {{ text }}\
            <button v-on:click="$emit(\'remove\')">移除</button>\
        </li>\
    ',
    props: ['text']
})
```

```
new Vue({
    el: '#sg-list',
    data: {
        newItemText: '',
        items: [
            {
                id: 1,
                title: '标题 1',
            },
            {
                id: 2,
                title: '标题 2',
            },
            {
                id: 3,
                title: '标题 3'
            }
        ],
        nextItemId: 4
    },
    methods: {
        addNewItem: function() {
            this.items.push({
                id: this.nextItemId++,
                title: this.newItemText
            })
            this.newItemText = ''
        }
    }
})
```

3.7 事件处理

事件就是当用户对网页某个控件进行操作时，或者当程序代码对网页进行操作时触发的一系列响应。例如，按下一个 Button 按钮，那么对应就会触发 mouseover、mousedown、mouseup、click、mouseout 等事件。针对类似这样的事件就需要做监听处理。

3.7.1 监听事件

可以用 v-on 指令监听 DOM 事件，并在触发时运行一些 JavaScript 代码。例如，实现单击“累加 1”按钮，对应的数值依次按照等差数列 1 累加。

```
<div id="sg-1">
  <button v-on:click="n++">累加 1</button>
  <p>上面的按钮已被单击 {{ n }} 次.</p>
</div>
var sg1 = new Vue({
  el: '#sg-1',
  data: {
    n: 0
  }
})
```

3.7.2 事件处理方法

很多事件处理的逻辑比想象中要复杂得多，想要把 JavaScript 代码直接写在 v-on 中，这是不可行的，v-on 后最好接入一个需要调用的方法名。

```
<div id="sg-2">
    <!-- `func` 是在下面定义的方法名 -->
    <button v-on:click="func">调用 func</button>
</div>

var sg2 = new Vue({
    el: '#sg-2',
    data: {
        name: 'Vue.js'
    },
    // 在 `methods` 对象中定义方法
    methods: {
        func: function(event) {
            // `this` 在方法中指向当前 Vue.js 实例
            alert('您好' + this.name + '!')
            // `event` 是原生 DOM 事件
            if (event) {
                alert(event.target.tagName)
            }
        }
    }
```

```
})

// 也可以用 JavaScript 直接调用方法
sg2.func() // => 'HelloVue.js!'
```

3.7.3 内联处理器中的方法

也可以在 v-on 绑定的 JavaScript 语句中调用带参数的方法。

```
<div id="sg-3">
    <button v-on:click="say(' 你好 ')"> 说了你好 </button>
    <button v-on:click="say(' 什么 ')"> 说了什么 </button>
</div>
new Vue({
    el: '#sg-3',
    methods: {
        say: function(msg) {
            alert(msg)
        }
    }
})
```

在某些场合下，还需要使用原生 DOM 事件。这时可以用内置变量 $event 来获取当前 DOM 节点对象，然后就可以调用对应方法了。

```
<button v-on:click="warn(' 无法提交表单 .', $event)">
    提交
</button>

//...
methods: {
    warn: function(msg, event) {
        // 当前可以访问原生事件对象
        if (event) event.preventDefault()
        alert(msg)
    }
}
```

3.7.4 事件修饰符

尽管在方法中可以很容易地实现 preventDefault() 和 stoppropagation()，但是方法中最好只有单纯的数据逻辑，而非处理 DOM 的细节属性。为此，Vue.js 专门给 v-on 提供了时间的修饰符，也就是用“.”开头的指令后缀来表示。

```
.stop
.prevent
.capture
.self
.once
.passive
<!-- 阻止单击事件继续传播 -->
<a v-on:click.stop="doThis"></a>

<!-- 提交事件不再重载页面 -->
<form v-on:submit.prevent="onSubmit"></form>

<!-- 修饰符可以串联 -->
<a v-on:click.stop.prevent="doThat"></a>

<!-- 只有修饰符 -->
<form v-on:submit.prevent></form>

<!-- 添加事件监听器时使用事件捕获模式 -->
<!-- 即内部标签触发的事件先在此处理，然后才交由内部标签进行处理 -->
<div v-on:click.capture="doThis">...</div>

<!-- 只当在 event.target 是当前标签自身时触发处理函数 -->
<!-- 即事件不是从内部标签触发的 -->
<div v-on:click.self="doThat">...</div>
```

使用修饰符时要注意顺序，对应的原生代码也会根据修饰符的顺序而产生。所以，用 v-on:click.prevent.self 会阻断所有的单击事件，而 v-on.click.self.prevent 只会阻止对标签自身的单击事件。

```
<!-- 单击事件将只会触发一次 -->
<a v-on:click.once="doOneTime"></a>
```

不同于其他只对原生 DOM 事件有效的修饰符，.once 修饰符还可以直接用在自定义组件事件上。Vue.js 还对 addEventListener 中的 passive 选项提供了 .passive 修饰符。

```
<!-- 滚动事件的默认行为（即滚动行为）将会立即触发 -->
<!-- 而不会等待`onScroll`完成 -->
<!-- 这其中包含`event.preventDefault()`的情况 -->
<div v-on:scroll.passive="onScroll">...</div>
```

不要将 .passive 和 .prevent 一起使用，否则 .prevent 将不起作用，而且会在浏览器的调试窗口中的“Console”选项卡中显示一个警告。请记住，.passive 会告诉浏览器不想阻止事件的默认行为，这里修饰符 .passive 可以提高移动端的性能。

3.7.5 按键修饰符

对于部分键盘事件，Vue.js 提供了个别修饰符来区别不同的事件响应类别。

```
<!-- 只有在 `key` 是 `Enter` 时调用 `vm.submit()` -->
<input v-on:keyup.enter="submit">
```

上面这行代码只有在键盘弹起且是回车键弹起时提交。

3.7.6 按键码

keyCode 这种事件属性关键词将逐渐被各大最新版主流浏览器废弃。尽管如此，Vue.js 依然遵循支持查看具体的按键码。

使用 keyCode 特性也是允许的。

```
<input v-on:keyup.13="submit">
```

兼容绝大部分的浏览器按键码别名，具体如下。

```
.enter
.tab
.delete(捕获“删除”和“退格”键)
.esc
.space
.up
.down
.left
.right
```

退出键及方向键在 IE9 浏览器中有不同的 key 值，如果想要能够支持 IE9，则这些内置的别名应该是必选的。

如果想要自定义一些别名来执行对应键盘响应，则可以通过全局的 config.keyCodes 对象自定义按键修饰符别名。

```
// 可以使用`v-on:keyup.f1`
Vue.config.keyCodes.f1 = 112
```

3.7.7 系统修饰键

只有在按下相应键时才触发键盘或鼠标事件，这可以通过下面的修饰符来实现。

```
.ctrl
```

```
.alt
.shift
.meta
```

注意

在 Mac 操作系统的键盘上，meta 对应 command 键（⌘）。在 Windows 操作系统的键盘上，meta 对应 Windows 徽标键（⊞），就是微软的 logo 键。在 Sun 操作系统的键盘上，meta 对应实心宝石键（◆）。在其他特定键盘上，尤其在 MIT 和 Lisp 机器的键盘及其后继产品上，如 Knight 键盘、Space-cadet 键盘，meta 被标记为“META”。在 Symbolics 键盘上，meta 被标记为“META”或“Meta”。

例如：

```
<!-- Alt+C -->
<input @keyup.alt.67="do_some_thing">

<!-- Ctrl+Click -->
<div @click.ctrl="doSomething">操作某些行为</div>
```

修饰符和一般按键的原理不同，当修饰符与 keyup 一起使用时，修饰符必须处于按下状态才能触发事件。也就是说，只有在按“Ctrl”键的情形下释放其他按键，才能触发 keyup.ctrl 事件。然而，仅仅释放“Ctrl”键也不会触发事件。如果需要这样的操作，就需要使用 keyCode：keyup.17。

```
.exact 修饰符
.exact 修饰符允许控制由精确的系统修饰符组合触发的事件
<!-- 即使 Alt 或 Shift 被一同按下时也会触发 -->
<button @click.ctrl="onClick">A</button>

<!-- 有且只有 Ctrl 被按下时才触发 -->
<button @click.ctrl.exact="onCtrlClick">A</button>

<!-- 没有任何系统修饰符被按下时才触发 -->
<button @click.exact="onClick">A</button>
```

3.7.8 鼠标按钮修饰符

下面的修饰符会对处理的函数事件仅响应特定的事件，依次是鼠标左键按下、鼠标右键按下、鼠标滚轮按下。

```
.left
.right
.middle
```

3.7.9 为什么在 HTML 中监听事件

一直以来，JavaScript 中的大部分代码都遵循关注点分离原则，有人可能会说在 HTML 中加入监听事件岂不是违背了这一原则？其实不必担心，由于所有的 Vue.js 事件都严格和当前 DOM 的节点视图 ViewModel 捆绑在了一起，包括对应的方法和表达式都是关联的，因此这样并不会导致后期维护上的困难。

实际上，如果使用 v-on 就会有以下几个优点：随便看一下网页的代码就能够快速锁定绑定了事件方法的位置；不需要在 JavaScript 代码中花费太多时间搜寻具体绑定在哪一个 DOM 节点上，因为视图 DOM 和业务逻辑是强关联的，这样更方便后期测试和维护；当某一个 ViewModel 被销毁时，相关联的事件监听都会被卸载，可将之理解为“Vue.js 的事件垃圾回收机制”。

3.8 表单输入绑定

在 <input>、<textarea> 及 <select> 这些类型的 HTML 标签上用 v-model 进行数据的双向绑定，Vue.js 会根据控件的类别自动选取正确的方法来更新内容。尽管这听起来似乎有些不可思议，但是 v-model 实际上只是一个语法糖，它主要是为了监听用户的输入内容或修改文本框的内容，并且对一些比较特殊的场景做一些特别的处理。

value、checked、selected 这些属于 HTML 原生控件的特性会被 Vue.js 的 v-model 覆盖，而这些特性的初始值都将以 Vue.js 实例的数据作为数据来源，可以在 Vue.js 结构的 data 中先声明对应的参数值。

v-model 会在对应的控件内部为不同的 HTML 标签提供相对应的属性和事件，具体如下。

（1）<text> 和 <textarea> 标签使用 value 属性和 input 事件。

（2）<checkbox> 和 <radio> 标签使用 checked 属性和 change 事件。

（3）<select> 标签将 value 作为 prop，并将 change 作为事件。

如果在控件的输入法上使用多国语言（例如，中文、意大利语、德语等），则 v-model 不会在选择输入文字的过程中更新内容，只有输入内容已经填充到了输入框内才会更新绑定的属性值。如果希望输入过程就实时更新 v-model 绑定的内容，就需要使用 input 事件绑定修改的内容。

3.8.1 文本

输入框绑定数据：

```
<input v-model="msg" placeholder=" 请输入编辑内容 ...">
```

```
<p> 消息内容是 : {{ msg }}</p>
```

3.8.2 多行文本

多行输入框绑定数据：

```
<span> 您输入的多行信息内容为 :</span>
<p style="white-space: pre-line;">{{ msg }}</p>
<br>
<textarea v-model="msg" placeholder=" 请输入多行文本 ..."></textarea>
```

在文本区域插值（<textarea>{{ msg }}</textarea>）并不会生效，应使用 v-model 来代替。.

3.8.3 复选框

单个复选框，绑定到布尔值：

```
<input type="checkbox" id="checkbox" v-model="checked">
<label for="checkbox">{{ checked }}</label>
```

多个复选框，绑定到同一个数组：

```
<div id='sg-3'>
    <input type="checkbox" id="zhangsan" value=" 张三 " v-model="checkedNames">
    <label for="zhangsan"> 张三 </label>
    <input type="checkbox" id="lisi" value=" 李四 " v-model="checkedNames">
    <label for="lisi"> 李四 </label>
    <input type="checkbox" id="wangwu" value=" 王五 " v-model="checkedNames">
    <label for="wangwu"> 王五 </label>
    <br>
    <span> 勾选的名单 : {{ checkedNames }}</span>
</div>

new Vue({
    el: '#sg-3',
    data: {
        checkedNames: []
    }
})
```

3.8.4 单选按钮

通常在选择性别、是否等状态时就要用到单选按钮。由于选择内容是二元对立的，并非三个或更多的选项，因此没有必要用下拉框，直接用单选按钮更加直观。

```
<div id=" 举例 -4">
    <input type="radio" id="male" value=" 男 " v-model="sex">
    <label for="male"> 男 </label>
    <br>
    <input type="radio" id="female" value=" 女 " v-model="sex">
    <label for="female"> 女 </label>
    <br>
    <span> 性别 : {{ sex }}</span>
</div>
new Vue({
    el: '#sg-4',
    data: {
        sex: ''
    }
})
```

3.8.5 选择框

如果没有对 v-model 的声明缺省值，那么下拉框默认就是一个没有被选中的状态。在 iOS 操作系统中，这会使用户无法选中第一个选项。因为在 iOS 系统中这样的初始化会导致无法触发 change 事件，为此最好提供一个默认值为空的禁用选项。

单选时：

```
<div id="sg-5">
    <select v-model="selected">
        <option disabled value=""> 请选择答案 </option>
        <option>A</option>
        <option>B</option>
        <option>C</option>
    </select>
    <span>Selected: {{ selected }}</span>
</div>
new Vue({
    el: '#sg-5',
    data: {
        selected: ''
    }
})
```

多选时，绑定一个数组：

```
<div id="sg-6">
```

```
    <select v-model="selected" multiple style="width: 50px;">
        <option>A</option>
        <option>B</option>
        <option>C</option>
    </select>
    <br>
    <span>多选的结果为：{{ selected }}</span>
</div>
new Vue({
    el: '#sg-6',
    data: {
        selected: []
    }
})
```

用 v-for 动态循环生成选项：

```
<select v-model="selected">
    <option v-for="option in options" v-bind:value="option.value">
        {{ option.text }}
    </option>
</select>
<span>多选的结果为：{{ selected }}</span>
new Vue({
    el: '#sg-6',
    data: {
        selected: 'A',
        options: [
            { text: '选项1', value: 'A' },
            { text: '选项2', value: 'B' },
            { text: '选项3', value: 'C' }
        ]
    }
})
```

3.8.6 值绑定

对于复选框、单选按钮和选择框，v-model 绑定的值通常是静态字符串。对于复选框，v-model 绑定的值也可以是布尔值。

```
<!-- `checked` 为true或false -->
<input type="checkbox" v-model="checked">

<!-- 当选中时，`radio` 为字符串"a" -->
```

```
<input type="radio" v-model="radio" value="a">

<!-- 当选中第一个选项时，`selected` 为字符串 " 甲乙丙丁 " -->
<select v-model="selected">
    <option value=" 甲乙丙丁 "> 甲乙丙丁 </option>
</select>
```

1. 复选框

下面代码中的 true-value 和 false-value 不会改变输入控件的 value 值，因为浏览器在提交表单时不会包含未被选中的复选框。所以，如果要确保表单中这两个值中的一个能够被提交（如“是”或“否”），则应使用单选按钮。

```
<input
    type="checkbox"
    v-model="checked"
    true-value=" 是 "
    false-value=" 否 "
>
// 当选中时
vm.checked === ' 是 '
// 当没有选中时
vm.checked === ' 否 '
```

2. 单选按钮

单选按钮绑定选中状态变量。

```
<input type="radio" v-model="radio" v-bind:value="checked">
// 当选中时
vm.radio === vm. checked
```

3. 选择框

选择框绑定对应的备选项数据，并且获取选中后的值。

```
<select v-model="selected">
    <!-- 内联对象属性变量 -->
    <option v-bind:value="{ num: 999 }">999</option>
</select>
// 当选中时
typeof vm.selected // => 'object'
vm.selected.num // => 999
```

3.8.7 修饰符

修饰符是一个以小数点“.”开头的简短关键词，这个关键词作为对当前指令的属性修饰而存在。修饰符通常用在某个指令的后面，主要有以下几个修饰符。

1. .lazy

一般情况下，除了输入法组合文字时，v-model 每一次的 input 事件触发都会自动把绑定的变量值同步更新一次。另外，也可以添加 .lazy 修饰符，这样就变成 change 事件触发时再同步更新具体的数据。

```
<!-- 在“change”时而非“input”时更新 -->
<input v-model.lazy="msg" >
```

2. .number

如果想自动将输入内容转换为数值类型，则可以给 v-model 添加 .number 修饰符。

```
<input v-model.number="age" type="number">
```

这一点很重要，我们在使用过程中发现，即使用了 type="number"，HTML 输入标签的值也会在某些浏览器下自动转换为字符串类型。如果这个值无法被 parseFloat() 转换，就会返回原始的值类型。

3. .trim

一般在使用搜索关键词输入框或用户名输入框时，如果想自动过滤用户输入的首尾空白字符，则可以给 v-model 添加 .trim 修饰符。

```
<input v-model.trim="msg">
```

3.8.8 在组件上使用 v-model

其实 HTML 原生的输入标签类型是无法满足所有需求的。刚好，Vue.js 的组件系统允许创建具有自定义行为且可复用的输入组件。这些输入组件甚至可以和 v-model 一起使用。

3.9 组件基础

在网页开发过程中，经常会遇到可以重复使用的代码、方法、某个类似的功能点，但是为了高效复用类似的代码，推荐使用组件。

3.9.1 基本示例

下面是一个 Vue.js 组件的示例。

```
// 定义一个名为 sg-btn 的新组件
Vue.component('sg-btn', {
    data: function() {
        return {
            count: 0
        }
    },
    template: '<button v-on:click="count++">你单击了 {{ count }} 次</button>'
})
```

通常在一个业务系统中当某一个模块需要多次重复使用时，就会使用 Vue.js 组件。在上面的代码中，sg-btn 就是自定义的组件。可以在多个 Vue.js 实例中复用这个组件。

```
<div id="sg-demo">
    <sg-btn></sg-btn>
</div>
new Vue({ el: '#sg-demo' })
```

因为组件是可复用的 Vue.js 实例，所以它们与 new Vue 接收相同的选项，例如，data、computed、watch、methods 及生命周期钩子函数等。仅有的例外是像 el 这样根实例特有的选项。

3.9.2 组件的复用

可以将组件进行任意次数的复用。

```
<div id="sg-components">
    <sg-btn></sg-btn>
    <sg-btn></sg-btn>
    <sg-btn></sg-btn>
</div>
```

需要注意的是，每个组件都是独立的，互不干涉，因为每用一次组件，都会自动创建一个新的组件实例。

3.9.3 data 一定要是一个函数

定义 sg-btn 组件时，data 并不是像以下代码这样直接提供一个对象。

```
data: {
  count: 0
}
```

取而代之的是，每个组件的 data 选项必须是一个函数，所以每个实例都要有一个可以维护的独立对象拷贝。

```
data: function() {
  return {
    count: 0
  }
}
```

如果 Vue.js 不具有这个规则，那么单击一个按钮就可能导致其他组件的变量发生变化。

```
You clicked me 0 times. You clicked me 0 times. You clicked me 0 times.
```

3.9.4 组件的组织

通常来说，一个 Vue.js 应用会以一棵嵌套的组件树的形式来组织，如图 3.2 所示。

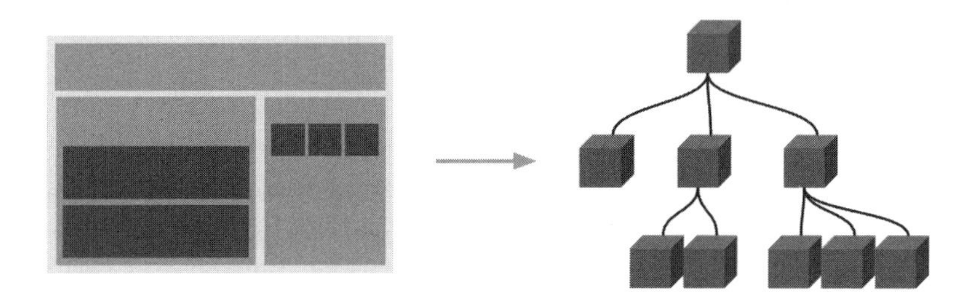

图 3.2　组件树

例如，一个页面可能会有页头、侧边栏、内容区等组件，每个组件又包含了其他的如导航链接、博客文章等组件。

为了能在模板中使用，这些组件必须先注册，以便 Vue.js 能够识别。这里有两种注册组件的方式：局部注册和全局注册。到目前为止，组件都是使用 Vue.component 全局注册的。

```
Vue.component('sg-component, {
  // 注册的选项内容
})
```

组件在全局注册之后，可以用在任何新创建的 Vue.js 根实例（new Vue）的模板中。

3.9.5 通过 prop 向子组件传递数据

例如，创建一个博客文章组件，如果不能向这个组件传递某一篇博客文章的标题或内容之类的我们想展示的数据，那么它是无法使用的。这也正是 prop 的由来。

prop 可以像调用方法那样对组件进行传参，当需要给某一个组件传递 prop 参数时，这个 prop 就成为 Vue.js 组件中 data() 对象的一部分，可以直接在组件作用域内使用。例如，下面的代码就是给博客文章组件传入一个标题属性。

```
Vue.component('sg-blog', {
  props: ['title'],
  template: '<h1>{{ title }}</h1>'
})
```

组件可以支持 *n* 个 prop 属性变量，任意类型都可以传给对应的 prop。通过上面的代码，可以在组件实例中获取并使用这个属性的值，如同访问 data 中的属性值一样。

当 prop 注册后，就可以把数据值作为一个自定义属性传递进来。

```
<sg-blog title=" 标题 1"></sg-blog>
<sg-blog title=" 标题 2"></sg-blog>
<sg-blog title=" 标题 3"></sg-blog>
```

不过，如果是一个同质化严重的列表页面，则需要在 data 中传递数组。

```
new Vue({
    el: '#sg-blog',
    data: {
        items: [
            { id: 1, title: '标题1' },
            { id: 2, title: '标题2' },
            { id: 3, title: '标题3' }
        ]
    }
})
```

然后需要为每篇文章编译一个组件。

```
<sg-blog
    v-for="item in items"
    v-bind:key="item.id"
    v-bind:title="item.title"
></sg-blog>
```

从以上代码中可以发现，可以使用 v-bind 来传递 prop 的属性值。这在最初不了解要编译的具体内容时是非常有用的。

3.9.6 单个根标签

当创建一个 sg-blog 组件时，模板最终会包含的内容远不止一个标题。

```
<h3>{{ title }}</h3>
```

大概率上会包含这篇文章的正文。

```
<h3>{{ title }}</h3>
<div v-html="content"></div>
```

不过，如果在模板中试着这样写，则 Vue.js 会显示一个错误，并提示 every component must have a single root element（每个组件必须只有一个根标签）。可以将模板的内容包裹在一个父标签内，来修复这个问题，例如：

```
<div class="sg-blog">
  <h3>{{ title }}</h3>
  <div v-html="content"></div>
</div>
```

作为一个文章组件，不只需要标题和内容，还需要发布日期、评论等。这样一来，组件就会变得越来越复杂，给每一个对应的 prop 定义属性值就会变得很烦琐。

```
<sg-blog
    v-for="item in items"
    v-bind:key="item.id"
    v-bind:title="item.title"
    v-bind:content="item.content"
    v-bind:publishedAt="item.publishedAt"
    v-bind:comments="item.comments"
></sg-blog>
```

这时需要重构一下 sg-blog 组件，让它变成接受一个独立的 item prop。

```
<sg-blog
    v-for="item in items"
    v-bind:key="item.id"
    v-bind:item="item"
></sg-blog>
Vue.component('sg-blog', {
    props: ['item'],
    template: `
        <div class="sg-blog">
```

```
        <h3>{{ item.title }}</h3>
        <div v-html="item.content"></div>
    </div>`
})
```

以上这段代码使用了 JavaScript 的模板字符串形式，这样的形式让换行的语句更容易理解。但是，IE 浏览器不支持这种写法，那么如何才能在不经过 TypeScript 或 Babel 编译的情况下被 IE 浏览器支持呢？需要使用换行的转义字符替代，如 \n 或
。这时不管对 item.content 传递什么形式的内容，都会添加到 <sg-blog> 中。

3.9.7 监听子组件事件

在开发 sg-blog 组件时，它的一些功能可能要求与父组件进行通信。例如，需要通过组件来控制文章的字号大小，然后还要让文章保持这个字号大小，下次打开文章继续保持这个字号大小。

在父组件中，可以添加一个 fontSize 属性来支持这个功能。

```
new Vue({
    el: '#sg-blog',
    data: {
        posts: [/*...*/],
        fontSize: 16
    }
})
```

它可以在模板中用来控制所有文章的字号。

```
<div id="sg-blogs-events-demo">
    <div :style="{ fontSize: fontSize + 'px' }">
        <sg-blog
            v-for="item in items"
            :key="item.id"
            :item="item"
        ></sg-blog>
    </div>
</div>
```

当前可以在每篇文章正文之前添加一个按钮来放大字号。

```
Vue.component('sg-blog', {
    props: ['item'],
    template: `
    <div class="sg-blog">
      <h3>{{ item.title }}</h3>
      <button> 字号加大 </button>
```

```
        <div v-html="item.content"></div>
    </div>`
})
```

但是，这个按钮不会做任何事。

```
<button> 字号加大 </button>
```

当触发这个按钮单击事件时，需要推送信息给父组件告诉它要修改文章的字号大小。Vue.js 支持通过在自定义组件内部触发 $emit 事件来将内部变量推送给外部，让外部父组件获取到来自内部子组件变化的属性值，外部父组件可以通过 v-on 或 @ 自定义事件名称来获取这种变化状态。

```
<sg-blog
  ...
  @bigFont="fontSize += 0.1"
></sg-blog>
```

子组件使用 $emit 方法传入事件名称来触发一个事件。

```
<button @click="$emit('bigFont')">
  字号加大
</button>
```

有了这个 @bigFont ="fontSize += 0.1" 监听器，父组件就会接收该事件并更新 fontSize 的值。

3.9.8 使用事件抛出一个值

在有些情况下，需要使用事件来向外传递一个转义的数字，例如，需要用 sg-blog 组件来确定它的文本字号要放大多少，此时可以使用 $emit 的第二个参数来提供这个值。

```
<button v-on:click="$emit('fontSize', 201)">
  字体加大
</button>
```

使用 $event 访问被抛出的这个值。

```
<sg-blog
  ...
  v-on:bigFont="fontSize += $event"
></sg-blog>
```

如果这个事件处理函数是一个方法：

```
<sg-blog
  ...
  v-on:bigFont="onBigFont"
```

```
></sg-blog>
```

则这个值将会作为第一个参数传入这个方法。

```
methods: {
  onBigFont: function(num) {
    this.fontSize += num
  }
}
```

3.9.9 在组件上使用 v-model

自定义事件也支持 v-model 的自定义输入组件。

```
<input v-model="inputText">
```

等同于：

```
<input
  :value="inputText"
  @input="inputText = $event.target.value"
>
```

当用在组件上时，v-model 会写成如下形式。

```
<custom-input
  v-bind:value="inputText"
  v-on:input="inputText = $event"
></custom-input>
```

要让这段代码良好运行，就一定要在组件中的 input 上绑定 value 这个属性；当触发 input 输入事件时，直接将新的 input 值用自定义的 input 事件向外输出。

```
Vue.component('sg-input', {
  props: ['value'],
  template: `
    <input
      v-bind:value="value"
      v-on:input="$emit('input', $event.target.value)"
    >
  `
})
```

这样 v-model 就可以在这个组件上运行了。

```
<sg-input v-model="inputText"></sg-input>
```

3.9.10 通过插槽分发内容

与 HTML 标签一样，有可能也需要对组件传输内容，例如：

```
<sg-alert>
  警告文本内容!
</sg-alert>
```

会显示如下效果。

```
报错! 警告文本内容!
```

那么，如何在插入文本内容之前自动追加“报错！”这个前缀文字呢？Vue.js 自定义的 <slot> 标签可以实现。

```
Vue.component('sg-alert', {
  template: `
    <div class="sg-alert">
      <strong>报错! </strong>
      <slot></slot>
    </div>
  `
})
```

3.9.11 动态组件

在有些情况下，需要用类似选项卡的功能，单击某个按钮来改变当前状态，让某些内容显示或隐藏，如图 3.3 所示。

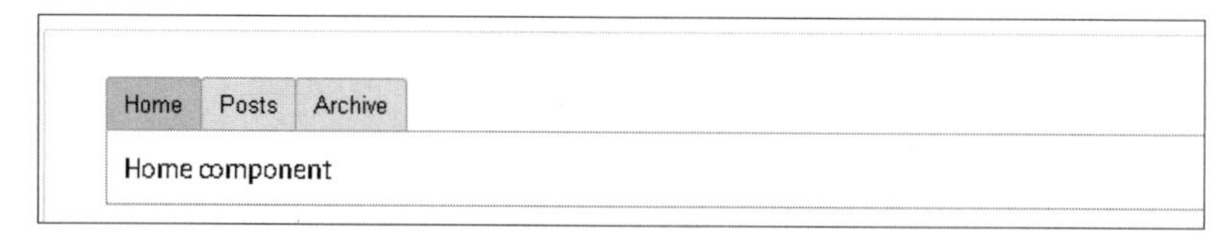

图 3.3 组件样式

以上效果可以通过 Vue.js 的 <component> 标签加一个特殊的 is 特性来实现。

```
<!-- 组件会在 `activeTabName` 改变时改变 -->
<component :is="activeTabName"></component>
```

在以上代码中，activeTabName 可以是某个已经被注册的组件名称，也可以是绑定某个组件的对象名称，但是不能是字符串常量，否则就会报错，显示无法加载组件。

3.9.12 解析 DOM 模板时的注意事项

有些 HTML 标签，如 <ul>、<ol>、<table> 和 <select>，对于哪些标签可以出现在其内部是有严格限制的。而有些标签，如 <li>、<tr> 和 <option>，只能出现在其他某些特定的标签内部。

使用这些有约束条件的标签时会遇到一些问题，例如：

```
<table>
  <sg-blog-row></sg-blog-row>
</table>
```

这个组件 <sg-blog-row> 会被作为无效的内容提升到外部，并导致最后编译结果出错。然而，is 特性提供了一个变通的方法。

```
<table>
  <tr is="sg-blog-row"></tr>
</table>
```

需要注意的是，如果从以下来源使用模板，那么这条限制是不存在的。

（1）字符串（如 template: '...'）。

（2）单文件组件（.vue）。

（3）<script type="text/x-template">。

3.10 小结

本章的目标是学习并掌握 Vue.js 指令的绑定数据方法，在解决具体问题时，能够在文档中找到可以使用的指令即可（即用最清新、简洁、快捷、高效的方式，快速把数据编译到 HTML 页面上）。

第 4 章

用axios与后端接口进行数据联动

axios 是一个基于 Promise 的 HTTP 库，简而言之，就是发送 get、post 请求。关于 get、post、put 等请求，我们第一时间想到的就是 jQuery。随着 Vue.js、React 等优秀框架的出现，jQuery 逐渐淡出了市场，同时促使了 axios 轻量级 HTTP 库的出现。

4.1 axios 概要

首先介绍 axios 是什么？axios 是一个基于 Promise 的 HTTP 库，类似于 jQuery 的 AJAX，用于 HTTP 请求。axios 可以用于浏览器和 Node.js，也就是说，它既可以用于客户端，也可以用于 Node.js 编写的服务器端。那么，axios 有哪些特性呢？

（1）支持 Promise API。

（2）拦截请求和响应（可以在请求前及响应前做某些操作，例如，在请求前想要在这个请求头中加一些信息，如授权信息等）。

（3）转换请求数据和响应数据（例如，在请求时一些敏感信息需要加密，在返回数据时需要解密）。

（4）取消请求（在解决高并发时，取消一些不必要的冗余重复请求）。

（5）自动转换 JSON 数据（HTTP 请求时，传输的数据都是字符串，如果服务器端返回的数据不是字符串类型，就需要使用 JSON.parse() 对它进行转换。然后向后台发起数据请求，会自动地进行转换，不需要进行手动操作）。

（6）客户端支持防御 XSS 攻击（XSS 是客户端经常出现的一种攻击方式，它发生在目标用户的浏览器层面上，当渲染 DOM 树的过程中发生了不在预期范围内的 JavaScript 代码执行时，就可以被判定为发生了 XSS 攻击）。

axios 的浏览器支持情况，如图 4.1 所示。

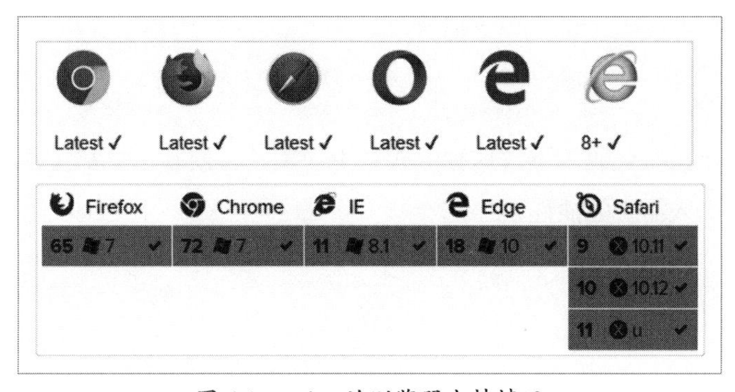

图 4.1 axios 的浏览器支持情况

可以看到，axios 支持 Chrome、Firefox、Safari、Opera、Edge、IE8+。

本章主要包括以下内容。

（1）axios 的基础用法（get、post、put 等请求方法）。

（2）axios 的进阶用法（实例、配置、拦截器、取消请求等）。

（3）axios 的进一步封装，在项目中的实际应用（需要对 axios 进行统一的封装后再进行使用，因为它的一些请求方法不是特别统一，所以需要对它进行统一的封装后再进行使用，或者项目中有一些定制化信息的内容，如在登录之后授权信息，那么将这些信息放在 header 中再一次统一封装发起请求等）。

4.2 axios 方法的基本使用

4.2.1 axios 的安装

使用 npm 命令安装 axios，输入以下命令，如图 4.2 所示。

```
npm install axios
```

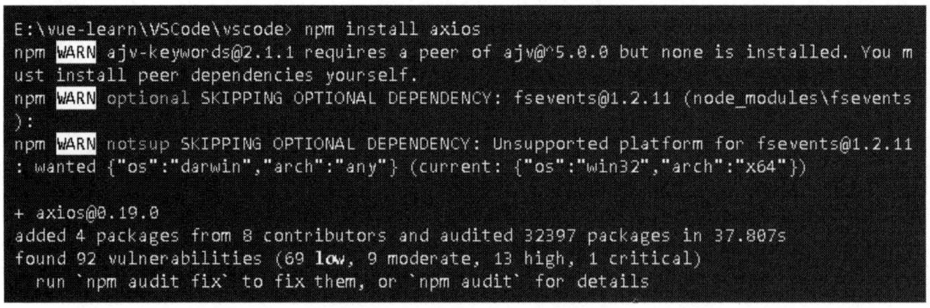

```
E:\vue-learn\VSCode\vscode> npm install axios
npm WARN ajv-keywords@2.1.1 requires a peer of ajv@^5.0.0 but none is installed. You m
ust install peer dependencies yourself.
npm WARN optional SKIPPING OPTIONAL DEPENDENCY: fsevents@1.2.11 (node_modules\fsevents
):
npm WARN notsup SKIPPING OPTIONAL DEPENDENCY: Unsupported platform for fsevents@1.2.11
: wanted {"os":"darwin","arch":"any"} (current: {"os":"win32","arch":"x64"})

+ axios@0.19.0
added 4 packages from 8 contributors and audited 32397 packages in 37.807s
found 92 vulnerabilities (69 low, 9 moderate, 13 high, 1 critical)
  run `npm audit fix` to fix them, or `npm audit` for details
```

图 4.2 axios 安装成功

使用 cnpm 命令安装 axios，输入以下命令。

```
cnpm install axios
```

使用 CDN 链接 axios，代码如下（这种方式很少使用，目前基本上都是用脚手架创建项目，然后采用 ES6 Modules 引入需要的插件）。

```
<script src="https://unpkg.com/axios/dist/axios.min.js"></script>
```

4.2.2 axios 请求方法及别名（get 方法）

下面讲解如何使用 axios 请求方法，首先需要新建一个 Vue.js 模板项目，这里为方便可直接使用第 2 章创建的 VSCode 项目。

axios 的请求方法主要有以下几个。

（1）get：获取数据。

（2）post：提交数据（表单提交 + 文件上传，一般用于提交数据，如上传图片或上传 Excel 文件等）。

（3）put：更新数据（所有数据推送到后端）。

（4）patch：更新数据（只将修改的数据推送到后端）。

（5）delete：删除数据。

这 5 个请求方法都是由后端定义的，也就是说，因为请求的接口都是请求到后端，然后由后端去操作数据库，把数据进行存储、修改和删除，所以具体的请求方法都是由后端来确定的。

下面先来介绍如何使用 get 方法，get 用于获取后端接口提供的数据。

打开已创建的 VSCode 项目，在 src/components 中找到 Hello-World.vue 文件，如图 4.3 所示。

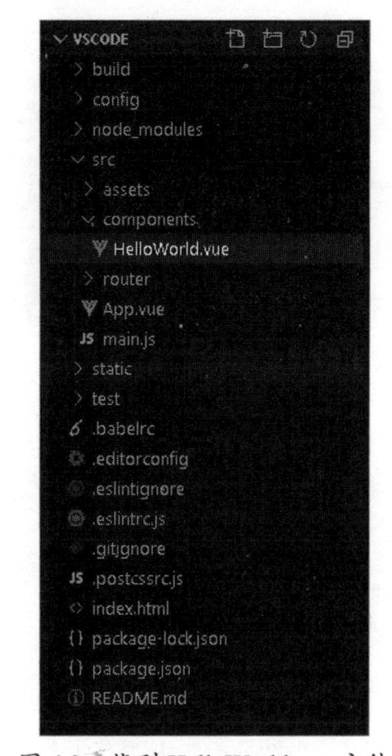

图 4.3 找到 HelloWorld.vue 文件

双击 HelloWorld.vue 文件，然后在代码编辑窗口中找到以下代码。

```
<script>
export default {
  name: 'HelloWorld',
  data() {
    return {
      msg: 'Welcome to Your Vue.js App'
    }
  }
}
</script>
```

在 data() {} 后面加入以下代码。

```
created() {
  axios.get('static/data.json').then((res) => {
    console.log(res);
  })
```

```
}
```

然后在 <script> 后面加入以下代码。

```
import axios from 'axios';
```

最终代码如下。

```
<script>
import axios from 'axios';
export default {
  name: 'HelloWorld',
  data() {
    return {
      msg: 'Welcome to Your Vue.js App'
    }
  },
  created() {
    axios.get('static/data.json').then((res) => {
      console.log(res);
    })
  }
}
</script>
```

这里需要说明的是，当使用 axios 时，需要用 import axios from 'axios'; 引入，再用 axios.get 来调用，当然 get 方法还有另外一种写法，具体如下。

```
axios({
  method: "get",
  url: "static/data.json"
}).then(res => {
  console.log(res);
});
```

两种方式都可以获取后端数据，这里的 data.json 是自己创建的 JSON 文件，放在了根目录的 static 文件夹中，用于模拟读取后台接口数据反馈，如图 4.4 所示。需要注意的是，静态文件一定要放在 static 文件夹中，否则会被编译成 hash 文件名。但有时文件名称不会是 data.json，可能会变成形如 oqwerbqwgq1as7dn2fba.json 的文件名。

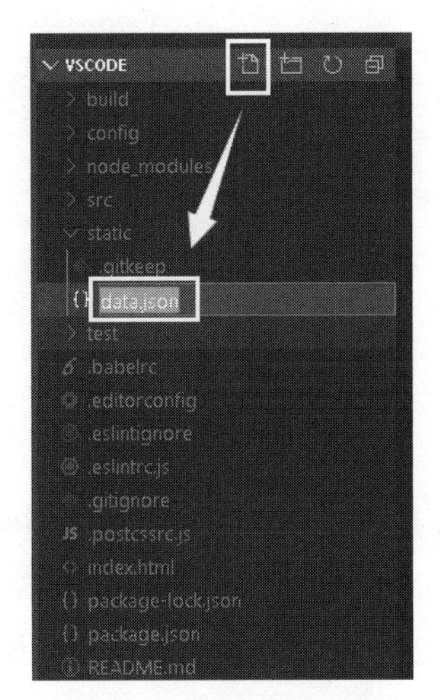

图 4.4　创建 data.json 文件

直接展开 static 文件夹，然后按图 4.4 所示进行操作，单击右上角的第一个图标，输入文件名“data.json”，然后在右侧编辑输入框内输入以下代码。

```
{
  "code": 200,
  "data": "获取到的数据",
  "message": "提示内容"
}
```

以上代码就是要模拟的后端接口返回数据。

写完代码后按“Ctrl+J”键打开命令行终端，并输入以下命令。

```
npm run dev
```

等待编译完成后打开谷歌浏览器，然后按“F12”键打开调试窗口，选择“Console”选项卡，可以看到如图 4.5 所示的代码显示结果。

```
▼{data: {…}, status: 200, statusText: "OK", headers: {…}, config: {…}, …}
  ▶config: {url: "static/data.json", method: "get", headers: {…}, transformRequest: Array(1), transformResponse: Array(1), …}
  ▶data: {code: 200, data: "获取到的数据", message: "提示内容"}
  ▶headers: {date: "Wed, 25 Dec 2019 13:44:44 GMT", etag: "W/"58-60mjFOwSReQBqKVvgzuB0mZylPk"", accept-ranges: "bytes", x-powered-by
  ▶request: XMLHttpRequest {onreadystatechange: ƒ, readyState: 4, timeout: 0, withCredentials: false, upload: XMLHttpRequestUpload,
   status: 200
   statusText: "OK"
  ▶__proto__: Object
```

图 4.5　axios 显示读取数据

图 4.5 中的 data: {} 如下。

```
data: {code: 200, data: "获取到的数据", message: "提示内容"}
```

data: {} 就是读取到的数据，实际上在真实的使用场景中还会在 axios.get 方法后面加入 if-else 判断语句，代码如下。

```
axios.get("static/data.json").then(res => {
  if (res && res.data && res.data.code === 200) {
    // 业务逻辑代码（渲染数据到页面）
    console.log(res);
  } else {
    // 弹窗提示报错
    alert(" 接口读取失败 ");
  }
});
```

这样就可以进行日常的业务数据渲染了，后台读取的数据结果就可以显示出来了。这里需要说明以下几点。

（1）data() 是组件的变量数据存放的位置，当前页面作用域下的公共变量要写在其中，以方便初始化。切记组件中的 data 必须是用返回值的形式 return {}，因为组件会被多个页面使用，为了区别不同页面的作用范围，所以用 return 的方式来区别不同的作用页面。

（2）created() {} 是 Vue.js 的钩子函数之一，在页面初始化数据变量之后开始执行，先于具体的 DOM 渲染。如果要在 DOM 渲染完成之后再执行代码，则建议使用 mounted，具体执行顺序请参看图 3.1。

4.2.3 axios 请求方法及别名（post 和 put 方法）

由于没有真实的接口，所以这里就写几个假的路径。即使假的路径在浏览器中会报 404 错误，但是提交的参数请求方式也会在浏览器的“Network”选项卡（谷歌浏览器按“F12”键后的调试窗口中的选项卡）中显示出来。

下面先来介绍 axios 的 post 的别名方法。axios.post() 有以下 3 个参数。

（1）URL 路径：请求的后台接口路径。

（2）data：请求的数据。

（3）config：config 的配置在后面再具体介绍。

这里主要介绍一下 data 请求数据。post 常用的请求数据格式有以下两种。

（1）form-data：用于表单提交。在旧的网页一般都是用表单提交，就是进行数据交互，而现在大多数网站都是通过 AJAX 进行数据交互的，但是表单提交仍然存在，因为上传数据和文件都需要用 form-data 格式。

（2）application/json：现在大多数情况下都用这种模式，因为 JSON 文件用得比较广泛，所以 application/json 做交互，无论是对于前端还是后端都比较友好。

application/json 请求示例如下。

```
let data = {
```

```
  id: 12
};
axios.post("static/post.json", data).then(res => {
  console.log(res);
});
```

application/json 请求非常简单，如果要上传一个数据 {id: 12}，那么就直接把 data 放在 axios.post 中的第二个参数即可，如上面的代码就是用别名的方法提交数据到后台。同样地，不用别名的方法如下，可以做一下比较。

```
let data = {
  id: 12
};
axios({
  method: "post",
  url: "static/post.json",
  data: data
}).then(res => {
  console.log(res);
});
```

其实别名方法就是把 method 提出来，放在外面直接用 method 的值作为方法使用。

接下来用 form-data 形式提交数据到后台。

```
let data = {
  id: 12
};
let formData = new FormData();
for (let key in data) {
  let value = data[key];
  formData.append(key, value);
}
axios.post("static/post.json", formData).then(res => {
  console.log(res);
});
```

修改后，VSCode 会自动更新浏览器中的内容，称这种自动更新为“热更新”，不用像传统的前端开发工具那样按“F5”键刷新浏览器才能看到最新的效果，可以节省开发时间。

打开谷歌浏览器（后面的测试调试最好用谷歌浏览器，因为其调试工具非常方便），按“Ctrl+Shift+I”或“F12”键，或者右击浏览器，在弹出的快捷菜单中选择“检查”选项（图 4.6），就会弹出浏览器的调试窗口，如图 4.7 所示。

图 4.6 在谷歌浏览器中右击

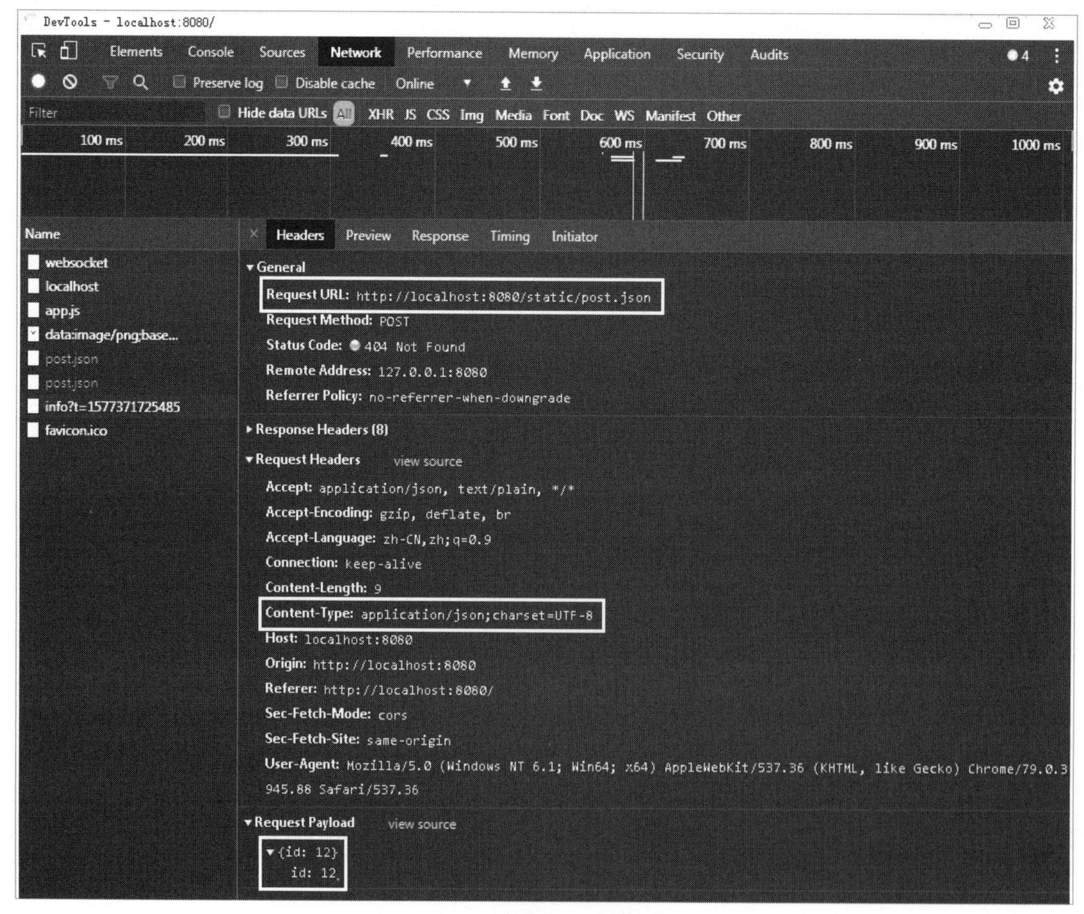

图 4.7 浏览器的调试窗口

选择“Network”选项卡，然后单击左侧的“post.json”。之所以有两个“post.json”选项，是因为在代码中写了两种数据格式的请求，一种是 application/json，另一种是 form-data。这里单击第一个“post.json”，可以看到右侧的代码如下。

```
Request URL: http://localhost:8080/static/post.json
...
Content-Type: application/json;charset=UTF-8
...
{id: 12}
...
```

以上代码对应了请求的 URL、data 格式和 data 内容，然后单击左侧的第二个“post.json”，如图 4.8 所示。

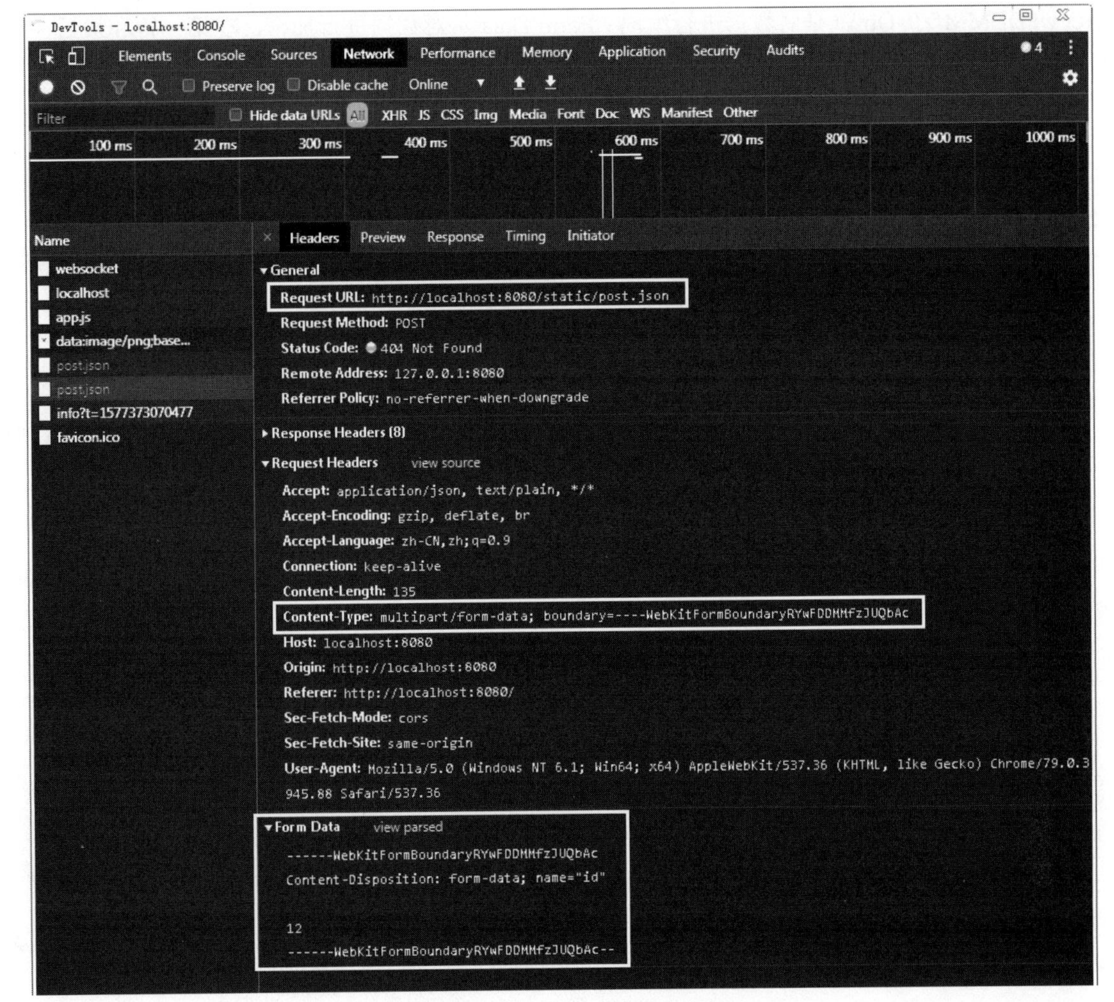

图 4.8　第二个 post.json 的内容

form-data 格式的数据提交后，可以看到以下代码。

```
Request URL: http://localhost:8080/static/post.json
...
Content-Type: multipart/form-data; boundary=----WebKitFormBoundaryRYwFDDMMfzJ
UQbAc
...
Form Data
------WebKitFormBoundaryRYwFDDMMfzJUQbAc
Content-Disposition: form-data; name="id"

12
------WebKitFormBoundaryRYwFDDMMfzJUQbAc--
```

其中，Content-Type 就是数据格式类型 multipart/form-data；boundary=----WebKitFormBoundaryRYwFDDMMfzJUQbAc 是对数据进行编码；Form Data 是对数据进行加密，在第一行和最后一行都有加密的代码。

同时，还可以看到如图 4.9 所示的报错。

图 4.9　404 报错

仔细看 Status Code: 404 Not Found，会发现两次请求都有 404 报错，因为之前写的是假的后端接口路径，所以报错是很正常的，正常情况下应该是 304 或 400 的代码。

下面继续研究 axios.put 和 axios.patch 方法，其实 put、patch 与 post 请求类似，都有 form-data 和 application/json 这两种数据格式，这里只介绍如何使用常用的 application/json 发起 put、patch 请求的代码。

```
let data = {
  id: 12
};
axios.put("static/put.json", data).then(res => {
  console.log(res);
});

axios.patch("static/put.json", data).then(res => {
  console.log(res);
});
```

运行后依然打开浏览器的调试窗口中的“Network”选项卡，查看两次请求的差别，如图 4.10 所示。

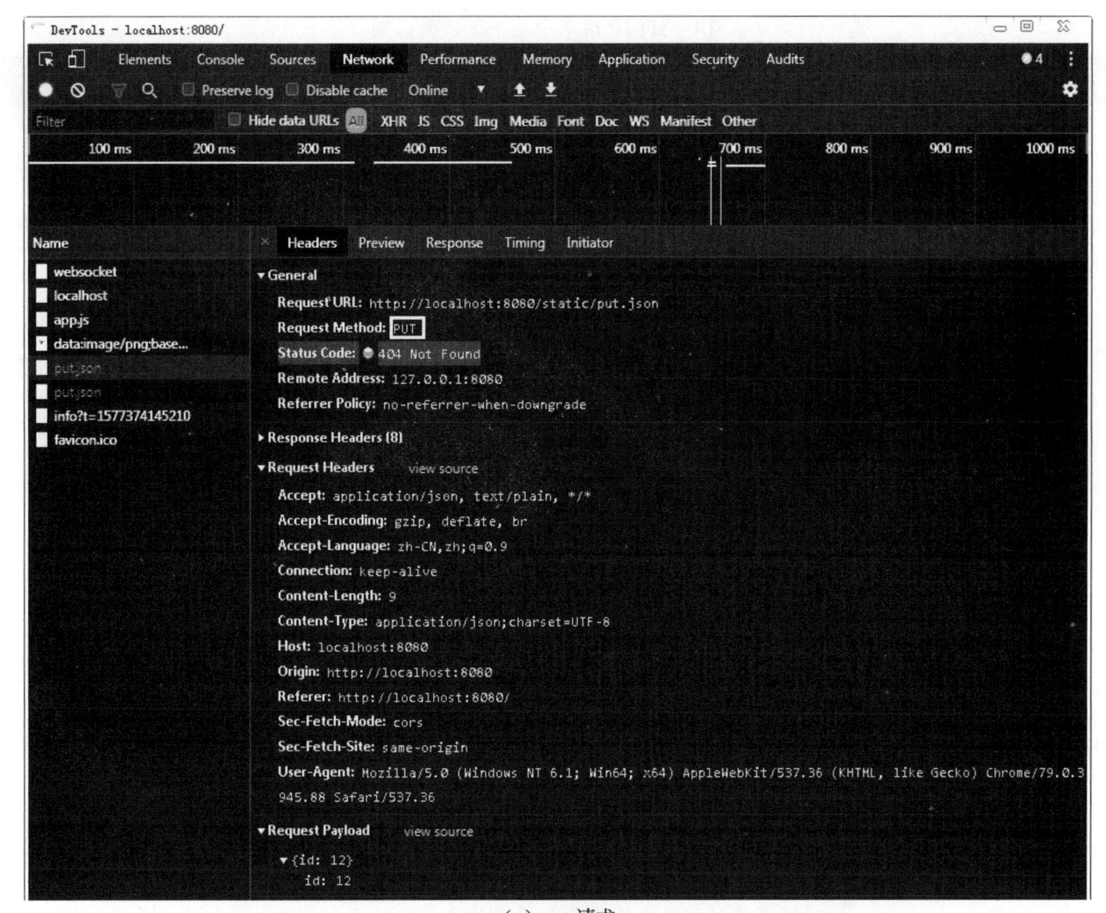

（a）put 请求

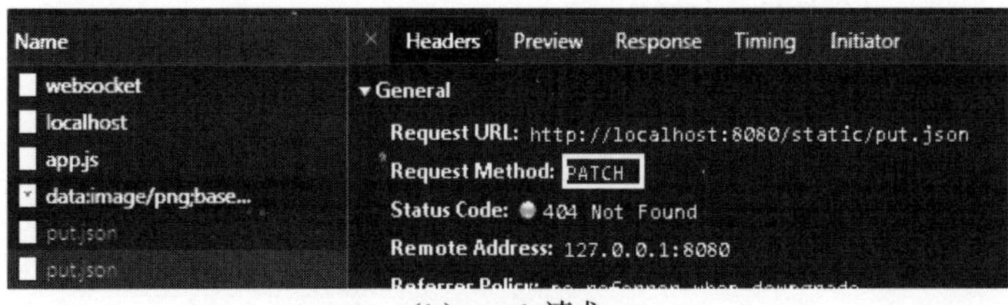

（b）patch 请求

图 4.10　put 和 patch 请求查看

从图 4.10 中可以发现，只有 Request Method 后面的内容不同，一个是 PUT，另一个是 PATCH。所以，理论上 post、put 和 patch 都是差不多的，在正式项目中这几个的差别就是，post 是提交数据，put、patch 是修改更新数据，具体细节差异如表 4.1 所示。

首先解释一下“幂等”的概念，在编程中“幂等”操作的特点是其任意多次执行所产生的影响均与一次执行的影响相同。

表 4.1　HTTP 请求中几个方法的区别

请求方法	描述
post	post 方法是用来创建一个新的数据的 post 方法不是幂等的，意味着结果不是相同的，重复进行 post 方法会导致多条相同的数据被创建 虽然多次执行结果不是相同的，但其实这些数据除自增的 id 不同外，其他部分的数据都是相同的
put	put 比较正确的定义是：Replace(Create or Update) 例如，put user.name = "zdc"，如果数据已存在就替换，不存在就新增 因此，put 方法一般会用来更新一个已知数据，除非在创建前，完全知道自己要创建的对象的 URL
HTTP 中 post 和 put 的区别	在 HTTP 中，put 被定义为 idempotent（幂等的）方法，post 则不是，这是一个很重要的区别。例如： post user.name = "zdc" put user.name = "wjw" 如果结果产生两条数据，就说明这个 put 方法不是 idempotent（幂等的），因为多次使用产生了副作用 如果结果只产生了一条数据，就说明 put 方法是 idempotent（幂等的），是 put 方法把 post 产生的数据覆盖了 新增数据应该使用 post，修改现有数据应该使用 put
patch	patch 方法是新引入的，是对put 方法的补充，用来对已知资源进行“局部更新”
put 和 patch 的区别	put 是修改了整条记录，不变的字段也重写一点，不过重写的值与原来相同而已 patch 只是单独修改一个字段，patch 相比 put 方法更加节省计算机与网络的资源，但其实不必刻意区分，使用 put 即可完成所有需求 通常在填写复杂表单，如报考信息表单填写、修改时，如果只是修改局部如考生的报考专业，那么其他身份证、准考证、姓名、学历就不用修改了（即使数据是相同的）

4.2.4 axios 请求方法及别名（delete 方法）

删除方法与其他几个方法略有不同。对于后端接口，有时删除需要把 id 等参数拼接到 URL 后面，有时又需要通过 data 来传输，所以在使用 delete 方法时一定要和后端开发的程序员沟通清楚具体删除的参数在哪传送。

这里先用以下代码来测试。

```
let data = {
  id: 28
};
axios.delete("static/delete.json", { params: data }).then(res => {
  console.log(res);
});
```

注意在 delete 的第二个参数中是 params 这个键名，这代表 data 中的参数是添加在 URL 后面的而非 body 请求体，如图 4.11 所示。

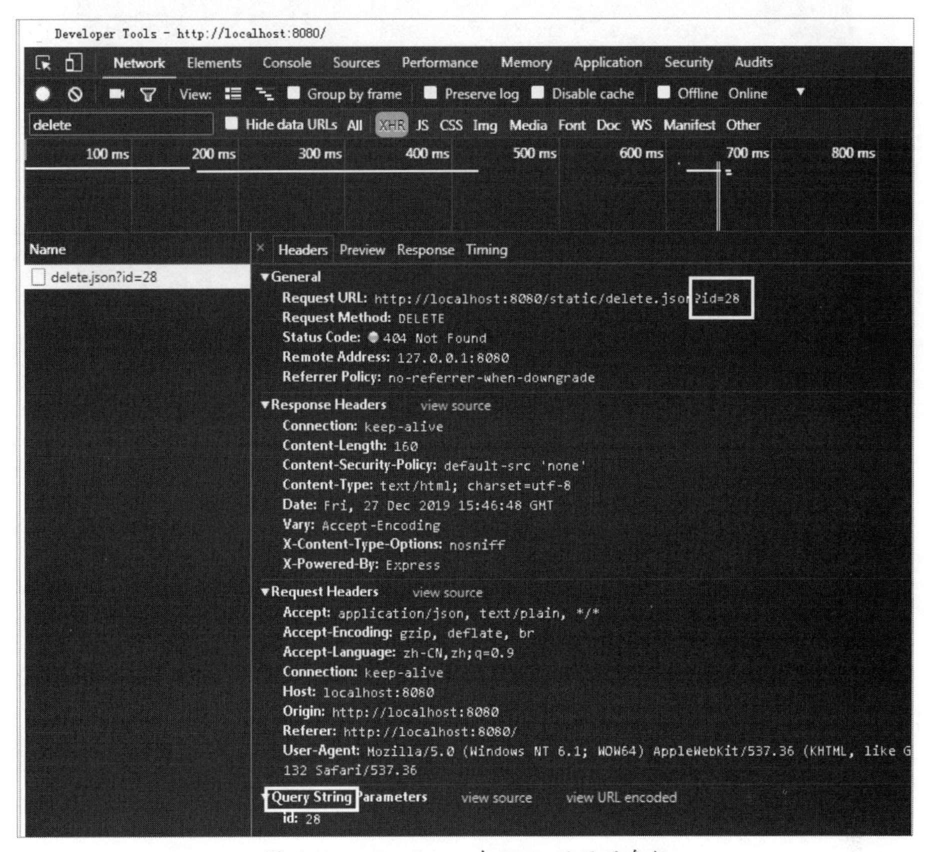

图 4.11 axios.delete 在 URL 后面跟参数

图 4.11 中的 URL 后面跟着“?id=28”，这就是 URL 后面跟参数的方式，也叫作“Query String”请求方式。另外一种就是通过 body 请求体来进行删除接口的请求。

```
let data = {
  id: 28
};
axios.delete("static/delete.json", { data: data }).then(res => {
  console.log(res);
});
```

分析以上代码，发现只有 params 和 data 不同，用 data 这个键名就代表用 body 请求体传参，可以打开浏览器的调试窗口中的“Network”选项卡查看，如图 4.12 所示。

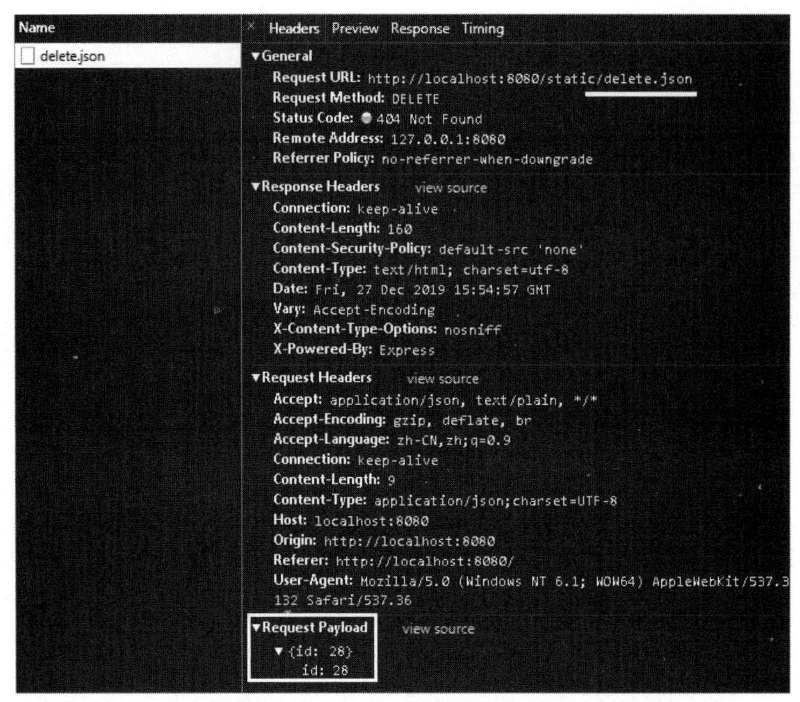

图 4.12 axios.delete 在 body 请求体传参

图 4.12 中的 URL 后面没有跟着参数了，请求体也变成了 Request Payload，也就是说，只要 params 和 data 不同就可以改变请求体传参方式。

不用别名发起 delete 请求的代码如下。

```
let data = {
  id: 28
};
axios({
  method: "Delete",
  url: "static/Delete.json",
  params: data, // 用于 URL 后面跟参数
  data: data // 用于 body 请求体传参
}).then(res => {
  console.log(res);
});
```

这种非别名请求方式的优势是，可以同时发起 URL 后面跟参数和 body 请求体传参，通过浏览器的调试窗口查看请求内容就可以发现，如图 4.13 所示。

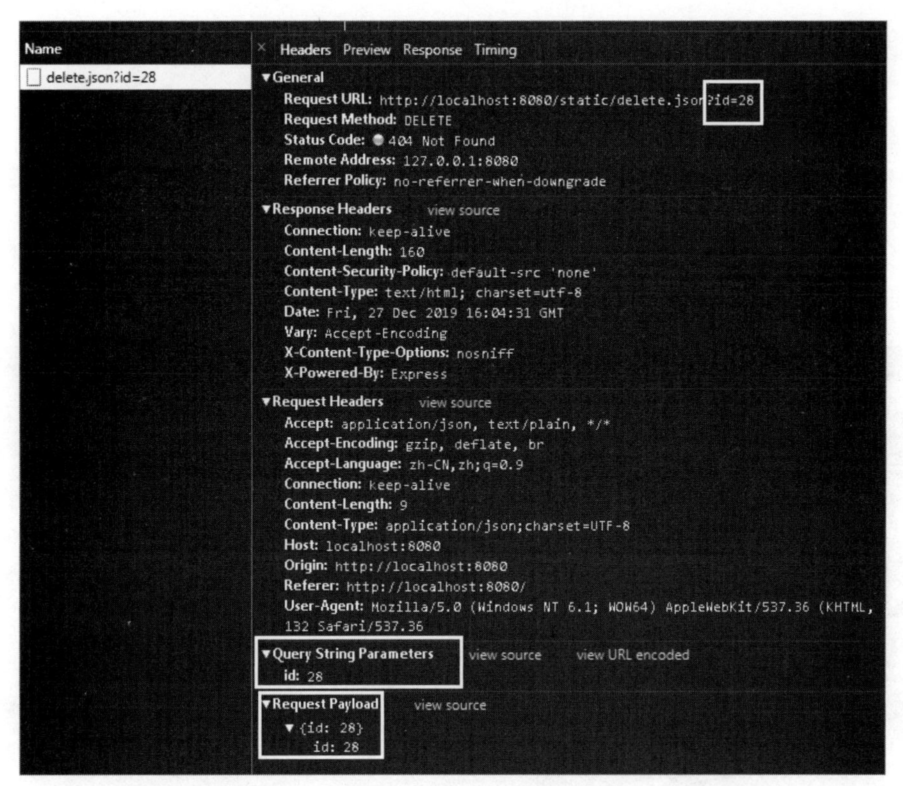

图 4.13 axios.delete 同时使用 URL 后面跟参数和 body 请求体传参

图 4.13 中的 URL 后面跟着参数“?id=28”，在 Request Payload 中也有“{id: 28}”，这样就是在复杂的请求逻辑要求的情况下都可以满足，双管齐下了！

总结：get 用来获取数据，post 用来提交增加数据，put、patch 用来修改数据，delete 用来删除数据，它们一起构成了前端通过接口对数据库进行增（post）、删（delete）、改（put、patch）、查（get）四种基本操作。

4.2.5 并发请求

在更多的应用需求场景中，并不是只是简单调用一个接口就可以了，可能更多的是同时向后台发起多个不同的请求，同时进行多个接口请求就构成了并发。例如，一个游戏平台需要同时展示个人信息、好友列表和战绩情况，那么就需要同时发起 3 个后台请求（读取个人信息、读取好友列表、读取战绩情况），这时就要向后台发起多个请求，好在 axios 提供了 all 和 spread 方法，可以将二者一起使用来完成多接口的请求。下面先用传统的思维来完成 3 个接口的同时请求，代码如下。

```
axios.get("static/personalInfo.json").then(res => {
  console.log('个人信息', res);
});
```

```
axios.get("static/frendList.json").then(res => {
  console.log('好友列表', res);
});

axios.get("static/score.json").then(res => {
  console.log('战绩情况', res);
});
```

3 个相同形式的 get 请求可以达到同时请求的目的，同时可以看到请求效果，如图 4.14 所示。

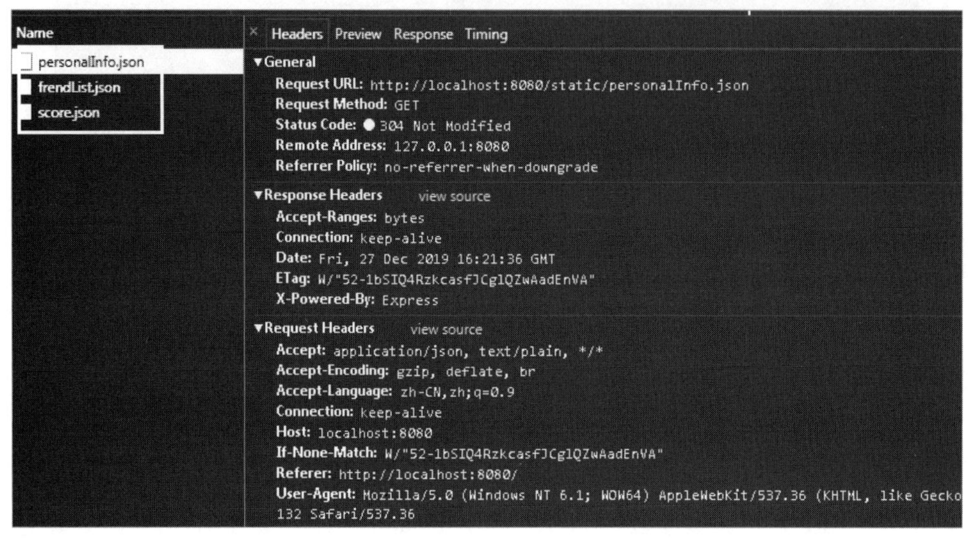

图 4.14　axios.get 同时发起 3 个请求

但是，既然 axios 提供了并发请求的处理方法，下面就使用 axios 来处理。

```
axios.all([
  axios.get("static/personalInfo.json"),
  axios.get("static/frendList.json"),
  axios.get("static/score.json")
])
  .then(
    axios.spread((personalInfoRes, frendListRes, scoreRes) => {
      console.log("个人信息", personalInfoRes);
      console.log("好友列表", frendListRes);
      console.log("战绩情况", scoreRes);
    })
  );
```

以上代码就是 axios 的并发请求方式，注意在 all 中是一个由多个 get 请求组成的数组，在 then 后面的回调参数不再是一个 res 而是用 axios.spread() 捕获的多个参数的回调函数，每个回调函数对应的就是前面数组对应的 get 请求结果返回值，如图 4.15 所示。

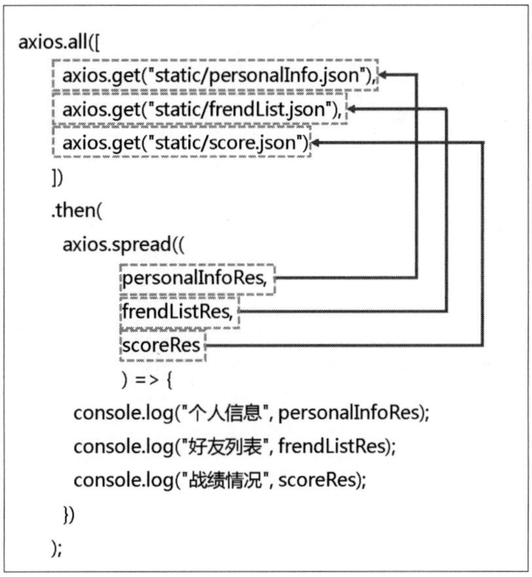

```
axios.all([
    axios.get("static/personalInfo.json"),
    axios.get("static/frendList.json"),
    axios.get("static/score.json")
])
.then(
  axios.spread((
          personalInfoRes,
          frendListRes,
          scoreRes
          ) => {
    console.log("个人信息", personalInfoRes);
    console.log("好友列表", frendListRes);
    console.log("战绩情况", scoreRes);
  })
);
```

图 4.15　axios.all 并发请求

通过图 4.15 中的箭头指向就可以明确 axios 的并发请求方法的执行原理了，其中并发请求的每个请求顺序与在 all 后面跟着的数组先后顺序是对应的，至于返回接口数据的先后顺序则由后端接口数据响应速度来决定。

4.3 axios 方法深入

4.3.1 创建 axios 实例

什么是 axios 实例呢？以数组为例，创建数组有以下几种方式。

```
let arr = [];
```

或者

```
let arr = new Array();
```

这是创建数组的两种方式，实际上在 new 的过程中就已经创建了一个数组的实例，也就是创建了一个对象，axios 也是同样的。为什么要创建 axios 实例呢？例如，后端接口地址有多个，并且超时时长不同，此时不可能把每个请求的后端域名都拼接在链接中，而且在后面的 config 参数中把具体的超时时长都写上比较烦琐。有了 axios 实例就可以在实例中配置这两种参数，然后用实例去请求，这样使用起来就会很方便。接下来就来创建实例。

```
let instance = axios.create({
  baseURL: 'http://localhost:8080',
  timeout: 1000
})
let instance2 = axios.create({
  baseURL: 'http://localhost:9090',
  timeout: 5000
})
instance.get('/data.json').then(res => {
  console.log(res);
})
instance2.get('/data.json').then(res => {
  console.log(res);
})
```

以上代码通过 axios 的 create 方法创建了两个 axios 实例，即 instance 和 instance2，这两个实例对应的请求接口超时时长不同，一个是 1000 毫秒，另一个是 5000 毫秒。通过实例化 axios 的方式可以分开请求，具体的配置细节可以有所不同。

当然，不创建实例也可以，可直接在 get 中进行 config 的设置。但是，这样就局限了多个请求不同的超时时长的配置，会导致所有的接口请求都是统一的配置条件。所以，如果是多个不同请求配置的情况下，则务必创建实例。之前如果用单独的请求方式，则系统会自动创建一个默认的 axios 实例。

4.3.2 实例的相关配置

本小节介绍 axios 实例的配置参数，代码如下。

```
axios.create({
  baseURL: "http://localhost:8080",
  timeout: 1000,
  url: "/data.json",
  method: "get",
  headers: {
    token: ""
  },
  params: {},
  data: {}
});
```

以上代码中的参数说明如下。

（1）baseURL：请求的域名，基本接口地址。

（2）timeout：请求超时时长限制，单位是毫秒。一般情况下，超时时间是后端定义，如果请求某个接口超过了一定时长，那么就终止这个请求。之所以这么操作是为了防止某些大流量请求的接口在持续很长时间后，没有得到返回内容却还在继续发起请求，从而导致后端请求接口产生不必要的接口流量和内存占用损耗。在前端也采用 timeout 设置超时，这样可以双管齐下保证前后端都做好闭环限制。

（3）url：请求路径，通常是具体的执行接口的详细相对路径。

（4）method：请求方法，包括 get、post、put、patch、delete 这几种常用的方法。

（5）headers：一个对象类型，即请求头，如在登录时需要用令牌鉴权，就需要在 headers 中设置 token 的值。

（6）params：跟在 URL 后面的参数，多个参数会自动用“&”连接。

（7）data：在请求体中的参数。

当然，也可以用别名的方式来配置 axios 实例，代码如下。

```
axios.get("/data.json", {
  baseURL: "http://localhost:8080",
  timeout: 1000,
  method: "get",
  headers: {
    token: ""
  },
  params: {},
  data: {}
});
```

以上两种方式，可以根据实际使用情况来选择。

其实这些参数在请求时基本上都需要用到，可以说是基本配置参数，只要调用接口就需要配置。这些配置参数在以下 3 个位置都可以配置。

（1）axios 全局配置。如何进行全局配置呢？主要需要用到 axios 的 defaults 这个全局属性。

```
axios.defaults.timeout = 1000;
axios.defaults.baseURL = "http://localhost:8080";
```

以上代码对默认的全局超时时长和基本请求接口地址做了配置，其实全局配置一般也就做这两个配置。

（2）axios 实例配置。4.3.1 小节的 instance 创建就是一种实例配置创建方式。如果不做实例的配置，实际上实例默认使用的就是第一种情况下的全局配置。

```
let instance = axios.create();
```

如果创建了实例，则可按以下代码修改其配置。

```
instance.defaults.timeout = 8000;
instance.defaults.baseURL = "http://localhost:9090";
```

以上代码与全局配置的方式类似，只不过是在实例名后面跟着 defaults 来设置而已。

（3）axios 请求配置。请求配置就是在直接使用别名方法时，在第二个参数中进行配置。

```
axios.get("/data.json",{
  timeout: 5000,
});
```

上述这 3 种配置方式的权重（优先级），如图 4.16 所示。

图 4.16　axios 请求配置方式的权重（优先级）

4.3.3 常用参数配置具体使用方法

在实际开发过程中全局配置很少用到。全局配置的局限性比较大，因为它一般只能配置 timeout 和 baseURL 这两个参数，其他的如请求的路径方法类型都无法进行全局配置。在一般的实际开发中都会通过声明实例，在实例中进行配置。

```
let instance1 = axios.create({
  baseURL: "http://localhost:9090",
  timeout: 1000
});

let instance2 = axios.create({
  baseURL: "http://localhost:9091",
  timeout: 3000
});

instance1
  .get("/contactList", {
    params: {}
  })
  .then(res => {
```

```
    console.log(res);
  });

instance2
  .get("/orderList", {
    timeout: 8000,
    data: {}
  })
  .then(res => {
    console.log(res);
  });
```

在设置实例 instance1 时设置了默认的超时时间（1000 毫秒），但是在请求 instance2 时发现超时时间需要很久。在实际应用过程中可能会遇到一些请求很久才有返回值的接口，这时需要单独在 get 后面的 config 配置中设置 timeout，于是在 config 中加入 timeout: 8000 即可。大多数情况下一个公司的域名都是一个，遇到大型项目时可能后端接口的域名是多个，由于需要多个不同的服务，所以需要单独声明实例来确定具体的请求配置内容。

4.3.4 拦截器

下面介绍拦截器的定义和作用。在请求或响应被处理之前拦截接口，即在发起请求之前做一些处理，在响应后做一些处理。从处理的时间段范畴来划分，可以将拦截器分为请求拦截器和响应拦截器。

请求拦截器，代码如下。

```
axios.interceptors.request.use(
  config => {
    // 在发送请求之前做处理
    return config;
  },
  err => {
    // 在请求错误时做处理
    return Promise.reject(err)
  }
);
```

响应拦截器，代码如下。

```
axios.interceptors.response.use(
  res => {
    // 请求成功后对响应数据做处理
    return res;
  },
```

```
  err => {
    // 响应数据出错后做处理
    return Promise.reject(err)
  }
);
```

可以看出，请求拦截器和响应拦截器是类似的，这里的 err => {} 与 axios.get().then().catch(err => {}) 类似，其中 then 后面返回的是成功数据，catch 后面返回的是失败数据。请求错误和响应错误的区别是什么呢？请求错误是指发送请求没有到达后端浏览器就会报 404 错误，接口没有也会报 404 错误；响应错误，可举例说明，通过后台接口查询一个人的信息，结果数据库返回查无此人，返回一个空数据错误，此时产生的错误就叫作响应错误。也就是说，请求到达了后台接口的错误就叫作响应错误，没有到达的就叫作请求错误。

另外一个不太常用的拦截器为取消拦截器。当发起拦截器以后如何取消它，这在高并发终止请求中非常有用。

```
//声明一个取消拦截器（了解）
let interceptors = axios.interceptors.response.use(config => {
  config.headers = {
    auth: true
  };
  return confirm;
});
axios.interceptors.request.eject(interceptors);
```

以上代码通过 axios.interceptors.request.eject(interceptors) 来对拦截器进行取消，通常项目也不会大面积使用这个操作，一般只出现在高并发要求比较高的应用中。

在实际开发中经常会遇到登录，登录之后如何保证用户是在登录状态发起的请求呢，这就需要用到 axios 的 headers。例如，在评论时需要确定用户是在登录状态才可以进行评论。

```
let instance = axios.create({});
instance.interceptors.request.use(config => {
  config.headers.token = "token值";
  return config;
});
```

通过对 config 的 headers 进行参数 token 的注入，就可以达到每次请求都自带 token 的效果。另外，切忌用下面的方式注入 token。

```
let instance = axios.create({});
instance.interceptors.request.use(config => {
  config.headers = {
    token: "token值"
```

```
  };
  return config;
});
```

如果用这种方式，就会导致 headers 中本来设置好的一些参数被覆盖删除，所以要设置 token 单独的值而非用 JSON 直接覆盖。

在实际开发中也有不需要在 headers 中加入 token 状态就可以获取后台数据的情况，此时创建一个新的实例即可。

```
let newInstance = axios.create({

})
```

目前的系统开发越来越要求用户体验，如果一个请求很久却让用户干等，那就太不友好了，所以加入等待加载的动画效果非常有必要。假设有一个 id 为 loading 的加载动画效果已经做好了，默认是隐藏状态，希望在每次发起请求的过程中显示加载效果，请求响应后隐藏它，那么可以做如下处理。

```
let instanceForLoading = axios.create({});
instanceForLoading.interceptors.request.use(config => {
  $("#loading").show(); // 显示加载动画
  return config;
});
instanceForLoading.interceptors.response.use(res => {
  $("#loading").hide(); // 隐藏加载动画
  return res;
});
```

这样在发起请求时就会自动显示加载动画效果，让用户不至于等待请求响应过程中以为页面卡顿，友好的加载效果可以缓冲用户等待的迫切心情。

4.3.5 错误处理

本小节将对 axios 的错误处理进行讲解。错误处理就是在请求发生错误时进行的处理，代码如下。

```
axios
  .get("/data.json", {
    params: {}
  })
  .then(res => {
    console.log(" 请求成功 ", res);
  })
  .catch(err => {
    console.log(" 请求错误 ", res);
  });
```

在 catch 中就是针对错误处理的代码，一般情况下会有一个弹窗提示错误的信息内容。但是，如果每次请求都要写一个 catch 就太琐碎冗长了，有没有简单的方法可以让所有的请求都采取统一的错误处理方式呢？这就需要声明一个统一的 axios 实例，针对该实例进行请求拦截器和响应拦截器的错误捕获处理（如获取到错误提示信息就进行弹窗显示等），代码如下。

```
let instance = axios.create({});
instance.interceptors.request.use(
  config => {
    return config;
  },
  err => {
    // 请求错误处理（一般处理 HTTP 以 4 开头的错误，如 401 超时，404 未找到接口等）
    $("#modal").show(JSON.stringify(err)); // 显示报错信息
    setTimeout(function() {
      $("#modal").hide(); // 隐藏报错
    }, 3000); // 3 秒后触发隐藏

    return Promise.reject(err);
  }
);
instance.interceptors.response.use(
  res => {
    return res;
  },
  err => {
    // 响应错误处理（一般处理 500 系统错误，502 系统重启）
    $("#modal").show(JSON.stringify(err)); // 显示报错信息
    setTimeout(function() {
      $("#modal").hide(); // 隐藏报错
    }, 3000); // 3 秒后触发隐藏
    return Promise.reject(err);
  }
);
```

通过上面这样对请求拦截和响应拦截错误做相同处理后，就可以直接发起请求了。

```
instance.get("/data.json").then(res => {
  console.log(res);
});
```

这样即可在发生请求或响应错误时自动弹出错误提示信息，而不用每次都烦琐地定义错误的处理方式。如果遇到特殊情况要自己单独处理错误提示信息，例如，不想要某个请求弹出错误提示信息，或者要对错误提示信息做一些不同类型的处理，就可以在 then 后面自定义一个新的 catch。

```
instance
  .get("/data.json")
  .then(res => {
    console.log(res);
  })
  .catch(err => {
    console.log("错误处理的其他方式", err);
  });
```

4.3.6 取消请求

下面介绍 axios 取消请求的作用。取消请求，顾名思义就是用于取消正在进行的 HTTP 请求。axios 取消请求在实际项目中用的比较少，因此知道 axios 有这个功能，会简单使用即可。

首先需要用 axios 声明 source 变量，然后对 source 赋值对象，并对 source 对象镜像处理，代码如下。

```
let source = axios.CancelToken.source();
axios
  .get("static/data.json", {
    cancelToken: source.token
  })
  .then(res => {
    console.log(res);
  })
  .catch(err => {
    console.log(err);
  });
  // 取消请求
  source.cancel('取消 HTTP 请求');
```

通过执行 source.cancel('取消 HTTP 请求'); 就可以取消 axios.get 的请求，而且“取消 HTTP 请求”这几个字也会在 catch 的 err 中出现，通过浏览器的调试窗口中的“Console”选项卡可以看到打印出来的结果，如图 4.17 所示。

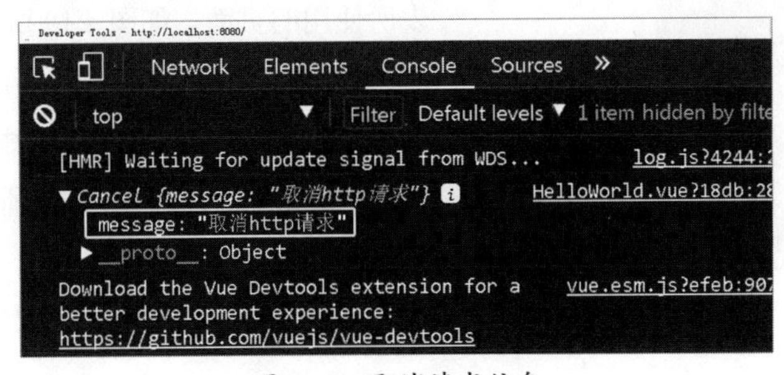

图 4.17　取消请求信息

当然，“取消 HTTP 请求”这几个字不是必须参数，可以不用传参，这样只会出现 message 为 undefined，如图 4.18 所示。

图 4.18　取消请求无提示信息

那究竟在什么情况下才会使用 axios 的取消请求呢？目前很多 CRM（Customer Relationship Management，客户关系管理）系统属于后台管理系统，涉及的大都是数据操作，如新建、编辑、删除等，与电商网站有所差别。电商网站有很多数据查询的操作，尤其是大数据方面，很有可能某个接口会请求等待超过 5 秒以上。如果在请求过程中但是还未获取到数据的这个时间段内想要终止请求去做其他操作，这时就需要用到取消请求了。

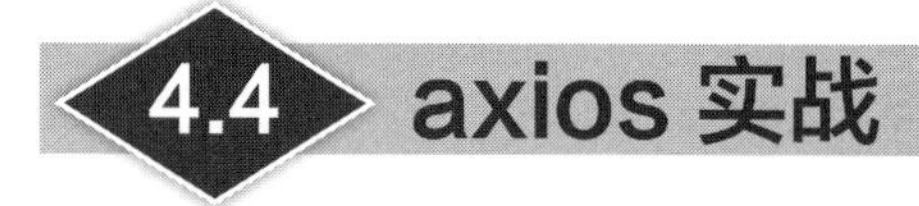

4.4 axios 实战

4.4.1 项目环境配置

俗话说：“养兵千日，用兵一时。”前面几节介绍了 axios 的基本用法，接下来介绍 axios 实战。

下面开始创建页面，这里需要制作一个 Vue.js 页面，完成联系人的添加、删除、修改和查找 4 个功能。首先打开之前用 VSCode 创建的项目，在左侧找到 src/components 文件夹，在 components 文件夹上右击，在弹出的快捷菜单中选择“新建文件”选项，并输入“contact.vue”，这就是开发联系人列表所使用的页面，如图 4.19 所示。

图 4.19　创建 contact.vue 文件

打开 contact.vue 页面，在代码编辑器中输入“vue”，然后在智能感知框中选择第 1 个“<vue> with default.vue”，如图 4.20 所示。

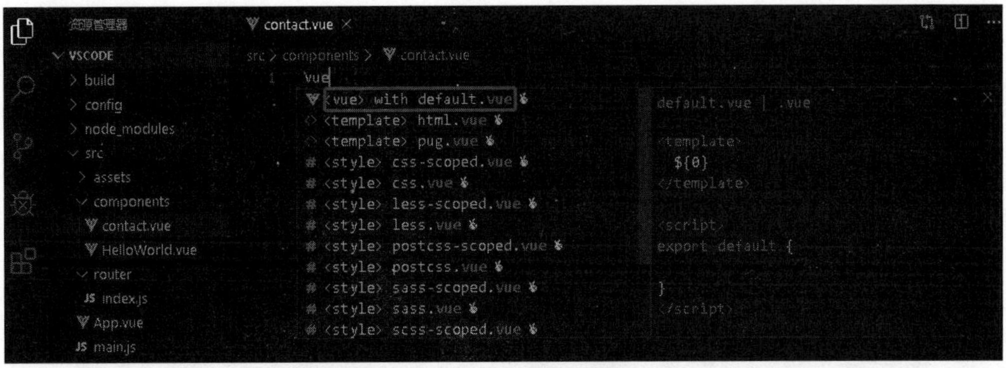

图 4.20　Vue.js 快捷模板

选择后会出现以下代码。

```
<template>

</template>

<script>
export default {

}
</script>

<style>

</style>
```

“<template></template>”之间是存放 HTML 代码的地方，注意里面根节点只能是一个，不能是多个 <div> 或其他标签的组合。

“<script></script>”之间是写 JavaScript 脚本的地方，通常是用 export default {} 包裹在一起，里面存放 data() 变量、created() 等钩子函数。

“<style></style>”之间是样式表的位置，如果是非全局的样式表，则建议在 <style> 末尾加入 scoped，这样所写的样式仅仅控制当前页面。

为了让页面看起来更美观，可以试着使用饿了么 UI 框架（ElementUI 框架）。

按“Ctrl+J”键打开“终端”选项卡并输入以下代码，安装 ElementUI，如图 4.21 所示。

```
cnpm i element-ui -S
```

```
问题  输出  调试控制台  终端                    1: cmd
Microsoft Windows [版本 6.1.7601]
版权所有 (c) 2009 Microsoft Corporation。保留所有权利。

E:\vue-learn\VSCode\vscode>cnpm i element-ui -S
√ Installed 1 packages
√ Linked 10 latest versions
[1/1] scripts.postinstall element-ui@2.13.0 › async-validator@1.8.5 › babel-runtime@6.2
6.0 › core-js@^2.4.0 run "node -e \"try{require('./postinstall')}catch(e){}\"", root: "
E:\\vue-learn\\VSCode\\vscode\\node_modules\\_core-js@2.6.11@core-js"
Thank you for using core-js ( https://github.com/zloirock/core-js ) for polyfilling Jav
aScript standard library!

The project needs your help! Please consider supporting of core-js on Open Collective o
r Patreon:
> https://opencollective.com/core-js
> https://www.patreon.com/zloirock

Also, the author of core-js ( https://github.com/zloirock ) is looking for a good job -
)

[1/1] scripts.postinstall element-ui@2.13.0 › async-validator@1.8.5 › babel-runtime@6.2
6.0 › core-js@^2.4.0 finished in 416ms
√ Run 1 scripts
deprecate element-ui@2.13.0 › async-validator@1.8.5 › babel-runtime@6.26.0 › core-js@^2
.4.0 core-js@<3 is no longer maintained and not recommended for usage due to the number
 of issues. Please, upgrade your dependencies to the actual version of core-js@3.
√ All packages installed (11 packages installed from npm registry, used 3s(network 3s)
, speed 31.55kB/s, json 11(86.96kB), tarball 0B)

E:\vue-learn\VSCode\vscode>
```

图 4.21　使用命令安装 ElementUI

如果出现如图 4.21 所示的提示，就代表 ElementUI 安装成功。接下来就需要在主文件中引入 ElementUI，打开根目录中的 main.js 文件，在其中找到以下代码。

```
new Vue({
    el: '#app',
    router,
    components: { App },
    template: '<App/>'
})
```

并且在这段代码之前加入以下代码。

```
// 引入 ElementUI 框架【安装方法】
import ElementUI from 'element-ui';
import 'element-ui/lib/theme-chalk/index.css';
Vue.use(ElementUI);
```

然后打开 src/router/index.js 文件，将图 4.22 中的所有“HelloWorld”修改为“contact”，这样前期需要的配置就做好了。

```
import Vue from 'vue'
import Router from 'vue-router'
import HelloWorld from '@/components/HelloWorld'

Vue.use(Router)

export default new Router({
  routes: [
    {
      path: '/',
      name: 'HelloWorld',
      component: HelloWorld
    }
  ]
})
```

图 4.22　修改 HelloWorld

4.4.2 接口的调试

首先下载并解压 NodejsToJSON.zip 文件（下载地址见本书赠送资源），如图 4.23 所示。

这个文件放在哪一个文件夹中都可以，然后双击解压后的 NodejsToJSON 文件夹进入，在资源管理器目录地址栏中输入“cmd”，按“Enter”键打开命令行窗口，如图 4.24 所示。

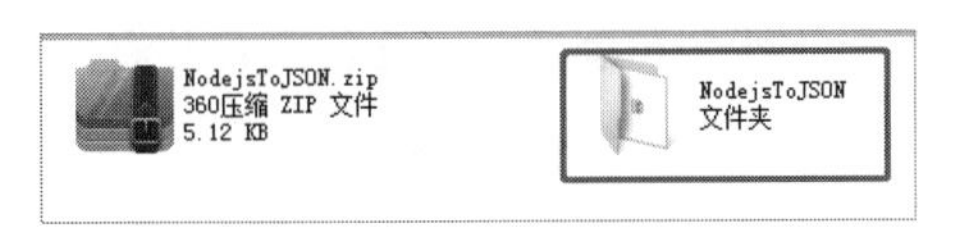

图 4.23　解压压缩文件

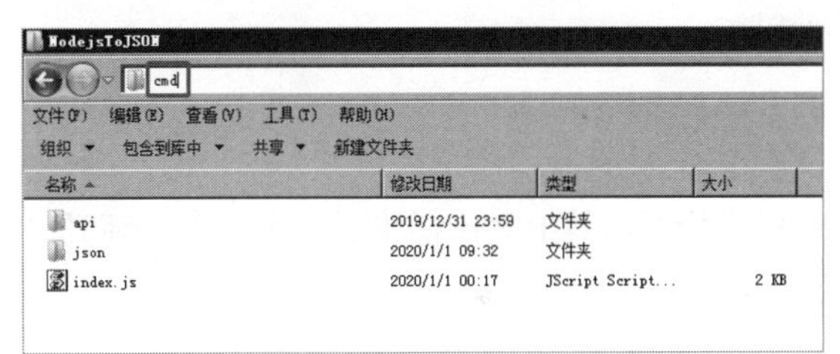

图 4.24　在资源管理器中打开 CMD 命令行窗口

然后运行以下代码。

```
cnpm i express & node index
```

这个 express 插件是压缩包中需要的一个外部插件，所以需要先安装；node index 是运行写好的后端接口程序。以上仅为模拟本地的后端接口环境，只要按照说明流程来操作即可，如图 4.25 所示。

```
Microsoft Windows [版本 6.1.7601]
版权所有 (c) 2009 Microsoft Corporation。保留所有权利。

E:\vue-learn\VSCode\后台\NodejsToJSON>cnpm i express & node index
√ Installed 1 packages
√ Linked 48 latest versions
√ Run 0 scripts
√ All packages installed (52 packages installed from npm registry, used 1s(network 1s), speed 80.51kB/s, json 49(116.58kB), tarball 0B)
http://127.0.0.1:8080/api/select
```

图 4.25　在 CMD 命令行窗口中运行命令

运行后如果出现 http://127.0.0.1:9999/api/select 地址，就代表后端接口运行起来了。直接用浏览器打开该地址，即可看到如下内容。

```
{
  "data": [
    {
      "id": 1,
      "name": " 张三 ",
      "tel": "13888888888"
    },
    {
      "id": 2,
      "name": " 李四 ",
      "tel": "13888888888"
    },
    {
      "id": 3,
      "name": " 王五 ",
      "tel": "13888888888"
    }
  ],
  "total": 3
}
```

当然，不排除有的浏览器打开只有一行，将该行内容格式化后就是以上代码形式。这是一个JSON格式数据，其中默认存放了“张三”“李四”“王五”的姓名和电话，total代表总共有多少条数据，如图4.26所示。

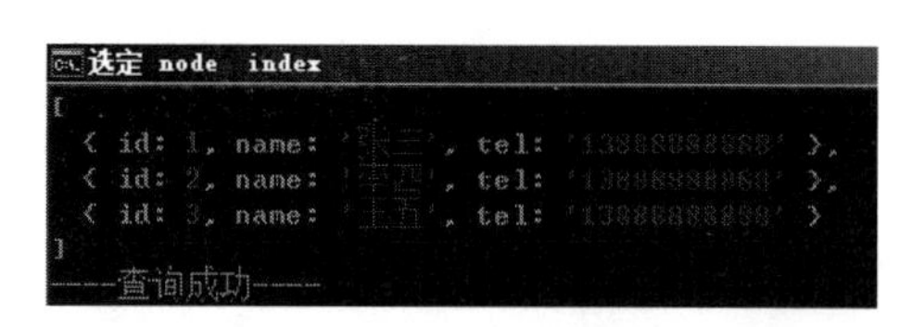

图4.26　查询接口后CMD命令行窗口显示内容

每一次请求这个地址，都会在CMD命令行窗口中出现类似如图4.26所示的提示。需要注意的是，如果把这个CMD命令行窗口关闭，就代表这个后端接口服务终止，这时再去访问之前的接口地址就无法获取数据了。所以，千万不要关闭CMD命令行窗口。

在压缩包中有一个接口文档文件，在调试接口时可以根据该说明文档来传参数，如表4.2所示。

表 4.2　后端接口说明文档

<table>
<tr><th>后端接口地址</th><th colspan="6">http://127.0.0.1:9999/api</th></tr>
<tr><th>接口名称</th><th>URL</th><th>method</th><th>参数</th><th>请求体示例</th><th>返回报文结构示例</th><th>备注</th></tr>
<tr><td>添加接口</td><td>/insert</td><td>put</td><td>name,tel</td><td>{
name: "张三",
// 必填
tel: "13800000000"
// 必填
}</td><td>{
"code": 200,
"status": "SUCCESS",
"message": "添加成功",
"data": {
"data": [
{
"id": 2,
"name": "李四",
"tel": "13888888888"
},
{
"id": 3,
"name": "王五",
"tel": "13888888888"
}
],
"total": 2
}
}</td><td>content-type:
application/json</td></tr>
<tr><td>删除接口</td><td>/delete</td><td>delete</td><td>id</td><td>?id=1 // 必填</td><td>{
"code": 200,
"status": "SUCCESS",
"message": "删除成功",
"data": {
"data": [
{
"id": 1578237358771,
"name": "舒工",
"tel": "15557833322"
}
],
"total": 1
}
}</td><td>参数拼接在 URL 上（如 ?id=1）</td></tr>
</table>

续表

后端接口地址	http://127.0.0.1:9999/api					
接口名称	URL	method	参数	请求体示例	返回报文结构示例	备注

修改接口	/update	post	id,name,tel	{
				id: 1, // 必填
				name: " 张三 ",
				// 必填
				tel: "13800000000"
				// 必填
				}
					{
					"code": 200,
					"status": "SUCCESS",
					"message": " 修改成功 ",
					"data": {
					"data": [
					{
					"id": 3,
					"name": " 王五 ",
					"tel": "13888888888"
					},
					{
					"id": 1578237358771,
					"name": " 舒工 ",
					"tel": "15557833322"
					}
					],
					"total": 2
					}
					}
						content-type: application/json

查找接口	/select	get	无	{
				id: 1, // 可选项
				pageNum: 0,
				// 可选项
				pageSize: 10
				// 可选项
				}
					{
					"code": 200,
					"status": "SUCCESS",
					"message": " 查询成功 ",
					"data": {
					"data": [
					{
					"id": 1,
					"name": " 张三 ",
					"tel": "13888888888"
					},
					{
					"id": 2,
					"name": " 李四 ",
					"tel": "13888888888"
					}
					],
					"total": 2,
					"pageNum": 0,
					"pageSize": 10
					}
					}
						可以搜索 id、name、tel 任意字段的组合，也可以传入 pageNum（页码，int 类型，缺省值为 0，代表第一页）和 pageSize（每页显示条数，int 类型，缺省值为 10，代表每页显示 10 条数据）

4.4.3 联系人列表

接下来打开 src/components/contact.vue 文件，编辑文件为以下代码。

```
<template>
  <div>
    <el-row>
      <el-button type="primary"> 添加联系人 </el-button>
    </el-row>
    <el-table :data="tableData" style="width: 100%">
      <el-table-column
      label="id"
      width="150"
      prop="id">
      </el-table-column>
      <el-table-column
      label=" 姓名 "
      width="200"
      prop="name">
      </el-table-column>
      <el-table-column
      label=" 电话 "
      width="200"
      prop="tel">
      </el-table-column>
      <el-table-column label=" 操作 ">
        <template slot-scope="scope">
          <el-button
          size="mini"
          @click="handleEdit(scope.$index, scope.row)"> 编辑 </el-button>
          <el-button
          size="mini"
          type="danger"
          @click="handleDelete(scope.$index, scope.row)"> 删除 </el-button>
        </template>
      </el-table-column>
    </el-table>
  </div>
</template>

<script>
export default {
  data() {
    return {
```

```
      tableData: [
        {
          id: 1,
          name: " 王小虎 ",
          tel: "13888888888"
        },
        {
          id: 2,
          name: " 王小虎 ",
          tel: "13888888888"
        },
        {
          id: 3,
          name: " 王小虎 ",
          tel: "13888888888"
        },
        {
          id: 4,
          name: " 王小虎 ",
          tel: "13888888888"
        }
      ]
    };
  },
  methods: {
    handleEdit(index, row) {
      console.log(index, row);
    },
    handleDelete(index, row) {
      console.log(index, row);
    }
  }
};
</script>
```

然后运行 npm run dev 命令，打开浏览器查看运行结果，如图 4.27 所示。

本小节只为验证 axios 的使用，至于 UI 界面美观度暂不考虑，后续慢慢调整细节。目前联系人页面的静态效果已呈现出来，更重要的是需要做动态效果，即从后台接口读取数据并呈现出来。需要在 created() {} 钩子函数中写读取后台联系人接口的 axios 方法，然后修改 tableData 数组，这样联系人列表的数据就会更新为后端接口读取的数据。

首先把引用 axios 的引入语句放在 <script> 的最前面。

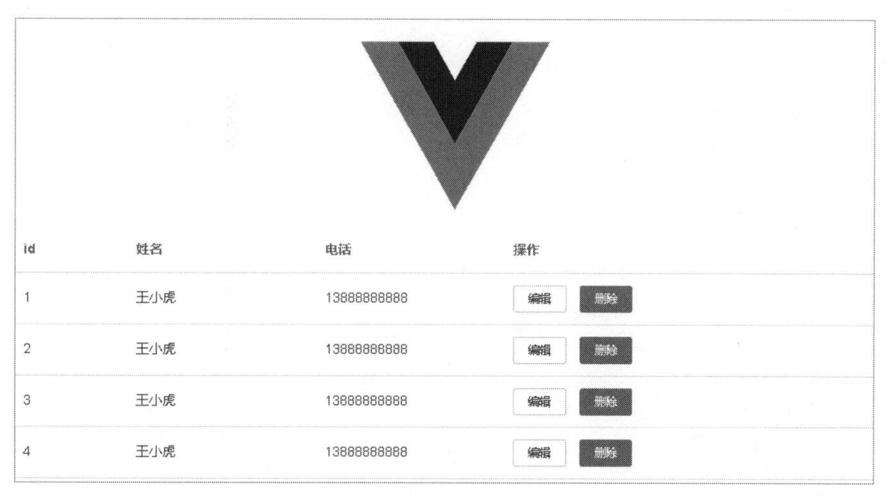

图 4.27　浏览器运行结果

```
<script>
import axios from "axios";
...
</sciprt>
```

然后在 export default {} 的最后添加 created() 钩子函数。

```
created() {
  this.instance = axios.create({
    baseURL: "http://127.0.0.1:9999/api/",
    timeout: 10000
  });
  this.instance.get("select").then(res => {
    this.tableData = res.data.data.data;
  });
}
```

这里 res.data 实际上就是本地 Node.js 接口中存储的 JSON 数据。

```
{
    "code": 200,
    "status": "SUCCESS",
    "message": "查询成功",
    "data": {
        "data": [
            {
                "id": 1,
                "name": "张三",
                "tel": "13888888888"
            },
```

```
            {
                "id": 2,
                "name": "李四",
                "tel": "13888888888"
            },
            {
                "id": 3,
                "name": "王五",
                "tel": "13888888888"
            }
        ],
        "total": 3,
        "pageNum": 0,
        "pageSize": 10
    }
}
```

将 res.data.data.data 赋值给 tableData，联系人列表就会自动刷新数据，效果如图 4.28 所示。

图 4.28　渲染接口数据

在初始化时，可以将 data() {} 中的 tableData 修改成空数组 []，这样在读取后台 select 接口数据的过程中就不会显示默认的静态数据了，而是直到加载完后台数据接口的结果后才开始显示具体的联系人列表结果。同时，在 created() 钩子函数中写的读取 select 接口返回的结果中的代码不够严谨（万一读取数据失败了怎么办），所以需要完善如果读取失败了的情况下要给出的提示。

```
created() {
  this.instance = axios.create({
    baseURL: "http://127.0.0.1:9999/api/",
    timeout: 10000
  });
  this.instance
```

```
    .get("select")
    .then(res => {
      if (res.data.code === 200) {
        this.tableData = res.data.data.data;
      } else {
        alert(res.data.message);
      }
    })
    .catch(err => {
      alert(err);
      console.log(err);
    });
}
```

在 then 中对 data.code 的值进行判断，如果等于 200，就代表接口响应成功，可以对前端变量进行数组赋值；如果不等于 200，则说明返回数据失败，需要用 alert 方法弹出提示内容，res.data.message 就是后端提供的已捕获的报错信息（一般情况下是中文提示内容）。在 catch 中追加接口异常的报错，有可能是找不到对应接口等情况。

需要说明的是，在以下代码中：

```
baseURL: "http://127.0.0.1:9999/api/",
```

URL 最后的斜杠可以加也可以不加。如果不加 URL 最后的斜杠，那么就需要在：

```
this.instance
  .get("/select")
```

这个 get 中的参数开头加一个斜杠，否则就会报由 catch 捕获的 404 错误，如图 4.29 所示。

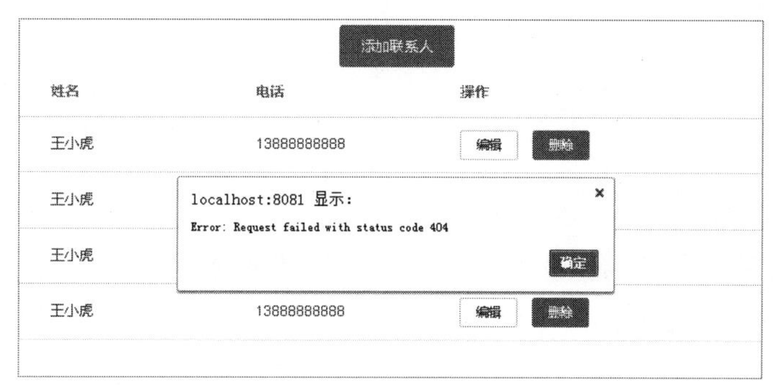

图 4.29　接口报错提示

4.4.4 添加、编辑联系人

接下来完成添加和编辑联系人的弹窗，ElementUI 提供了不错的弹窗样式供编辑操作时使用。

首先单击“添加联系人”按钮是要弹出提示框的，因此需要给“添加联系人”按钮绑定单击事件，找到 template 中的：

```
<el-button type="primary"> 添加联系人 </el-button>
```

然后在节点中加入绑定的 click 事件。

```
<el-button @click="handleAdd" type="primary"> 添加联系人 </el-button>
```

接着在 <script> 节点中加入对应的方法。

```
handleAdd() {
  let html =
    " 姓名：<br>" +
    '<input id="name" type="text">' +
    "<br> 电话：<br>" +
    '<input id="tel" type="tel">';
  this.$confirm(html, " 添加联系人 ", {
    confirmButtonText: " 确定 ",
    cancelButtonText: " 取消 ",
    dangerouslyUseHTMLString: true
  })
    .then(() => {
      this.$message({
        type: "success",
        message: " 添加成功！ "
      });
    })
    .catch(() => {
      this.$message({
        type: "info",
        message: " 已取消添加 "
      });
    });
},
```

之后对每个联系人后面的操作列中的“编辑”按钮进行方法定义，在 methods 中找到 handleEdit 方法，进行如下修改。

```
handleEdit(index, row) {
  let html =
    " 姓名：<br>" +
    '<input id="name" type="text" value=' +
    row.name +
    ">" +
    "<br> 电话：<br>" +
```

```
    '<input id="tel" type="tel" value=' +
    row.tel +
    ">";
  this.$confirm(html, "编辑联系人", {
    confirmButtonText: "确定",
    cancelButtonText: "取消",
    dangerouslyUseHTMLString: true
  })
    .then(() => {
      this.$message({
        type: "success",
        message: "编辑成功！"
      });
    })
    .catch(() => {
      this.$message({
        type: "info",
        message: "已取消编辑"
      });
    });
},
```

运行修改后的页面，单击任意一个联系人后面的“编辑”按钮，就会出现如图 4.30 所示的编辑联系人弹窗，并且对应的编辑信息也会出现在弹窗中。

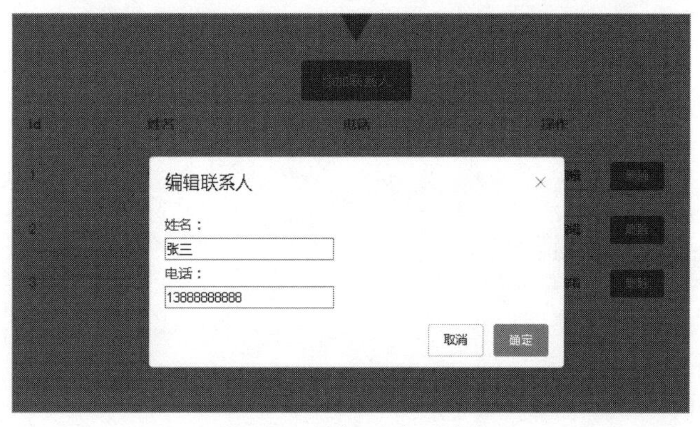

图 4.30　编辑联系人弹窗

4.4.5 保存联系人

4.4.4 小节只是针对单击“添加联系人”和“编辑”按钮编写了静态的方法，让弹窗出现，但实际上并没有添加和保存联系人，那么本小节就来打通前后端数据逻辑，让数据通过前端添加和编辑，达到真正意义上的保存联系人信息。首先要在添加联系人方法 handleAdd() 的“.then(() => {}”

中来编写具体的添加方法和相关调用后台的添加接口 insert 内容。

```
handleAdd() {
  let html =
    "姓名：<br>" +
    '<input id="name" type="text">' +
    "<br>电话：<br>" +
    '<input id="tel" type="tel">';
  this.$confirm(html, "添加联系人", {
    confirmButtonText: "确定",
    cancelButtonText: "取消",
    dangerouslyUseHTMLString: true
  })
    .then(() => {
      var params = {
        name: document.querySelector("#name").value,
        tel: document.querySelector("#tel").value
      };
      this.instance
        .post("insert", params)
        .then(res => {
          if (res.data.code === 200) {
            this.$message({
              type: "success",
              message: "添加成功！"
            });
          } else {
            this.$message.error(res.data.message);
          }
        })
        .catch(err => {
          this.$message.error(err);
        });
    })
    .catch(() => {
      this.$message({
        type: "info",
        message: "已取消添加"
      });
    });
},
```

这里可以用 put 方法也可以用 post 方法来调用后台的 insert 接口，一般没有特殊要求都用的是 post 方法。然后运行代码，单击“添加联系人”按钮输入任意姓名和电话（这里电话仅仅做了位数限制，即必须等于 11 个字符长度，并没有做中文数字类型的判断），如果输入的电话字符串长度不等于 11，就会提示手机号错误。这里可以按照如图 4.31 所示的方式操作。

单击“确定”按钮后，会发现除提示添加成功外没有任何变化，那是因为在添加成功后的位置没有加入重新获取后台联系人列表的信息。这时只需要按“F5”键刷新页面就会看到如图 4.32 所示的内容。

图 4.31　添加联系人弹窗

添加联系人

id	姓名	电话	操作
1	张三	13888888888	编辑 删除
2	李四	13888888888	编辑 删除
3	王五	13888888888	编辑 删除
1578404621950	舒工	15557833322	编辑 删除

图 4.32　添加联系人后的列表

为了使添加联系人成功后会自动刷新列表，需要将 created() 钩子函数中获取联系人列表的方法封装成 method，这样可以随时在任意位置调用。所以，在 methods 中添加以下代码。

```
,
  refreshList() {
    this.instance
    .get("select")
    .then(res => {
      if (res.data.code === 200) {
        this.tableData = res.data.data.data;
      } else {
        alert(res.data.message);
      }
    })
    .catch(err => {
      alert(err);
      console.log(err);
    });
  }
```

将原来 created() 钩子函数中的对应位置修改为调用该方法的代码。

```
,
  created() {
    this.instance = axios.create({
      baseURL: "http://127.0.0.1:9999/api/",
      timeout: 10000
    });
```

```
    this.refreshList(); //刷新联系人列表
  }
```

再回到刚刚添加联系人对应的方法 handleAdd() 的以下代码处。

```
this.$message({
  type: "success",
  message: "添加成功！"
});
```

在上面代码的后面加入以下代码。

```
this.refreshList(); //刷新联系人列表
```

然后测试添加任意一个姓名和电话，此时添加成功的同时也会刷新列表。在谷歌浏览器中按“F12”键打开调试窗口查看“Network”选项卡，可以发现有两个 insert 接口请求，如图 4.33 所示。

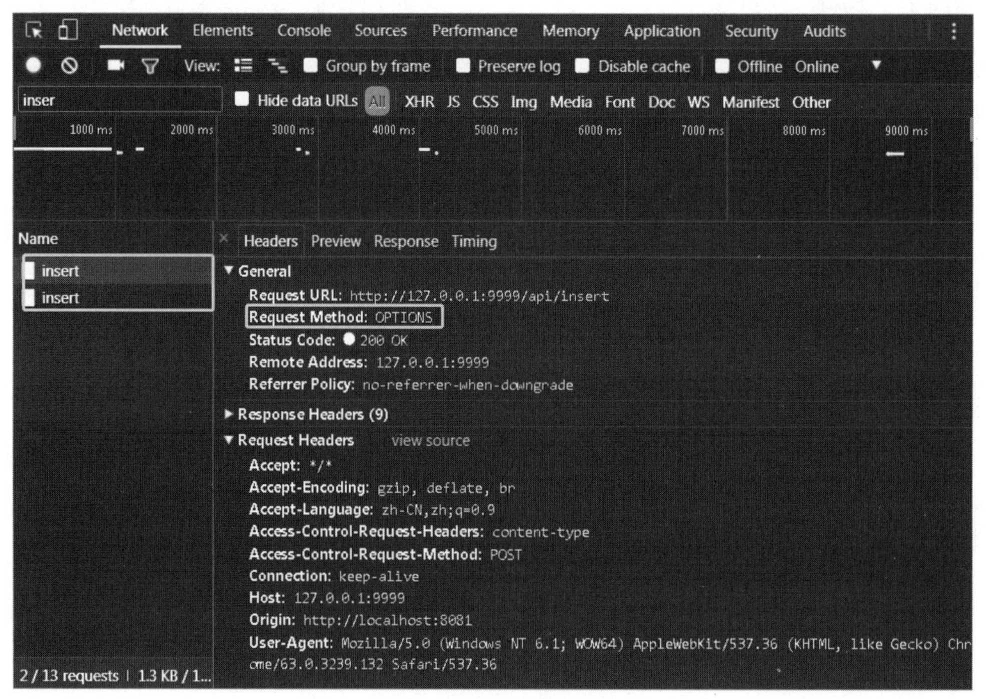

图 4.33 insert 接口

这里的第一个 insert 是 Request Method: OPTIONS 预检请求。浏览器在某些请求中，在正式通信前会增加一次 HTTP 查询请求，称为预检请求。浏览器先询问服务器，当前网页所在的域名是否在服务器的许可名单之中，以及可以使用哪些 HTTP 动词和头信息字段。只有得到肯定答复，浏览器才会发出正式的 XMLHttpRequest 请求，否则就会报错。

以上仅完成了添加联系人，还需要对编辑（修改）联系人做处理，即找到编辑联系人对应的方法 handleEdit 进行调整。

```
handleEdit(index, row) {
  let html =
    " 姓名: <br>" +
    '<input id="name" type="text" value=' +
    row.name +
    ">" +
    "<br> 电话: <br>" +
    '<input id="tel" type="tel" value=' +
    row.tel +
    ">";
  this.$confirm(html, " 编辑联系人 ", {
    confirmButtonText: " 确定 ",
    cancelButtonText: " 取消 ",
    dangerouslyUseHTMLString: true
  })
    .then(() => {
      var params = {
        id: row.id, // 这里是每个联系人的对应 id
        name: document.querySelector("#name").value,
        tel: document.querySelector("#tel").value
      };
      this.instance
        .post("update", params)
        .then(res => {
          if (res.data.code === 200) {
            this.$message({
              type: "success",
              message: " 编辑成功! "
            });
            this.refreshList(); // 刷新联系人列表
          } else {
            this.$message.error(res.data.message);
          }
        })
        .catch(err => {
          this.$message.error(err);
        });
    })
    .catch(() => {
      this.$message({
        type: "info",
        message: " 已取消编辑 "
      });
    });
},
```

然后刷新网页，找到任意一个联系人，单击后面的“编辑”按钮，在如图 4.34 所示的弹窗中做修改。

单击“确定”按钮之后，联系人列表会实时刷新呈现最新的修改结果，如图 4.35 所示。

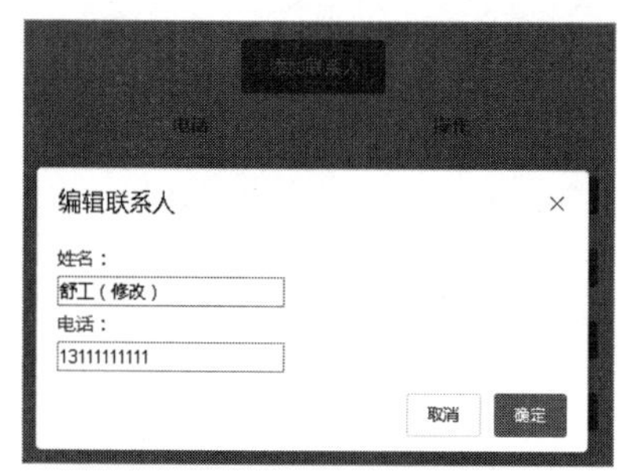

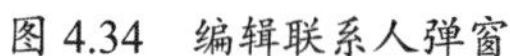

图 4.34　编辑联系人弹窗

添加联系人

id	姓名	电话	操作
1	张三	13888888888	编辑 删除
2	李四	13888888888	编辑 删除
3	王五	13888888888	编辑 删除
1578404621950	舒工（修改）	13111111111	编辑 删除

图 4.35　编辑联系人后的列表

其实编辑联系人的方法与添加联系人的方法大同小异，主要是多传了一个 id，然后方法用的是 update。

4.4.6 删除联系人

找到删除联系人按钮，然后绑定删除事件 handleDelete，代码如下。

```
handleDelete(index, row) {
  let html = '确定要删除联系人"' + row.name + '"吗？ ';
  this.$confirm(html, "删除联系人", {
    confirmButtonText: "确定",
    cancelButtonText: "取消"
  })
    .then(() => {
      this.$message({
        type: "success",
        message: "删除成功！"
      });
    })
    .catch(() => {
      this.$message({
        type: "info",
        message: "已取消删除"
      });
    });
  }
},
```

这样在单击“删除”按钮时就会出现如图 4.36 所示的提示内容。

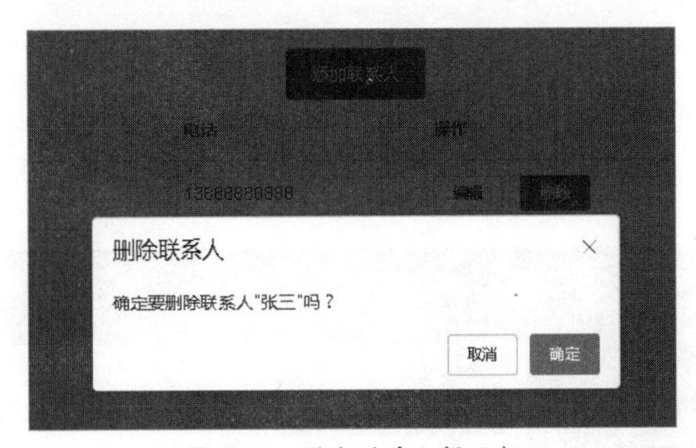

图 4.36 删除联系人提示框

除提示内容外，接下来还要写确定删除时进行的业务逻辑处理，即调用后台提供的删除接口，实现真正意义上删除该联系人。修改删除方法的代码如下。

```
handleDelete(index, row) {
  let html = '确定要删除联系人"' + row.name + '"吗？';
  this.$confirm(html, "删除联系人", {
    confirmButtonText: "确定",
    cancelButtonText: "取消"
  })
    .then(() => {
      this.instance
        .delete("delete?id="+row.id)
        .then(res => {
          if (res.data.code === 200) {
            this.$message({
              type: "success",
              message: "删除成功！"
            });
            this.refreshList(); // 刷新联系人列表
          } else {
            this.$message.error(res.data.message);
          }
        })
        .catch(err => {
          this.$message.error(err);
        });
    })
    .catch(() => {
      this.$message({
        type: "info",
        message: "已取消删除"
```

```
        });
    });
},
```

此时单击任意一个联系人后面的“删除”按钮，就会出现如图4.37所示的提示框。单击“确定”按钮，对应联系人就会被删除。

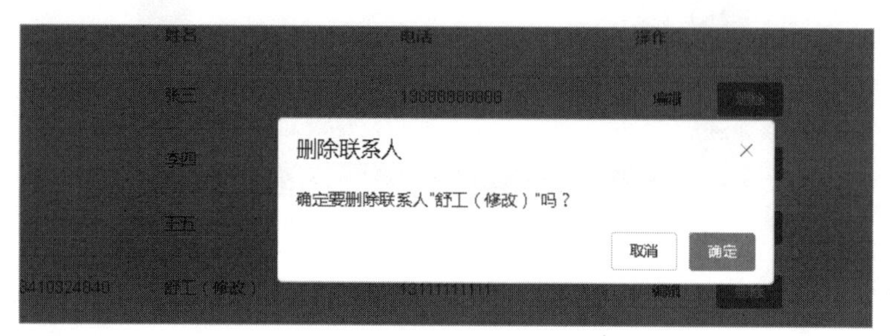

图 4.37　删除对应联系人

至此，获取、添加、修改、删除联系人的方法都已添加完毕，一个简单的联系人列表功能就完成了。

4.4.7 axios 的进一步封装

本小节将会讲解如何对 axios 进行进一步的封装。为什么需要对 axios 进一步封装呢？首先，查看 4.4.6 小节的请求方法，其后都有一个 catch 失败的请求处理，而且这个 catch 处理基本上都是相同的处理方式。那么，如果项目庞大且有很多请求的情况下，就会有很多重复冗余的代码，也会有很多不需要的重复代码。其次，传参基本上都有类似 JSON 的 params 传参，而且格式不统一。再次，如果请求的接口都比较慢，就需要统一加入一个加载提示（如数据获取中、数据加载中等提示）。最后，每次请求的 URL 路径都是直接放在了请求方法后面，如果只有两三个请求还好找，如果是成百上千个请求，需要统一修改路径时怎么办？所以，需要进一步封装 axios，这样才能解决以后在项目扩展时统一修改，在代码规整上做升级。

接下来开始对 axios 进行封装。首先在 src 文件夹中新建一个文件夹 service，并在其中创建一个 JS 文件 contactService.js，如图 4.38 所示。

图 4.38　创建 service 文件夹

然后在 contactService.js 文件中对 axios 进行统一格式封装。

```
export default {
    // 添加联系人
    insertContactList: {
        method: "post",
        url: 'insert'
    },
    // 删除联系人
    deleteContactList: {
        method: "delete",
        url: 'delete'
    },
    // 修改联系人
    updateContactList: {
        method: "put",
        url: 'update'
    },
    // 查询联系人列表
    selectContactList: {
        method: "get",
        url: 'select'
    }
}
```

接着在 service 文件夹中继续创建一个 http.js 文件，在该文件中对 axios 和 service/contactService.js 进行引用。

```
import axios from 'axios';
import service from './contactService'
import { Loading, Message } from 'element-ui';

var loading = {
    _load: null,
    show() {
        this._load = Loading.service({ text: '拼命加载中 ...' }); // 开始加载动画
    },
    hide() {
        this._load.close(); // 结束加载动画
    }
};

// service 循环遍历输出不同的方法请求
let instance = axios.create({
    baseURL: 'http://127.0.0.1:9999/api/',
    timeout: 10000,
})
```

```
const Http = {}; //包裹请求方法的容器
for (let key in service) {
    let api = service[key]
    Http[key] = async function(
        params, //请求参数
        isFormData = false, //是否为表单请求
        config = {} //配置参数
    ) {
        let newParams = {}
        let response = {};
        if (params && isFormData) {
            for (let i in params) {
                newParams.append(i, params[i]);
            }
        } else {
            newParams = params;
        }
        //不同的请求判断
        switch (api.method) {
            case 'put':
            case 'post':
            case 'patch':
                try {
                    response = await instance[api.method](api.url,
newParams, config);
                } catch (err) {
                    response = err;
                }
                break;
            case 'get':
            case 'delete':
                config.params = newParams;
                try {
                    response = await instance[api.method](api.url, config);
                } catch (err) {
                    response = err;
                }
                break;
        }
        return response;
    }
}
```

```
// 拦截器的添加
// 请求拦截器
instance.interceptors.request.use(config => {
    // 请求中的加载提示
    loading.show();
    return config;
}, err => {
    // 请求错误
    loading.hide();
    Message.error(JSON.stringify(err) + '请求错误，请稍候重试！');
})
// 响应拦截器
instance.interceptors.response.use(res => {
    // 响应成功
    loading.hide();
    return res.data;
}, err => {
    // 响应错误
    loading.hide();
    Message.error(JSON.stringify(err) + '响应错误，请稍候重试！');
})

export default Http;
```

之后打开 src/main.js 文件，并在其中引入刚刚的 http.js 文件。

```
import Http from './service/http'
Vue.prototype.$Http = Http
```

这样在所有页面就可以直接使用 this.$Http 来全局调用 axios 了。接下来就将所有原生方式调用 axios 的地方全部改成用封装的 $Http 来处理，打开 src/components/contact.js 文件的 refreshList() 方法并做如下修改。

```
// 获取联系人列表
async refreshList() {
  let res = await this.$Http.selectContactList();
  this.tableData = res.data.data;
}
```

采用封装后的 axios 来读取联系人列表显得特别精干、简练，按照相同的方法改造添加、修改、删除联系人的接口请求方法即可。其实在项目不是很庞大的情况下，还是慎用 async 和 await 关键词，因为它们会导致连同调用它们的方法体也做异步处理。

4.5 小结

本章首先介绍了 axios 是什么，以及 axios 的使用和封装。其中，axios 的使用需要掌握一些基础请求方法，如 post、get、put、delete。然后介绍了 axios 拦截器的处理，即如何处理请求和响应错误。最后介绍了 axios 的简单封装，实际情况要根据具体需求来对 axios 进行封装，不是所有项目都要按照本章讲解的内容来进行封装。一般情况下，都是在请求和响应拦截器中对加载状态做处理及对 header 的 token 进行附加，在错误响应中对错误进行统一的处理，尤其是错误码可以由前端来分配，这样更加标准化。

第 5 章

浅析 Router 的使用

Vue Router 是 Vue.js 框架中用于负责管理访问路径指向的类对象。它与 Vue.js 的内核代码紧密联系在一起，在使用 Vue.js 开发时不用弹出新的网页，可直接在当前页面切换不同的路径。

Vue Router 包含的功能如下。

（1）嵌套路由、视图表。

（2）模块化的、基于组件的路由配置。

（3）路由参数、查询、通配符。

（4）基于 Vue.js 过渡系统的视图过渡效果。

（5）细粒度的导航控制。

（6）带有自动激活的 CSS class 的链接。

（7）HTML5 history 模式和 hash 模式。

（8）自定义的滚动条行为。

注意

本章内容中的案例代码将使用 ES5 来编写（注意 router-view 和路由路径的规律）。

5.1 Router 基础

本节所有源代码都会全面地解析 Vue Router 的使用，读者可以直接照搬代码进行测试，并通过运行路由代码尝试着去理解路由的运作原理。如何配置路由？如何组合二级栏目、三级栏目甚至创建更深层级的路由配置？读者可以直接在 VSCode、WebStorm 或 Sublime Text 等前端编辑器中运行代码查看效果，结合输出结果和知识点进行理解，以便更好地掌握 Router 在实际项目中的使用。

5.1.1 起步

用 Vue.js+Vue Router 创建网站网页相当快捷方便。使用 Vue.js 中的组件相互组合形成不同的页面应用程序，添加配置文件 route.js 将不同的组件页面整合起来，通过 Vue Router 将路由配置添加进来，以路径的形式指向对应的 Vue 文件。下面举一个简单的例子。

HTML 前端代码片段，路径“/innerBody/innerPage”将路由 router-link 指向相对应的 Vue 文件，也就是说，第一个斜杠后对应的是第一级目录 Vue 文件（直接将对应的 Vue 文件插入 <router-view></router-view> 节点中），第二个斜杠后对应的是第二级目录 Vue 文件（直接将对应的 Vue 文件插入第二个内页的 <router-view></router-view> 节点中）。

```
<script src="https://unpkg.com/vue/dist/Vue.js"></script>
```

```
<script src="https://unpkg.com/vue-router/dist/vue-router.js"></script>

<div id="app">
  <h1> 一级目录 </h1>
  <p>
    <!-- 使用 router-link 组件来导航 -->
    <!-- 通过传入 `to` 属性指定链接 -->
    <!-- <router-link> 默认会被渲染成一个 `<a>` 标签 -->
    <router-link to="/index"> 主页 </router-link>
    <router-link to="/contactUs"> 联系 </router-link>
  </p>
  <!-- 路由出口 -->
  <!-- 路由匹配到的组件将渲染在这里 -->
  <router-view></router-view>
</div>
```

首先声明 template 组件，给不同的 template 起一个别名用于绑定到对应的路由中，用对象 routes 定义不同的路由路径指向的 template 节点，然后用 JavaScript 代码直接将对应的路由配置注入 Vue.js 框架对象中。

```
// 0. 如果使用模块化机制编程，则导入 Vue.js 和 Vue Router，要调用 Vue.use(VueRouter)

// 1. 定义（路由）组件
// 可以从其他文件 import 进来
const homePage = { template: '<div> 首页 </div>' }
const contactUsPage = { template: '<div> 联系 </div>' }

// 2. 定义路由
// 每个路由应该映射一个组件。其中，component 可以是通过
// Vue.extend() 创建的组件构造器，或者只是一个组件配置对象
const routes = [
  { path: '/index', component: homePage },
  { path: '/contactUs', component: contactUsPage }
]

// 3. 创建 Router 实例，然后传 `routes` 配置
// 还可以传递其他配置参数
const router = new VueRouter({
  routes //（缩写）相当于 routes: routes
})

// 4. 创建和挂载根实例
// 记得要通过 Router 配置参数注入路由，从而让整个应用都有路由功能
const app = new Vue({
  router
```

```
}).$mount('#app')

// 现在，应用已经启动了！
```

通过 $mount 注入 Router，就可以在组件内部直接调用 this.$router.push('') 访问路由了，也可以通过 this.$route 访问当前页面的路由对象属性，例如，要获取当前访问的路由路径就用 this.$route.path，要获取当前路由网址后面跟着的参数 id 就用 this.$route.query.id。

```
//Home.vue
export default {
  computed: {
    username() {
      // 很快就会看到 `params` 是什么
      return this.$route.params.id
    }
  },
  methods: {
    init() {
      console.log(this.$route); // 可以查看当前页面对应的路由的所有参数
    }
  }
}
```

这里需要注意区别一下 this.$router 和 this.$route，一个是路由器，一个是路由对象，前者可以使用 push 进行路由之间的跳转及参数传递，而后者则多用于获取路由附带的属性值，如 this.$route.query.id、this.$route.path 或 this.$route.params 等。

注意

当 <router-link> 标签对应的路由匹配成功，将产生 class 属性值 router-link-active。

5.1.2 动态路由匹配

在开发时，有可能会遇到好多页面的大体结构都差不多，就只有一小部分不同，或者结构样式表都是公用的，就只有内容不同，此时可以用一个路由路径参数来区别不同的页面。例如，有一个 common 组件，对于所有 id 各不相同的用户，都要使用这个组件来显示。那么，可以在路由路径中添加一个不同的 id 参数（动态路径参数），这样就可以达到直接使用同一个组件完成不同页面的显示，既可以省略很多重复的页面编写，同时又让一个页面可以最大程度的复用，这才是路由真正的意义所在。

```
const common = {
  template: '<div> 公用的组件 </div>'
```

```
}

const router = new VueRouter({
  routes: [
    // 动态路径参数，以冒号开头
    { path: '/common/:id', component: common }
  ]
})
```

例如，/common/aPage 和 /common/bPage 都将映射到相同的路由。

路径参数使用冒号“:”标记，如 :id。当对应跳转的页面匹配到一个路由时，通过 this.$route.params 可以直接访问到传入当前页面的所有参数，这样就可以更新 common 的模板。

```
iconst common= {
  template: '<div> 参数 id={{ $route.params.id }}</div>'
}
```

示例如下。

HTML：

```
<script src="https://unpkg.com/vue/dist/Vue.js"></script>
<script src="https://unpkg.com/vue-router/dist/vue-router.js"></script>

<div id="app">
  <p>
    <router-link to="/common/aPage">A 页面 </router-link>
    <router-link to="/ common /bPage">B 页面 </router-link>
  </p>
  <router-view></router-view>
</div>
```

JavaScript：

```
const User = {
  template: `<div> 传入的 id={{ $route.params.id }}</div>`
}

const router = new VueRouter({
  routes: [
    { path: '/common/:id', component: common }
  ]
})

const app = new Vue({ router }).$mount('#app')
```

当然，不必拘泥于只传入一个路径参数，在一个路由中可以传入多个路径参数，对应的参数值

都会设置到 $route.params 中，如表 5.1 所示。

表 5.1　路由夹带转义参数和匹配参数被编译解释后的结果对照

模式	匹配路径	$route.params
/user/:param	/user/string	{ param: 'string' }
/user/:username/post/:string	/user/evan/post/123	{ username: 'evan', string: '123' }

其他类似 this.$route.params 获取参数的方式还有 this.$route.query.id，它主要是用于获取网址 URL 后面“? 参数名 1=& 参数名 2=”携带的参数值。

1. 响应路由参数的变化

特别地，在使用路由参数时，从类似 /common/aPage 跳转到 /common/bPage，统一的 common.vue 组件会被复用，不会重复渲染结构。这样就省去了重复渲染对内存、CPU、GPU 的损耗，最大程度体现出复用的意义。不过，那些不重复渲染的组件中的 created、mounted 钩子函数将不会重复执行，但是往往就是这种情况下需要让这些组件的 created 和 mounted 再一次执行，此时可以用 watch 来监听路由的变化，以简单地 watch（监测变化）$route 对象。

```
const User = {
  template: '...',
  watch: {
    '$route' (to, from) {
      // 对路由变化做出响应 ...
    }
  }
}
```

或者使用引入的 beforeRouteUpdate 导航守卫。

```
const User = {
  template: '...',
  beforeRouteUpdate (to, from, next) {
    //react to route changes...
    //don't forget to call next()
  }
}
```

2. 捕获所有路由或 404 Not found 路由

为了让网站有更好的响应，面对不同的路径都要有对应的解析，但是不可能把所有的路径都写到路由配置中，这时需要使用代表匹配所有路径的通配符“*”。

```
{
  // 会匹配所有路径
```

```
  path: '*'
}
{
  // 会匹配以 `/sg-` 开头的任意路径
  path: '/sg-*'
}
```

由于所有的路由配置都是从上到下顺序加载的，所以在配置通配符路径时一定要放在最后位置加载。否则，如果把通配符的路由配置放在最前面，就会导致后面被通配符包含的路径规则不再执行，直接被通配符路径覆盖。如果使用了 history 模式，则服务器的路由过滤如 Nginx 一定要配置正确，否则无法执行通配符的路由监听。

使用通配符“*”成功匹配的路径，$route.params 会自动添加一个 pathMatch 属性，通过这个参数可以获取到当前被匹配成功的实际路径部分。

```
// 给出一个路由 { path: '/common-*' }
this.$router.push('/common-home')
this.$route.params.pathMatch // 'home'
// 给出一个路由 { path: '*' }
this.$router.push('/where-path')
this.$route.params.pathMatch // '/where-path'
```

3. 高级匹配模式

首先安装 path-to-regexp，命令如下。

```
$ npm install path-to-regexp
```

这是 vue-router 的高级路由匹配引擎，支持很多高级的匹配模式，例如，可选的动态路径参数、匹配零个或多个、一个或多个，甚至是自定义正则匹配。以下示例展示了 vue-router 如何使用这类匹配。

在 JavaScript 中使用：

```
const pathToRegexp = require('path-to-regexp');
```

作用：这个方法可以类比 JavaScript 中的 new ExpReg('xxx')。

需要注意两点，一是 URL 地址，二是匹配规则。

```
var pathToRegexp = require('path-to-regexp')

var re = pathToRegexp('/common/:bar')
console.log(re);
```

输出结果如下。

```
/^\/common\/((?:[^\/]+?))(?:\/(?=$))?$/i
```

（1）用数组路由匹配路径中的冒号参数。

```
var re = pathToRegexp('/:common/:bar', keys)
//keys = [{ name: 'common', prefix: '/', ... },
//{ name: 'bar', prefix: '/', ... }]
```

（2）用复杂的正则表达式匹配带有后缀名的文件路径。

```
var re = pathToRegexp('/(apple-)?icon-:res(\\d+).png', keys)
//keys = [{ name: 0, prefix: '/', ... }, { name: 'res', prefix: '', ... }]
```

（3）用复杂的正则表达式匹配参数。

```
var re = pathToRegexp('/:common/:bar?', keys)
//keys = [{ name: 'common', ... }, { name: 'bar', delimiter: '/',
//optional: true, repeat: false }]
```

（4）用“*”匹配任意路由参数。

```
var re = pathToRegexp('/:common*', keys)
//keys = [{ name: 'common', delimiter: '/', optional: true, repeat: true }]
```

（5）匹配数字参数。

```
var re = pathToRegexp('/:common(\\d+)', keys)
//keys = [{ name: 'common', ... }]
```

4. 匹配优先级

有时同一个路径可以匹配多个路由，匹配的优先级就按照路由的定义顺序：最先定义的，路由配置的优先级就最高。

5.1.3 嵌套路由

复杂项目在开发过程中，并非所有的栏目都只有一级栏目，更多的是有二级栏目、三级栏目，甚至还会有四级栏目，从而使得 URL 路径会有很多的斜杠（/），如“/firstLevel/secondLevel/threeLevel”，如图 5.1 所示。

为了很明确地展示项目的结构关系，需要使用 vue-router。

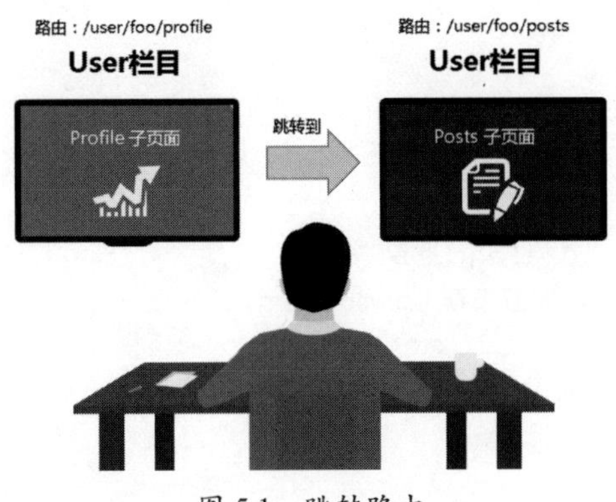

图 5.1　跳转路由

在 5.1.2 小节创建的 app 基础上修改。

```
<div id="app">
  <router-view></router-view>
</div>
const = {
  template: '<div>Common {{ $route.params.id }}</div>'
}

const router = new VueRouter({
  routes: [
    { path: '/common/:id', component: Common }
  ]
})
```

这里的 <router-view> 是用于插入（渲染）一级栏目的 Vue 文件节点。类似地，被渲染的插入的 Vue 文件也可以有一个 <router-view> 节点提供给它自己的内部元素。同样地，一个被渲染组件同样可以包含自己的嵌套 <router-view>。这就像套娃一样，一层层往下一级嵌套。例如，在 Common 组件的模板中添加一个 <router-view>。

```
const Common = {
  template: `
    <div class="user">
      <h2>Common {{ $route.params.id }}</h2>
      <router-view></router-view>
    </div>
  `
}
```

那么，如何在 Router 的配置文件中体现这种嵌套关系呢？需要在每一个节点对象中加入 children 属性，而 children 属性中对应内容的结构与同一级节点结构相同。

```
const router = new VueRouter({
  routes: [
    { path: '/common/:id', component: Common,
      children: [
        {
          // 当 /common/:id/aPage 匹配成功,
          // CommonAPage 会被渲染在 Common 的 <router-view> 中
          path: 'aPage',
          component: CommonAPage
        },
        {
          // 当 /common/:id/bPage 匹配成功,
          // CommonBPage 会被渲染在 Common 的 <router-view> 中
          path: 'bPage',
          component: CommonBPage
        }
      ]
    }
  ]
})
```

单独的一个“/”表示根目录路径，多个“/”组合成为嵌套路径。当然，也可以直接采取跳转路由的方式，例如，/ 指向 /home，通过设置 { path: "/", redirect: "/home" } 就可以实现跳转指向其他路径。

基于上面的配置，当访问 /common/cPage 时，Common 的出口不会渲染任何东西，因为并未定义 cPage 这个路由。如果想要渲染点什么，则可以提供一个空的子路由。

```
const router = new VueRouter({
  routes: [
    {
      path: '/common/:id', component: Common,
      children: [
        // 当 /common/:id 匹配成功,
        // CommonHome 会被渲染在 Common 的 <router-view> 中
        { path: '', component: CommonHome },

        //... 其他子路由
      ]
    }
  ]
})
```

5.1.4 编程式的导航

跳转路由的方式一种是使用 <router-link> 标签的 to 属性直接跳转到指定路径，另一种是使用 Router 的 push 方法来实现路由跳转。

```
router.push(location, onComplete?, onAbort?)
```

直接在标签中 to 后面跟路由的方式叫作“声明式”，采用 push 的方式跳转叫作“编程式”。表 5.2 所示是声明式与编程式的对比。

表 5.2　声明式与编程式的对比（1）

声明式	编程式
<router-link :to="...">	router.push(...)

push 方法的参数可以是一个字符串路径，或者一个描述地址的对象。例如：

```
// 字符串
router.push('home')

// 对象
router.push({ path: 'home' })

// 命名的路由
router.push({ name: 'user', params: { userId: 1314520}})

// 带查询参数，变成 /register?from=mobile
router.push({ path: 'register', query: { from: 'mobile' }})
```

使用 Router 的 replace 方法可以达到 push 跳转的效果，不同的是，replace 不会在 history 中增加历史记录，也就是说，如果单击左上角的返回按钮，则可能不会直接返回到 replace 之前的页面，因为历史记录中并没有这一条，如表 5.3 所示。

表 5.3　声明式与编程式的对比（2）

声明式	编程式
<router-link :to="..." replace>	router.replace(...)

router.go(n) 中 go 的参数 n 是一个整数，正整数代表前进多少步，负整数代表后退多少步，等同于 window.history.go(n) 的效果，例如：

```
// 在浏览器记录中前进一步，等同于 history.forward()
router.go(1)
```

```
// 后退一步记录，等同于 history.back()
router.go(-1)

// 前进 3 步记录
router.go(3)

// 如果 history 记录不够用，那么就默默地失败
router.go(-100)
router.go(100)
```

对于 window.history.pushState、window.history.replaceState 和 window.history.go 这几个方法非常了解的读者，可以类比 router.push、router.replace 和 router.go，它们本质上都是在操作 window.history 对象。

5.1.5 命名路由

在有些情况下，使用斜杠路径稍微有点烦琐，急需一种别名、一种标识来替代 Vue.js 的路由路径。于是，路径的 name 应运而生。一旦命名了 name 属性的路径，就可以直接通过 <router-link> 标签的 to 属性替代真正对应的路径。

在 routes 配置中给某个路由设置名称。

```
const router = new VueRouter({
  routes: [
    {
      path: '/common/:userId',
      name: 'myRouterName',
      component: Common
    }
  ]
})
```

要跳转到一个命名路由，可以给 <router-link> 标签的 to 属性传一个对象。

```
<router-link :to="{ name: 'myRouterName', params: { userId: 1314520 }}">
Common</router-link>
```

等同于 router.push()。

```
router.push({ name: 'myRouterName', params: { userId: 1314520 }})
```

这两种方式都会把路由导航到 /common/1314520 路径。完整的 main.js 文件的代码如下。

```
import Vue from 'vue'
import VueRouter from 'vue-router'
```

```
Vue.use(VueRouter)

const Home = { template: '<div> 首页 </div>' }
const Common = { template: '<div> 公共页面 </div>' }
const innerPage = { template: '<div> 内页 id = {{ $route.params.id }}</div>' }

const router = new VueRouter({
  mode: 'history',
  base: __dirname,
  routes: [
    { path: '/', name: 'home', component: Home },
    { path: '/common', name: 'common', component: Common },
    { path: '/innerPage/:id', name: 'innerPage', component: innerPage }
  ]
})

new Vue({
  router,
  template: `
  <div id="app">
    <h1> 路由名称 </h1>
    <p> 当前路由名称 : {{ $route.name }}</p>
    <ul>
      <li><router-link :to="{ name: 'home' }"> 首页 </router-link></li>
      <li><router-link :to="{ name: 'common' }"> 公共页面 </router-link></li>
      <li><router-link :to="{ name: 'innerPage', params: { id: 1314520 }}"> 内页
      </router-link></li>
    </ul>
    <router-view class="view"></router-view>
  </div>
`
}).$mount('#app')
```

5.1.6 命名视图

一个页面只有一个 router-view，这种情况过于理想化，更多的情况是，在同一个页面需要展示多个下一级组件。

例如，做后台管理系统时顶部的导航、左侧的导航、右侧的中间主体内容，都需要是路由组件。这时对 component 命名就显得尤为重要了。相当于一个路径会对应多个子组件，所以这里不再用 component 而是用复数 components 定义组件别名，其结构如下。

```
<router-view class="defatul-component"></router-view>
<router-view class="component-a" name="a"></router-view>
<router-view class="component-b" name="b"></router-view>
```

对应的路由和组件数组之间的关联关系如下。

```
const router = new VueRouter({
  routes: [
    {
      path: '/',
      components: {
        default: Common,
        a: nav,
        b: leftMenu
      }
    }
  ]
})
```

其中，default就是当router-view没有设置name属性时，默认渲染的组件内容。同样地，可以使用命名视图来构建复杂的嵌套路由结构关系。这时需要命名用到的嵌套router-view组件。下面以一个设置面板为例，如图5.2所示。

图5.2　跳转路由

图5.2中，Nav只是一个常规组件，UserSettings是一个视图组件，UserEmailsSubscriptions、UserProfile、UserProfilePreview是嵌套的视图组件。

注意

在设定路由组件规则时，不要带入可视化的思维模式，更多的是要以一种线性逻辑关系来进行思考，不要受到传统 HTML、CSS 结构思维的影响，只把注意力集中在组件上。

UserSettings 组件的 <template> 部分应该是类似下面的这段代码。

```
<!-- UserSettings.vue -->
<div>
  <h1> 公共设置 </h1>
  <NavBar/>
  <router-view/>
  <router-view name="myRouterComponentName"/>
</div>
```

嵌套的视图组件在此已经被忽略了。

可以用以下路由配置完成该布局。

```
{
  path: '/settings',
  // 可以在顶级路由配置命名视图
  component: UserSettings,
  children: [{
    path: 'emails',
    component: UserEmailsSubscriptions
  }, {
    path: 'profile',
    components: {
      default: UserProfile,
      myRouterComponentName: UserProfilePreview
    }
  }]
}
```

5.1.7 重定向和别名

在定义路由时，为了让某一个路由地址跳转到另外一个指定路由，就需要使用重定向。如果要区别相近的路由，同时又要通过不同路由来判断做出页面效果的变化，那么就需要使用别名路由。

1. 重定向

重定向就是通过访问 /aPage 达到访问 /bPage 路由的目的，如下面的定义。

```
const router = new VueRouter({
  routes: [
```

```
      { path: '/aPage', redirect: '/bPage' }
    ]
})
```

也可以直接通过路由的命名来跳转。

```
const router = new VueRouter({
  routes: [
    { path: '/aPage', redirect: { name: ' bPageName ' }}
  ]
})
```

还可以用一个方法返回具体的路由来实现动态跳转路由。

```
const router = new VueRouter({
  routes: [
    { path: '/aPage', redirect: to => {
      // 或许这里还有更复杂的逻辑计算得出一个定向路由
      //return 重定向的字符串路径 / 路径对象
    }}
  ]
})
```

2. 别名

重定向的意思是，访问 /aPage 路由时 URL 将会变成 /bPage，然后匹配路由为 /bPage，那么别名又是什么意思呢？

倘若 /aPage 的别名是 /bPage，那么当用户访问 /aPage 时，URL 会变更为 /bPage，但是对应的访问路由匹配 component 依然是 /aPage，就像用户访问 /aPage 一样，只不过是显示成了它的别名 /bPage。其实开发者并不是很喜欢这样的做法，因为不便于后期维护。要是在 bPage 别名页面出现了错误，需要其他前端开发人员来修改，这时去找 bPage.vue 文件可能根本就没有，因为这里用了别名。因此，除非有必要尽量不要用别名，容易增加维护成本。

上面对应的路由配置如下。

```
const router = new VueRouter({
  routes: [
    { path: '/aPage', component: APage, alias: '/bPage' }
  ]
})
```

5.2 小结

本章主要介绍了动态路由匹配、嵌套路由、编程式的导航、命名路由、命名视图、重定向和别名。针对简单的单页面跳转会做基本的处理，方便以后在实际项目中进行路由的配置和规划。动态路由适合在后台管理系统中针对不同角色权限使用，不同用户需要看到不同菜单所对应的路由权限，而嵌套路由又为系统结构化增加了更好的扩展性。需要注意的是，this.$router 和 router 使用起来完全相同，而使用 this.$router 的原因是并不想在每个独立需要封装路由的组件中都导入路由。

第6章

生命周期和钩子函数解析

首先解释一下什么是生命周期，类比一下，如同人的一生有幼儿期、青春期、更年期、老年期一样，Vue.js 代码的运行也有一个类似的周期，这里称之为生命周期。生命周期就如同一个有序的流程，就像代码从上往下运行一样，想象一下是不是就像一条挂起来的绳索从上往下，但是在绳索上面每间隔一段距离就有一个挂钩，可以从上往下在挂钩上面挂上物品，称之为钩子函数。在每个阶段运行的代码就是钩子函数的大括号包裹的代码。

一个完整的生命周期大约有十多个钩子函数，分别为 beforeRouteLeave、beforeEach、beforeEnter、beforeRouteEnter、beforeResolve、afterEach、beforeCreate、created、beforeMount、mounted、beforeUpdate、updated、activated、deactived、beforeDestroy、destroyed，但实际开发过程中，不是每个钩子函数都需要用到，本章将只介绍最常用的 beforeCreate、created、mounted、updated、beforeDestroy 这 5 个钩子函数的应用。

6.1 beforeCreate 钩子函数

从这个钩子函数开始就进入了页面（也就是 Vue.js 实例）的钩子函数了。在 beforeCreate 阶段，Vue.js 实例的挂载元素 $el 和数据对象 data 都为 undefined，还未初始化。在此阶段可以做的事情是加 loading 事件。数据观测和 event/watcher 配置尚未完成，不能访问到 methods、data、computed、watch 上的方法和数据。

```
beforeCreate() {
    console.log("创建前：");
    console.log(this.$el);
    console.log(this.$data);
},
```

一般情况下，这个钩子函数可以在每个组件中增加一些特定的属性，如混合。

6.2 created 钩子函数

在 created 阶段，Vue.js 实例的数据对象 data 有了，挂载元素 $el 还没有。在此阶段可以做的事情是结束 loading、请求数据为 mounted 渲染做准备。

```
created() {
    console.log("创建完成：");
```

```
    console.log(this.$el);
    console.log(this.$data);
},
```

调用 $mount 方法，开始挂载组件到 DOM 上。

这个 Vue.js 实例已经数据实例化，把 methods 方法、computed 计算属性都注入实例中了，只不过还不能获取到 DOM 节点元素，因为这个钩子函数阶段 DOM 还没有渲染完毕，所以还不能访问到 $el、$refs 属性内容。

但是，在这个阶段已经可以发起后台接口请求尝试对一些数据进行初始化，并且对一些绑定到了 DOM 上的属性变量进行赋值，当 mounted 执行时，这些数据将第一时间被渲染到 DOM 中。

6.3 mounted 钩子函数

在 mounted 阶段，Vue.js 实例挂载完成，data.filter 成功渲染。在此阶段可以做的事情是配合路由钩子使用。实例被挂载后调用，这时 el 被新创建的 vm.$el 替换了。如果根实例挂载到了一个文档内的元素上，则当 mounted 被调用时 vm.$el 也在文档内。

需要注意的是，mounted 不会保证所有子组件的 DOM 也都渲染完毕。如果希望等到整个视图都渲染完毕，则可以在 mounted 内部使用 vm.$nextTick。

```
mounted() {
    console.log("挂载完成：");
    console.log(this.$el);
    console.log(this.$data);
    console.log(this.$refs);
    this.$nextTick(function() {
        //Code that will run only after the
        //entire view has been rendered
    })
},
```

6.4 updated 钩子函数

当更新 DOM 结束时，也就是 updated 触发时。如果在钩子函数 updated() {} 中去修改某一个变量，那么这时由于变量发生了变化又会重新导致触发 beforeUpdate 钩子函数执行。如果变量变化导致DOM结构出现改变，那么将会继续循环执行update钩子函数，进而进入一个无限死循环。所以，这里建议不要在updated中进行变量或DOM文档节点的变更，更多的应该是对虚拟变量的改变。例如，通常在使用同一个组件，而组件本身在多次切换过程中并不会重复执行组件内部的created时，为了达到重复判断created钩子函数中的内容，才使用updated钩子函数。这样等同于使用了watch监听某些需要使用的虚拟变量，以达到判断当前组件在改变某些值的目的。

6.5 beforeDestroy钩子函数

有一种情况就是在使用弹窗时，弹窗中又加入了一个组件，而这个组件中的一些变量和方法，并不会因为弹窗关闭而自动复原。可是需求却隐形要求当组件从弹窗关闭后，其中初始化的那些对应的变量和方法均需要reset。这时就需要通过在组件内部使用beforeDestroy钩子函数，赶在组件销毁之前，将对应的变量和方法全部初始化。这些变量可以是父组件的也可以是自身的this指针，方法亦然。而不用destroy钩子函数，是因为在destroy钩子函数触发时，对应的变量和方法已经不能访问了，更不要说去做修改。

6.6 小结

本章的目标是了解Vue.js页面运行的完整流程——生命周期，并理解钩子函数。把代码依次装入内存进行编译运行，在脑海中多次模拟一下以下几个关键流程的运行过程。

（1）beforeCreate：组件生命周期，不能访问this。

（2）created：组件生命周期，可以访问this，不能访问DOM。

（3）mounted：访问/操作DOM。

（4）updated：发生变更的组件执行该钩子函数。

（5）beforeDestroy：一般是页面销毁之前触发。

熟记以上钩子函数的执行顺序和使用场景，在很多情况下都必须使用其中的2~3个钩子函数。

第 7 章

组件的灵活使用

如果方法是为了解决 JavaScript 代码的复用，那么组件就是为了解决 Vue.js 框架中页面的复用或部分相似、相同功能的复用。组件可谓是 Vue.js 最强大的功能之一，它既可以扩充 HTML 元素，又可以让代码重用。尤其是对于大型的应用项目，那些重复的部分如果需要更新同一个位置的功能，就必须要使用组件思想，否则将会带来巨大的修改工作量。那么，如何去使用组件呢？本章将会带领大家一起进入组件的世界。

7.1 组件注册

组件注册是在已经定义好组件的前提下，用 import 的方式引入对应路径的组件 Vue 文件，并定义一个别名来替代这个组件实体，在 JavaScript 代码中用 components:{} 对组件别名进行注册的过程。

7.1.1 组件名

组件名就是在某一个 Vue.js 页面中，去应用自己引入组件时的名称，该名称也是为了区别不同的组件，同时组件名还要具有见名知意、言简意赅、方便输入等特征。这样才可以快速地插入组件，同时又能快速地找到组件所处位置并知道其对应的作用。

例如，下面的代码就是引入一个组件并给它起了一个“left1”的组件名。

```
import left1 from "@/vue/components/left1";
```

可以看到，left1 这个组件和它的引入文件名是相同的，当然这并不是强行规定的，并不是说这两者的名称必须高度一致，可以略有不同，但是最好相同。如果该组件被引用的地方很多，而又发现该组件产生了一个外部引用的错误，那么只有开发该组件的前端工程师本人可以很快定位问题所在位置，而其他开发者极有可能陷入错误的文件名搜索过程。尤其是当报错无法体现文件具体的准确位置，而此时项目的文件夹深度及文件数量又特别多时，就只能依靠开发工具自身的搜索功能来查找定位组件。

所以，一个组件的命名至关重要。如果不进行规范的命名就会导致团队开发效率的大大降低，因此在命名时要遵循一些命名规范。

（1）kebab-case。这种命名方式用多根短横线将单词串联在一起，例如，left-nav-bar 就是用两根短横线串联了“left”“nav”“bar”这几个单词。

```
import leftNavBar from"@/vue/components/left-nav-bar";
```

如果使用 kebab-case（短横线分隔命名）定义一个组件，那么应用时也要使用 kebab-case 规则插入被引用的组件，例如，<left-nav-bar></left-nav-bar>。

（2）PascalCase。PascalCase 是帕斯卡命名，也称为大驼峰式命名，这种命名方式每个单词的首字母都大写。

```
import leftNavBar from"@/vue/components/LeftNavBar";
```

如果使用 PascalCase（首字母大写命名）定义一个组件，那么应用时也依然要使用 kebab-case 规则插入被引用的组件，否则在 DOM 中是无法渲染的。

例如，引入 leftNavBar 组件，但是插入时不能使用 <LeftNavBar></LeftNavBar>，而必须要使用 <left-nav-bar></left-nav-bar>。

7.1.2 全局注册 vs 局部注册

全局注册就是要让组件在主文件 main.js 中注册好，这样在子文件任意一个 Vue 文件中都可以直接使用组件，无须二次 import 引入。

使用全局注册的好处在于一处加载多处可直接使用，无须重复引入。不足之处在于增加了初始化加载引入组件的复杂度，同时会增加启动时的流量负荷，当全局注册组件过多时会导致加载延时等问题。

如果大量使用全局注册，但在开发过程中却只有一个页面使用了这个被引入的组件，这就会导致额外的资源浪费，因为没有必要只为了一个 Vue.js 页面的一个组件就放在首次加载时引入。

全局注册的做法是不完美的。大部分 Vue.js 项目都是使用的 webpack 脚手架工具构建的，这样的结果直接导致很多页面并未真正被引用，但是在首次加载项目时却要耗费大量的流量去完成所有组件的加载等待，莫须有的 JavaScript 代码就会增加项目的运行负担。

在这些情况下，就需要找到对应业务的 Vue 文件进行内部独立引入。

```
import left1 from "@/vue/components/left1";
export default {
  components: {
    left1,
  },
}
```

然后在 template 中插入需要使用该组件的位置。

```
<template>
    <left1></left1>
</template>
```

7.2 prop

当组件内部变量受到组件外部变量的影响时，就需要用prop来搭建变量之间的桥梁。用prop可以定义组件内部变量的名称和数据类型，以及其他数据要求，等同于给组件向外暴露了一个可修改的属性。

7.2.1 prop的大小写

HTML有一个特性，就是几乎所有的大写字符都会转义为小写字符，这很容易导致在编写HTML结构时很多camelCase（驼峰式命名，这种命名方式除第一个单词外，其他单词的首字母都大写）的属性、标签转换为与实际不符的小写。

```
Vue.component('sg-component', {
  // 在 JavaScript 中是 camelCase 的
  props: [bigTitle],
  template: '<h3>{{ bigTitle }}</h3>'
})
<!-- 在 HTML 中是 kebab-case 的 -->
<sg-component big-title="hello!"></sg-component>
```

例如，上面的代码，props中有一个自定义参数bigTitle中的T是大写的，但实际上在HTML中插入标签属性名时却需要写成big-title。

所以，简单总结一下：如果传入props是aBcD的名称，那么绑定属性的名称就要为a-b-c-d。找到这个规律平时使用时注意即可，尽量用一个简单词汇体现需要的属性名，少用区分大小写的命名，也是提高编程效率、减少错误率发生的编写规范之一。

7.2.2 prop类型

使用字符串值来传递属性值是非常初级的操作方式，更高级的是用对象模式来定义组件参数。

```
props: ['title', 'thumbs', 'isReleased', 'evaluate ', 'creater']
```

上面的方式没有对title、thumbs、isReleased、evaluate、creater这几个参数变量的类型格式进行定义，仅仅只是定义了参数名称。

在开发组件时，需要对参数进行规范的格式限定。Vue.js提供了以对象的形式来定制每一个组件参数，这些属性的名称和值分别是prop各自的名称和类型。

```
props: {
  title: String,
  thumbs: Number,
  isReleased: Boolean,
  evaluate: Array,
  creater: Object,
  callback: Function,
  myPromise: Promise
}
```

这样即便是非本组件的开发者引用该组件，也能轻松知道如何传入对应的参数。这不仅为其他开发人员提供了使用组件的参数类型描述，而且当遇到参数类型不匹配报错时，在控制台用户也能看到具体的报错信息。

7.2.3 传递静态或动态 prop

使用下面这种方式可以轻松给 sg-component 组件传输一个 data 属性。

```
<sg-component data="your data value"></sg-component>
```

也可以使用 v-bind 给对应的 prop 参数动态赋值，例如：

```
<!-- 动态赋予一个变量的值 -->
<sg-component v-bind:data="your data value"></sg-component>

<!-- 动态赋予一个复杂表达式的值 -->
<sg-component
  v-bind:data="obj.title + ' by ' + obj.author.name"
></sg-component>
```

以上代码虽然传入的参数都是字符串类型，但实际上可以对以上两个 prop 传递任何一种类型的数据。

（1）传入一个数字。

```
<!-- 即便 `42` 是静态的，仍然需要 `v-bind` 来告诉 Vue.js -->
<!-- 这是一个 JavaScript 表达式而不是一个字符串 -->
<sg-component v-bind:data="42"></sg-component>

<!-- 用一个变量进行动态赋值 -->
<sg-component v-bind:data="obj.total"></sg-component>
```

（2）传入一个布尔值。

```
<!-- 包含该 prop 没有值的情况在内，都意味着 `true` -->
```

```
<sg-component is-published></sg-component>

<!-- 即便 `false` 是静态的，仍然需要 `v-bind` 来告诉 Vue.js -->
<!-- 这是一个 JavaScript 表达式而不是一个字符串 -->
<sg-component v-bind:is-published="false"></sg-component>

<!-- 用一个变量进行动态赋值 -->
<sg-component v-bind:is-published="obj.isPublished"></sg-component>
```

（3）传入一个数组。

```
<!-- 数组是静态的，需要 `v-bind` 来告诉 Vue.js -->
<!-- 这是一个 JavaScript 表达式而不是一个字符串 -->
<sg-component v-bind:evaluate-ids="[1001,1002,1003]"></sg-component>

<!-- 用一个变量进行动态赋值 -->
<sg-component v-bind:evaluate-ids="obj.evaluateIds"></sg-component>
```

（4）传入一个对象。

```
<!-- 对象是静态的，需要 `v-bind` 来告诉 Vue.js -->
<!-- 这是一个 JavaScript 表达式而不是一个字符串 -->
<sg-component
  v-bind:author="{
    name: '强哥',
    company: 'chineseSofrtware'
  }"
></sg-component>

<!-- 用一个变量进行动态赋值 -->
<sg-component v-bind:author="obj.author"></sg-component>
```

（5）传入一个对象的所有属性。

本质上，这是一种“懒人模式”。当需要传入很多独立参数到组件时，就必须一个个地传入组件。如果传入的参数足够多，那么在绑定属性时将会比较冗长，看到的是一大堆的参数被 v-bind 绑定到组件标签上面。简单轻松的做法就是直接用 v-bind 将 prop 对象传入组件，例如：

```
obj: {
  id: 1001,
  title: '文章标题'
}
<sg-component v-bind="obj"></sg-component>
```

上面这种绑定对象插入组件的方式等同于以下代码。

```
<sg-component
  v-bind:id="obj.id"
  v-bind:title="obj.title"
></sg-component>
```

7.2.4 prop 验证

如果单纯地传入一个参数值是一种“懒人模式”，那么对这个参数进行默认值及值类型规范就是一种“严谨模式”。这种严谨的定义组件变量的方式对多人协同开发使用同一个自定义组件是非常有帮助的。当传参格式不正确时，会在浏览器的调试窗口中的“Console”选项卡中自动提示报错信息位置。

标准的定义方式就是将每个变量名以一个对象形式定义，该对象中包括值类型、参数名、默认值、是否必填项等信息。例如：

```
Vue.component('sg-component', {
  props: {
    // 基础的类型检查（`null` 和 `undefined` 会通过任何类型验证）
    propA: Number,
    // 多个可能的类型
    propB: [String, Number],
    // 必填的字符串
    propC: {
      type: String,
      required: true
    },
    // 带有默认值的数字
    propD: {
      type: Number,
      default: 88
    },
    // 带有默认值的对象
    propE: {
      type: Object,
      // 对象或数组默认值必须从一个工厂函数获取
      default: function() {
        return { message: '您好' }
      }
    },
    // 自定义验证函数
    propF: {
      validator: function(val) {
```

```
        //这个值必须匹配下列字符串中的一个
        return ['张三', '李四', '王五'].includes(val)
      }
    }
  }
})
```

当在开发环境中使用编译工具调试代码时，如果发生了传参类型、数据值类型的要求与验证要求不一致，就会在开发工具中弹出提示框提示具体的报错信息，便于开发者精准定位问题。

prop 会在自定义组件实例渲染之前进行校验，所有的实例属性（如 data、computed 等）在 default 或 validator 函数中是不可用的，因为它们都还没有被初始化。

验证检查的类型枚举值可以是下列中的任意一个：String、Number、Boolean、Array、Object、Date、Function、Symbol。

另外，type 还可以用一个构造函数来定义值类型，并且通过 instanceof 来进行检查确认。例如，下列现成的构造函数：

```
function nameType(firstName, lastName) {
  this.firstName = firstName
  this.lastName = lastName
}
```

可以使用以下代码来验证 author 属性的值是否通过 new nameType() 创建的构造函数对象约束。

```
Vue.component('sg-component', {
  props: {
    author: nameType
  }
})
```

7.3 自定义事件

有时往往需要在组件外部通过某个操作来触发组件内部变量的变化，此时就需要向外抛出自定义事件，以触发外部事件带来的联动数据变化。

7.3.1 事件名

光有属性只能解决从组件外部传输变量到组件内部，或者修改组件内部某个值，但是如果要用某个方法去触发组件内部的方法怎么办呢？于是，还需要给自定义组件增加事件。

不同于 prop，事件的命名规则是严格区分大小写的。另外，千万不要用短横线来连接不同的单词。例如，一个驼峰式命名的事件：

```
this.$emit('myEvent')
```

改成短横线分隔的方式来绑定事件名是不会有任何作用的。

```
<!-- 无法触发事件 -->
<sg-component v-on:my-event="doSomething"></sg-component>
```

因此，推荐尽量使用一个单词或多个不区分大小写的事件名。

7.3.2 自定义组件的 v-model

v-model 更像是自动根据组件自带的 input 事件来触发 value 的 prop 变化，例如，Radio、Checkbox 等控件都会自动去匹配 value 的值发生响应变化。自定义 v-model 可以解决自带 input 变化的冲突问题。

```
Vue.component('sg-checkbox', {
  model: {
    prop: 'checked',
    event: 'change'
  },
  props: {
    checked: Boolean
  },
  template: `
    <input
      type="checkbox"
      :checked="checked"
      @change="$emit('change', $event.target.checked)"
    >
  `
})
```

按照上面的代码使用 v-model 时：

```
<sg-checkbox v-model="myValue"></sg-checkbox>
```

myValue 将会把值传给这个名为 checked 的 prop。当 <sg-checkbox> 触发 @change 事件并且夹带一个新的变化值时，对应绑定的 myValue 就会被改变。

当然，仍然需要在 props 中声明 checked 变量。

7.4 小结

组件库的作用只有一个 —— 提高生产效率。所以，在当前有不少优秀的组件库的情况下，我们能做的应该是帮助那些组件库变得更好。同时，基于自己的业务写一些适用于自身业务的前端组件。组件库的通用套路，其实是一些组件库中实现特殊效果所用到的思路。Vue.js 组件库全局安装使用的是 Vue.js 插件来实现的。可以使用 vm.$refs 来获取子组件实例，从而调用子组件实例中的方法和数据。可以使用 vm.$parent 来获取父组件实例，从而调用父组件的方法，修改父组件的数据。另外，vm.$children 可用于获取所有子组件。

第 8 章

Vue.js 下的 ECharts 使用

ECharts（Enterprise Charts，商业级数据图表）是一个纯 JavaScript 的图表库，可以比较流畅地运行在各大平台（PC 或手持设备）上，兼容当前绝大部分浏览器（IE8/9/10/11、Chrome、Firefox、Safari 等），底层依赖轻量级的 Canvas 类库 ZRender，提供直观、交互丰富、可高度个性化定制的数据可视化图表。

ECharts 支持折线图（区域图）、柱状图（条状图）、散点图（气泡图）、K 线图、饼图（环形图）、雷达图（填充雷达图）、和弦图、力导向布局图、地图、仪表盘、漏斗图、事件河流图等 12 类图表，同时提供标题、详情气泡、图例、值域、数据区域、时间轴、工具箱等 7 个可交互组件，支持多图表、组件的联动和混搭展现。

但是，这里其实有一大部分图表是常用项目中很少涉及的，本章将主要讲解最实用、最常用的几大图表控件，以保证 ECharts 的实用性，在后面几个小节中会分别讲述如何使用饼图（环形图）、柱状图（纵向柱状图和横向柱状图）、曲线图、散点图、雷达图、标签图（随机膨胀效果）这几大统计图表，掌握了这几个统计图表的使用后，基本上大部分项目都可以通过它们的自由组合来完成。

8.1 搭建 ECharts 开发环境

如果读者严格操作了前面几个章节的内容，那么读者的本地开发环境应该已经安装了 cnpm 或 npm。这里使用 cnpm 命令来安装 ECharts。

```
cnpm i echarts -S
```

回车后即可自动安装，当出现如图 8.1 所示的提示内容时，就代表 ECharts 安装成功。

```
D:                          >cnpm i echarts -S

D:                          >"node"  "C:\Users\Administrator\AppData\Roaming\npm\\node_modules\cnpm\bin\cnpm" i echarts -S
√ Installed 1 packages
√ Linked 1 latest versions
√ Run 0 scripts
√ All packages installed (2 packages installed from npm registry, used 9s(network 8s), speed 1.24MB/s, json 2(11.47kB), tarball 10.52MB)
```

图 8.1　ECharts 安装成功

接下来就可以进行插件的引入了，首先在项目的目录中找到 main.js 文件，在其中插入以下代码。

```
import echarts from 'echarts';
    Vue.prototype.$echarts = echarts;
```

然后在需要使用 ECharts 的地方直接使用 this.$echarts 即可。

例如，如果需要将 ECharts 的统计图插入某个具体的 div 中，就需要使用以下代码。

```
this.chart = this.$echarts.init(document.querySelector("#id"));
```

基于 DOM 初始化 ECharts 实例，注意 Vue.js 的 DOM 渲染是有一个生命周期的，建议在确保 DOM 完全初始化完成时再去执行 this.$echarts 的 init 方法。否则，使用 init 方法就会报错。

8.2 ECharts 使用

ECharts 包含以下特性：丰富的可视化类型；多种数据格式无须转换直接使用；千万数据的前端展现；移动端优化；多渲染方案，跨平台使用；深度的交互式数据探索；多维数据的支持及丰富的视觉编码手段；动态数据；绚丽的特效；通过 GL 实现更多更强大绚丽的三维可视化；无障碍访问（4.0+）。

8.2.1 饼图

在项目文件夹 components 中创建一个 Vue 文件 sg-pie-chart.vue，在 Vue.js 中 HTML 部分插入要显示饼图插件的位置。

```
<template>
  <div ref="sgPieChart" class="sg-pie-chart"></div>
</template>
```

在对应的属性位置声明 data 属性，这里是按照组件的写法，让定义的饼图控件可以重用。

```
data() {
    return {
        componentName: "sg-pie-chart", //组件名称
        chart: null,
    };
  },
props: ["data"],
```

其中，data 是用于接受外部传输属性使用的对象名。

在组件内初始化之前需要对饼图控件的属性进行外部定义，这样可以方便统一设置共同的样式部分，在外部 js 文件夹中创建一个配置文件 global.js，内容如下。

```
    export default {
        //sg-charts 需要的参数
        sgCharts: {
            title: {
                color: '#267EFF', //标题颜色
            },
```

```
        color: {
            scatterItemColor: '#40FFE5', // 散点图填充颜色
            pieHoverShadowColor: '#5d76da', // 移入环形图扇面外发光颜色
            shadowStyleColor: '#5d76da22',
                        // 移入 tooltip 纵向覆盖区域背景色（用于柱状图聚焦）
            tooltipLabelColor: '#add8e6', // 移入 tooltip 文字颜色
            tooltipBborderColor: '#082C6F', // 移入 tooltip 边框色
            tooltipBackgroundColor: '#0a0a3cCC', // 移入 tooltip 背景色
            axisPointerLabelColor: "#40FFE599",
                                    // 鼠标移入统计图横纵突出文本颜色
            axisPointerLineColor: "#40FFE540", // 鼠标移入统计图横纵线条
            axisPointerBackgroundColor: 'transparent',
                                        // 移入出现的标签文字背景色
            lineShadowColor: '#0a0a3c', // 线条阴影颜色
            xAxisLabelColor: '#2659A4', // 横坐标轴上面的文字颜色
            yAxisLabelColor: '#2659A4', // 纵坐标轴上面的文字颜色
            xAxisLineColor: '#113B7A', // 横轴线颜色
            yAxisLineColor: '#113B7A', // 纵轴线颜色
            xAxisSplitLineColor: '#113B7A', // 横向分割线颜色
            yAxisSplitLineColor: '#113B7A', // 纵向分割线颜色
        },
        graphColors: [
            '#53FF25', '#FF9E25', '#FF4646', '#267EFF', '#FFE53C',
'#40FFE5', '#BD40FF', '#53FF25', '#FF9E25', '#FF4646', '#267EFF', '#FFE53C',
'#40FFE5', '#BD40FF', '#53FF25', '#FF9E25', '#FF4646', '#267EFF', '#FFE53C',
'#40FFE5', '#BD40FF', '#53FF25', '#FF9E25', '#FF4646', '#267EFF', '#FFE53C',
'#40FFE5', '#BD40FF', '#53FF25', '#FF9E25', '#FF4646', '#267EFF', '#FFE53C',
'#40FFE5', '#BD40FF', '#53FF25', '#FF9E25', '#FF4646', '#267EFF', '#FFE53C',
'#40FFE5', '#BD40FF', '#53FF25', '#FF9E25', '#FF4646', '#267EFF', '#FFE53C',
'#40FFE5', '#BD40FF', '#53FF25', '#FF9E25', '#FF4646', '#267EFF', '#FFE53C',
'#40FFE5', '#BD40FF', '#53FF25', '#FF9E25', '#FF4646', '#267EFF', '#FFE53C',
'#40FFE5', '#BD40FF',
        ], // 主题标签组件的颜色随机值
        colors: ['#53FF25', '#FF9E25', '#FF4646', '#267EFF', '#FFE53C',
'#40FFE5', '#BD40FF'], // 彩色备选
        // 曲线渐变色
        lineColors: [
            ["#40FFE5", "#267EFF"],
            ["#53FF25", "#26DEFF"],
            ["#267EFF", "#5B74E5"],
            ["#BD40FF", "#7526FF"],
            ["#FF4646", "#FFAFAF"],
            ["#FFE53C", "#FFE57E"],
            ["#FF9E25", "#D8FF97"],
        ],
```

```
        // 下半部分覆盖渐变色
        areaColors: [
            ["#40FFE564", "#267EFF00"],
            ["#53FF2564", "#26DEFF00"],
            ["#267EFF64", "#5B74E500"],
            ["#BD40FF64", "#7526FF00"],
            ["#FF464664", "#FFAFAF00"],
            ["#FFE53C64", "#FFE57E00"],
            ["#FF9E2564", "#D8FF9700"],
        ],
        // 柱状图渐变色（水平）
        barColors: [
            ["#40FFE5", "#267EFF"],
            ["#FF9E25", "#D8FF97"],
            ["#267EFF", "#5B74E5"],
            ["#BD40FF", "#7526FF"],
            ["#FF4646", "#FFAFAF"],
            ["#FFE53C", "#FFE57E"],
        ],
        // 柱状图渐变色（垂直）
        barColorsVertical: [
            ["#267EFF", "#40FFE5"],
            ["#5B74E5", "#267EFF"],
            ["#D8FF97", "#FF9E25"],
            ["#7526FF", "#BD40FF"],
            ["#FFAFAF", "#FF4646"],
            ["#FFE57E", "#FFE53C"],
        ],
        // 环形图渐变色
        pieColors: [
            ["#D8FF97", "#FF9E25"],
            ["#267EFF", "#40FFE5"],
            ["#5B74E5", "#267EFF"],
            ["#7526FF", "#BD40FF"],
            ["#FFAFAF", "#FF4646"],
            ["#FFE57E", "#FFE53C"],
        ],
    },
}
```

需要注意的是，这里并没有只针对饼图做参数配置，包括后面要使用的柱状图、曲线图、散点图、雷达图、标签图等图形都在这一个配置文件中设置好了。在设计开发过程中我们也可以参考这样的方式，至少目前这样的配置可以灵活用于全局的样式修改，尤其是在面对不同的项目情况下需要做整体的颜色修改。此外，还需要在 main.js 文件中引入 globa.js 文件的使用，这样才能保证在每个 Vue.js 组件中都可以用 this.$global 来获取全局的 ECharts 配置参数，代码如下。

```
//【公共变量】
import global from "./global";
Vue.prototype.$global = global;
```

回到刚刚的 sg-pie-chart.vue 文件继续对 methods 进行添加，此时需要的是初始化饼图的一些方法，具体要体现对应的参数配置等信息。

配置关于饼图的属性主要是要设置饼图左上角的标题颜色，鼠标移入饼图时有一个圆角矩形的气泡框中的文字颜色、边框颜色、背景颜色，当鼠标移入饼图时高亮显示的部分文字颜色、线条阴影颜色等。当然，不排除外部可能不会传入对应的 data 参数，这就会导致组件内部程序报错进而中断程序的运行。为了防止这一情况的发生，对传入的 data 进行空值判断，防止出现空值传入并且进行友好提醒。这对引入 sg-pie-chart 控件的开发者非常友好，如果没有传入 data 值或 data 为空，则提醒“您的组件没有传参 data”。然后将外部传入的 data 用 ECharts 自带的 setOption 方法进行设置，这样就可以显示饼图了。如果需要监听饼图上面的单击事件，则可以使用 ECharts 自带的 click 事件监听。核心代码如下。

```
init(data) {
    var titleColor = this.$global.sgCharts.title.color; //标题颜色
    var tooltipLabelColor = this.$global.sgCharts.color.tooltipLabelColor;
                                                  //移入 tooltip 文字颜色
    var tooltipBborderColor = this.$global.sgCharts.color.tooltipBborderColor;
                                                  //移入 tooltip 边框色
    var tooltipBackgroundColor = this.$global.sgCharts.color
        .tooltipBackgroundColor; //移入 tooltip 背景色
    var axisPointerLabelColor = this.$global.sgCharts.color
        .axisPointerLabelColor; //鼠标移入统计图横纵突出文本颜色
    var axisPointerLineColor = this.$global.sgCharts.color
        .axisPointerLineColor; //鼠标移入统计图横纵线条
    var axisPointerBackgroundColor = this.$global.sgCharts.color
        .axisPointerBackgroundColor; //移入出现的标签文字背景色
    var lineShadowColor = this.$global.sgCharts.color.lineShadowColor;
                                                      //线条阴影颜色
    var pieHoverShadowColor = this.$global.sgCharts.color.pieHoverShadowColor;
                                                      //纵向分割线颜色
    var pieColors = this.$global.sgCharts.pieColors; //曲线渐变色
    if (!data)
        return this.$message({
            message: `您的组件${this.componentName}没有传参 data`,
            type: "error",
        });
    //基于 DOM 初始化 ECharts 实例
```

```
this.chart = this.$echarts.init(this.$refs.sgPieChart);

// 转换属性为本地
var title = data.title || {};
var grid = data.grid || {};
var data = data.data || {};
// 环形图色块
var arr = pieColors,
    colors = [];
for (var i = 0, len = arr.length; i < len; i++) {
    var a = arr[i];
    // 渐变填充色
    colors.push(
        new this.$echarts.graphic.LinearGradient(0, 0, 0, 1, [
            { offset: 0, color: pieColors[i][0] },
            { offset: 1, color: pieColors[i][1] },
        ])
    );
}

this.chart.setOption({
    //animation: false, // 太卡顿了
    title: {
        text: title.text || "",
        subtext: title.subtext || "",
        left: title.left || "center",
        bottom: title.bottom === null || title.bottom === undefined ?
            10 : title.bottom,
        textStyle: {
            color: titleColor,
            fontSize: 16,
            fontWeight: "normal",
        },
    },
    grid: {
        left: 23,
        top: grid.top || 40,
        right: 22,
        bottom: 10,
        containLabel: true,
                // false 是依据坐标轴来对齐，true 是依据坐标轴上面的文字边界来对齐
    },
    tooltip: {
        confine: true, // 是否将 tooltip 限制在图表的区域内。当图表外层的 DOM 被
                       // 设置为 'overflow: hidden'，或者移动端窄屏，导致 tooltip
```

```
                        //超出外界被截断时，此配置比较有用
            show: true,
            borderWidth: 1,
            borderColor: tooltipBborderColor,
            backgroundColor: tooltipBackgroundColor,
            //气泡框提示内容自定义
            formatter(d) {
                var tpl = `<p style='font-size:16px'><span style='color:${
tooltipLabelColor}'>{seriesName}: </span><b style='color:{color}'>{value}${
title.unit||'人'}</b></p><p style='font-size:14px'><span style='color:${
tooltipLabelColor}'>占比：</span><b style='color:{color}'>{percent}%</b></p>`;
                var html = tpl
                    .replace(/{color}/g, d.color.colorStops[0].color)
                    .replace(/{seriesName}/g, d.name)
                    .replace(/{value}/g, d.value)
                    .replace(/{percent}/g, d.percent);
                return html;
            },
        },
        color: colors, //环形图色块
        series: {
            data: data, //环形图的值
            type: "pie",
            radius: ["60%", "65%"],
            label: {
                show: false,
                position: "center",
            },
            itemStyle: {
                shadowColor: lineShadowColor,
                shadowBlur: 30,
                shadowOffsetX: 0,
                shadowOffsetY: 0,
            },
            emphasis: {
                itemStyle: {
                    shadowColor: pieHoverShadowColor,
                    shadowBlur: 10,
                    borderWidth: 1,
                    borderColor: pieHoverShadowColor,
                },
                label: {
                    formatter: ["{d|{d}%}", "{c|{c}}", "{b|{b}}"].join("\n"),
                    rich: {
                        d: {
```

```
                        fontSize: 30,
                        fontFamily: "Din-Bold",
                        lineHeight: 30,
                    },
                    c: {
                        fontSize: 20,
                        lineHeight: 30,
                        fontFamily: "Din-Bold",
                    },
                    b: {
                        fontSize: 16,
                        fontFamily: "Microsoft YaHei",
                    },
                },
                show: true,
                color: "white",
            },
        },
    },
    });
    //单击统计图
    this.chart && this.chart.off("click");
                        //先移除，再单击（这行代码是为了防止重复绑定触发单击事件）
    /*this.chart.on("click", "series.line", params => {

    });*/
},
```

其中，多个 || {} 是为了对传入 data 参数进行容错，防止传入的某个子节点没有传入数据。对于渐变色的处理可以使用 echarts. graphic.LinearGradient 传入一个起始和结束的颜色生成对应的渐变颜色，最终呈现效果如图 8.2 所示。

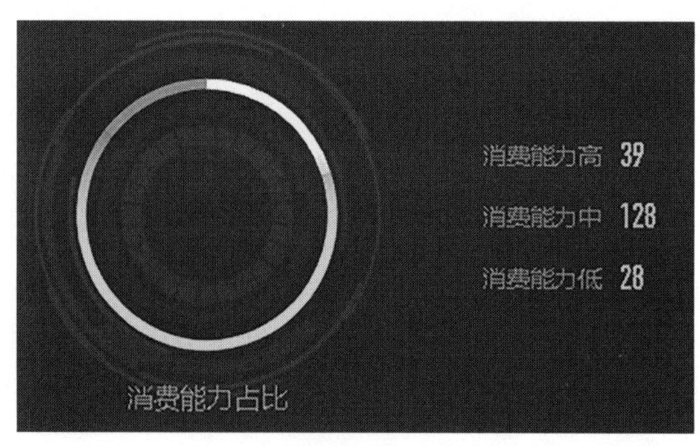

图 8.2　带有渐变色的饼图

当鼠标移入对应的色环时，会出现对应的气泡框，这里的气泡框插件又称为 tooltip，其样式可以自定义。为了定义对应的节点显示内容，可以直接在 formatter 的回调函数中进行定义，核心代码如下。

```
            //气泡框提示内容自定义
            formatter(d) {
                var tpl = `<p style='font-size:16px'><span style='color:${
tooltipLabelColor}'>{seriesName}: </span><b style='color:{color}'>{value}${
title.unit||'人'}</b></p><p style='font-size:14px'><span style='color:${
tooltipLabelColor}'>占比: </span><b style='color:{color}'>{percent}%</b></p>`;
                var html = tpl
                    .replace(/{color}/g, d.color.colorStops[0].color)
                    .replace(/{seriesName}/g, d.name)
                    .replace(/{value}/g, d.value)
                    .replace(/{percent}/g, d.percent);
                return html;
            },
```

通过模板语法连接字符串可以对内联样式 style 进行动态设置，这样才可以做到当鼠标移入环形图时，显示的数字内容部分颜色是和移入的色环颜色同步的，最终会生成如图 8.3 所示的效果。

图 8.3　饼图的 tooltip

那么，如何在父文件中引用对应的 sg-pie-chart 呢？接下来在父文件 Vue 中引入刚刚定义好的环形饼图组件，代码如下。

```
<sg-pie-chart :data="pieChartData"/>
...
import sgPieChart from "@/vue/components/sg-charts/sg-pie-chart";
                                                        //引入环形饼图组件
export default {
  data() {
    return {
      pieChartData: {
        title: {
          text: "消费能力占比",
          bottom: 0,
        },
        grid: { top: 80 },
        data: [
          { value: 39, name: "消费能力高" },
          { value: 128, name: "消费能力中" },
          { value: 28, name: "消费能力低" },
```

```
        ],
      },
    };
  },
  components: {
    sgPieChart,
  },
}
```

通过这样的方式就可以直接将刚刚自定义的环形饼图组件插入页面中。

8.2.2 柱状图

本小节将会讲解如何封装柱状图控件。柱状图按图形方向可分为两种：纵向柱状图和水平柱状图，也就是说，如果柱状图中的条形排列是水平方向的就是纵向柱状图，反之，条形排列是垂直方向的就是水平柱状图。从使用场景来看，纵向柱状图主要是用于对不同时段、不同维度的值的大小进行比较；横向柱状图主要是用于比较排名，如排行榜、TOP10 等。

在项目文件夹 components 中创建一个 Vue 文件 sg-bar-chart.vue，在 Vue.js 中 HTML 部分插入要显示柱状图插件的位置。

```
<template>
  <div ref="sgchart" class="sg-bar-chart"></div>
</template>
```

在对应的属性位置声明 data 属性，让外部更方便传输 data 进来复用 sg-bar-chart 控件。声明的方式类似饼图。

为了让柱状图随时根据网页的宽度和高度变化而自适应改变，可以在 mounted 钩子函数内监听 chart 的 resize 事件。当网页宽度和高度发生变化时，就会实时响应改变 chart 的大小，以保证 chart 的整体比例匹配网页显示效果。

```
  mounted() {
    setTimeout(() => {
      this.init(this.data);
      addEventListener("resize", () => {
        this.chart && this.chart.resize(); // 当页面大小变化时，图表对应变化
      });
    }, 108); // 延时加载只为别太卡顿
  },
```

与此同时，需要在样式表部分对柱状图进行绝对定位，防止内容溢出父元素 div 显示区域以外。找到 Vue 文件的 style 定义位置，对样式进行定义。

```
<style lang="scss" scoped>
@import "~@/css/sg";
.sg-bar-chart {
  @extend %transition;
  position: absolute;
  top: 0;
  bottom: 0;
  left: 0;
  right: 0;
}
</style>
```

然后就是定义初始化数据、定义柱状图的样式，这里先介绍纵向柱状图的初始化方法。

```
init(data) {
    var shadowStyleColor = this.$global.sgCharts.color.shadowStyleColor;
                                  // 移入 tooltip 纵向覆盖区域背景色（用于柱状图聚焦）
    var tooltipLabelColor = this.$global.sgCharts.color.tooltipLabelColor;
                                                    // 移入 tooltip 文字颜色
    var tooltipBborderColor = this.$global.sgCharts.color.tooltipBborderColor;
                                                    // 移入 tooltip 边框色
    var tooltipBackgroundColor = this.$global.sgCharts.color
        .tooltipBackgroundColor; // 移入 tooltip 背景色
    var axisPointerLabelColor = this.$global.sgCharts.color
        .axisPointerLabelColor; // 鼠标移入统计图横纵突出文本颜色
    var axisPointerLineColor = this.$global.sgCharts.color
        .axisPointerLineColor; // 鼠标移入统计图横纵线条
    var axisPointerBackgroundColor = this.$global.sgCharts.color
        .axisPointerBackgroundColor; // 移入出现的标签文字背景色
    var lineShadowColor = this.$global.sgCharts.color.lineShadowColor;
                                                  // 线条阴影颜色
    var xAxisLabelColor = this.$global.sgCharts.color.xAxisLabelColor;
                                                  // 横坐标轴上面的文字颜色
    var yAxisLabelColor = this.$global.sgCharts.color.yAxisLabelColor;
                                                  // 纵坐标轴上面的文字颜色
    var xAxisLineColor = this.$global.sgCharts.color.xAxisLineColor;
                                                  // 横轴线颜色
    var yAxisLineColor = this.$global.sgCharts.color.yAxisLineColor;
                                                  // 纵轴线颜色
    var xAxisSplitLineColor = this.$global.sgCharts.color.xAxisSplitLineColor;
                                                  // 横向分割线颜色
    var yAxisSplitLineColor = this.$global.sgCharts.color.yAxisSplitLineColor;
                                                  // 纵向分割线颜色
    var colors = this.$global.sgCharts.colors; // 彩色备选
    var barColors = this.$global.sgCharts.barColors; // 曲线渐变色
```

```
var areaColors = this.$global.sgCharts.areaColors; // 下半部分覆盖渐变色
if (!data)
    return this.$message({
        message: `您的组件 ${this.componentName} 没有传参 data`,
        type: "error",
    });
// 基于 DOM 初始化 ECharts 实例
this.chart = this.$echarts.init(this.$refs.sgchart);

// 转换属性为本地
var lineStyle = data.lineStyle || {};
var grid = data.grid || {};
var legend = data.legend || {};
var yAxis = data.yAxis || {};
var data = data.data || {};

// legend
var arr = legend.data,
    legendData = [];
for (var i = 0, len = arr.length; i < len; i++) {
    var a = arr[i];
    legendData.push({
        icon: "circle",
        name: a,
        textStyle: { color: barColors[i][0] },
    });
}

// series
var arr = data.y,
    series = [];
for (var i = 0, len = arr.length; i < len; i++) {
    var a = arr[i];
    series.push({
        name: legend.data[i],
        type: "bar",
        symbolSize: 3, // 折线拐点大小
        barWidth: 8,
        data: arr[i], // 纵坐标值
        itemStyle: {
            normal: {
                barBorderRadius: [4, 4, 0, 0], //（顺时针左上，右上，右下，左下）
                //color: barColors[i][0], // 图例前面的图标颜色
                // 渐变填充色（线条）
                color: new this.$echarts.graphic.LinearGradient(0, 0, 0, 1, [
```

```
                    { offset: 0, color: barColors[i][0] },
                    { offset: 1, color: barColors[i][1] },
                ]), // 图例前面的图标颜色
                shadowColor: lineShadowColor,
                shadowBlur: 30,
                shadowOffsetX: 0,
                shadowOffsetY: -10,
            },
        },
        areaStyle: {
            normal: {
                // 渐变填充色（线条下半部分阴影）
                color: new this.$echarts.graphic.LinearGradient(0, 0, 0, 1, [
                    { offset: 0, color: areaColors[i][0] },
                    { offset: 1, color: areaColors[i][1] },
                ]),
            },
        },
    });
}
this.chart.setOption({
    // animation: false, // 太卡顿了
    grid: {
        left: 23,
        top: grid.top || 40,
        right: 22,
        bottom: 10,
        containLabel: true,
              // false 是依据坐标轴来对齐，true 是依据坐标轴上面的文字边界来对齐
    },
    legend: {
        top: legend.top || -2,
        right: 20,
        itemGap: 5, // 图例每项之间的间隔
        height: 10,
        itemWidth: 15, // 图例标记的图形宽度
        itemHeight: 10,
        padding: [5, 0, 0, 0],
        textStyle: {
            padding: [1, 0, 0, -5],
        },
        data: legendData,
    },
    tooltip: {
        confine: true, // 是否将 tooltip 限制在图表的区域内。当图表外层的 DOM 被
```

```
                    // 设置为'overflow: hidden'，或者移动端窄屏，导致tooltip
                    // 超出外界被截断时，此配置比较有用
        trigger: "axis",
        borderWidth: 1,
        borderColor: tooltipBborderColor,
        backgroundColor: tooltipBackgroundColor,
        // 气泡框提示内容自定义
        formatter(d) {
            var tpl = `<p style='font-size:16px'><span style='color:${
tooltipLabelColor}'>{seriesName}: </span><b style='color:{color}'>{data}${
legend.unit||'人'}</b></p>`;
            var arr = d;
            var html = `<p style='font-size:20px'>${d[0].name}</p>`;
            for (var i = 0, len = arr.length; i < len; i++) {
                var a = arr[i];
                html += tpl
                    .replace(/{color}/g, barColors[i][0])
                    .replace(/{seriesName}/g, a.seriesName)
                    .replace(/{data}/g, a.data);
            }
            return html;
        },
        // 移入出现气泡框时横纵线条及文本样式
        axisPointer: {
            type: "shadow",
            // 移入之后强调横纵坐标轴文本样式
            label: {
                precision: 0,
                shadowColor: "transparent",
                color: axisPointerLabelColor,
                borderColor: axisPointerBackgroundColor,
                backgroundColor: axisPointerBackgroundColor,
            },
            // 竖着的线条颜色
            shadowStyle: {
                color: shadowStyleColor,
            },
            // 横着的线条颜色
            crossStyle: {
                color: axisPointerLineColor,
            },
        },
    },
    xAxis: {
        type: "category",
```

```
            //boundaryGap: false, // 防止统计图左侧和纵轴有间隙
            axisLabel: { textStyle: { color: xAxisLabelColor } },
            axisTick: { show: false }, // 隐藏横坐标刻度小线条
            splitLine: {
                show: true,
                lineStyle: { color: [xAxisSplitLineColor] }, // 横向分割线
            },
            axisLine: { lineStyle: { color: xAxisLineColor, width: 1 } },
            data: data.x, // 横坐标的标签文字
        },
        yAxis: {
            type: "value",
            name: yAxis.name || " 未定义 / 未定义 ",
            min: 0,
            minInterval: 1,
            nameLocation: "end",
            nameTextStyle: { color: yAxisLabelColor, fontSize: "12" },
            axisLabel: { textStyle: { color: yAxisLabelColor } },
            axisTick: { show: false }, // 隐藏纵坐标刻度小线条
            splitLine: {
                show: true,
                lineStyle: { color: [yAxisSplitLineColor] }, // 纵向分割线
            },
            axisLine: { lineStyle: { color: yAxisLineColor, width: 1 } },
        },
        series: series,
    });
    // 单击统计图
    this.chart && this.chart.off("click");
                                    // 先移除，再单击（这行代码是为了防止重复绑定触发单击事件）
},
```

代码略长，这里主要分析一下几个重要定义参数。其中，legend 部分是为了对柱状图图例进行定义，如图 8.4 所示，legend 会根据传入的 series 数组的维度增加个数，单个数组元素的情况下，只会显示一个图例。

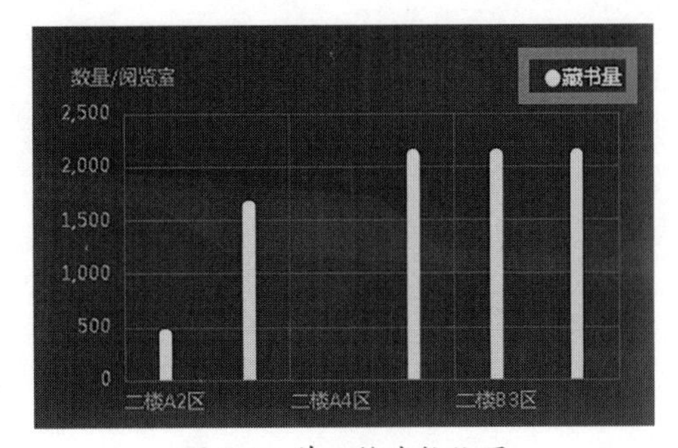

图 8.4　单一维度柱状图

当有多个数组元素时，这个 legend 就会呈现多个图例显示，以区别不同颜色的柱状图代表什么参数，如图 8.5 所示，多个维度采用不同的颜色来区分每一根柱子所表达的意思。

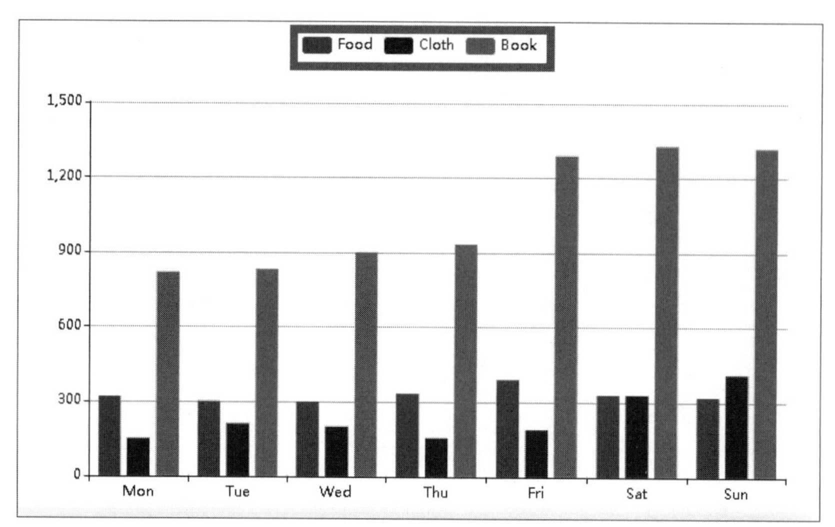

图 8.5　多维度柱状图

在设置 setOption 参数时尽量不要启用 animation，将 animation 设置为 false，这样可以减少柱状图渲染时带来的高负荷动画 GPU 损耗。grid: {} 是针对柱状图分布的 4 个边界及背景存在的网格图进行定义，其中 containLabel 是一个比较重要的属性，在严格匹配柱状图的分布位置情况下，建议设置为 true，这样柱状图的定位、宽度和高度都会依据坐标轴上面的文字宽度和高度来计算，而不是仅仅只根据坐标轴的轴线计算宽度和高度。tooltip 的设置方式类似 8.2.1 小节。

xAxis 和 yAxis 分别针对柱状图的横坐标轴、纵坐标轴及轴上面的文字进行样式调整，包括每个刻度的颜色延伸部分的样式，其中 splitLine 用于设置纵向分割线的样式。

当然，还需要定义一个纵向柱状图（也就是条形是在水平方向显示的柱状图）。其他大部分的设置与 sg-pie-chart.vue 文件类似，只需要将 xAxis 的 type 设置为 category，将 yAxis 的 type 设置为 value，同时将 data 中的横坐标值传入 xAxis: {} 中即可。

在父文件 Vue 中引入定义好的柱状图组件，代码如下。

```
<sg-bar-chart :data="barChartData"/>
<sg-bar-chart-vertical :data="barChartDataVertical"/>
...
import sgBarChart from "@/vue/components/sg-charts/sg-bar-chart";
                                                    // 引入柱状图组件
import sgBarChartVertical from "@/vue/components/sg-charts/sg-bar-chart-vertical";
                                                // 引入柱状图（纵向）组件
export default {
    components: {
        sgBarChart,
        sgBarChartVertical,
    },
    data() {
```

```
        return {
            barChartData: {
                grid: { top: 0 },
                legend: { top: 8, data: ["藏书量"], unit: "本(册)" },
                yAxis: { name: "数量/阅览室" },
                data: {
                    x: [
                        "二楼A2区",
                        "二楼A3区",
                        "二楼A4区",
                        "二楼B2区",
                        "二楼B3区",
                        "二楼B4区",
                    ],
                    y: [
                        [480, 1680, 0, 2160, 2160, 2160]
                    ],
                },
            },
            barChartDataVertical: {
                grid: { top: 80 },
                legend: { top: 45, data: ["借阅人次"] },
                yAxis: { name: "院系/人次" },
                data: {
                    x: [
                        [501, 740, 243, 301, 485, 757]
                    ],
                    y: [
                        "商学院",
                        "法学院",
                        "理学院",
                        "工学院",
                        "设计与艺术学院",
                        "文学院",
                    ],
                },
            },
        };
    },
};
```

重新 cnpm run dev 整个 Vue.js 项目，就会发现一个垂直方向排列的和一个水平方向排列的柱状图出现在对应的 div 中。

8.2.3 曲线图

曲线图的设置方式与柱状图极为相似。在项目文件夹 components 中创建一个 Vue 文件 sg-line-chart.vue，在 Vue.js 中 HTML 部分插入要显示曲线图插件的位置。

```
<template>
  <div ref="sgLineChart" class="sg-line-chart"></div>
</template>
```

然后是对传参的定义，参考柱状图即可，主要是 props: ["data"]。

```
init(data) {
    var tooltipLabelColor = this.$global.sgCharts.color.tooltipLabelColor;
                                                        // 移入 tooltip 文字颜色
    var tooltipBborderColor = this.$global.sgCharts.color.tooltipBborderColor;
                                                        // 移入 tooltip 边框色
    var tooltipBackgroundColor = this.$global.sgCharts.color
        .tooltipBackgroundColor; // 移入 tooltip 背景色
    var axisPointerLabelColor = this.$global.sgCharts.color
        .axisPointerLabelColor; // 鼠标移入统计图横纵突出文本颜色
    var axisPointerLineColor = this.$global.sgCharts.color
        .axisPointerLineColor; // 鼠标移入统计图横纵线条
    var axisPointerBackgroundColor = this.$global.sgCharts.color
        .axisPointerBackgroundColor; // 移入出现的标签文字背景色
    var lineShadowColor = this.$global.sgCharts.color.lineShadowColor;
                                                    // 线条阴影颜色
    var xAxisLabelColor = this.$global.sgCharts.color.xAxisLabelColor;
                                                    // 横坐标轴上面的文字颜色
    var yAxisLabelColor = this.$global.sgCharts.color.yAxisLabelColor;
                                                    // 纵坐标轴上面的文字颜色
    var xAxisLineColor = this.$global.sgCharts.color.xAxisLineColor;
                                                    // 横轴线颜色
    var yAxisLineColor = this.$global.sgCharts.color.yAxisLineColor;
                                                    // 纵轴线颜色
    var xAxisSplitLineColor = this.$global.sgCharts.color.xAxisSplitLineColor;
                                                    // 横向分割线颜色
    var yAxisSplitLineColor = this.$global.sgCharts.color.yAxisSplitLineColor;
                                                    // 纵向分割线颜色
    var colors = this.$global.sgCharts.colors; // 彩色备选
    var lineColors = this.$global.sgCharts.lineColors; // 曲线渐变色
    var areaColors = this.$global.sgCharts.areaColors; // 下半部分覆盖渐变色
    if (!data)
        return this.$message({
            message: `您的组件 ${this.componentName} 没有传参 data`,
```

```
            type: "error",
        });
    // 基于 DOM 初始化 ECharts 实例
    this.chart = this.$echarts.init(this.$refs.sgLineChart);

    // 转换属性为本地
    var smooth = data.smooth || false;
    var lineStyle = data.lineStyle || {};
    var grid = data.grid || {};
    var legend = data.legend || {};
    var yAxis = data.yAxis || {};
    var data = data.data || {};

    // legend
    var arr = legend.data,
        legendData = [];
    for (var i = 0, len = arr.length; i < len; i++) {
        var a = arr[i];
        legendData.push({
            icon: "circle",
            name: a,
            textStyle: { color: lineColors[i][0] },
        });
    }

    // series
    var arr = data.y,
        series = [];
    for (var i = 0, len = arr.length; i < len; i++) {
        var a = arr[i];
        series.push({
            showAllSymbol: false,
            name: legend.data[i],
            smooth: smooth, // 平滑
            smoothMonotone: "x", // 折线平滑后是否在一个维度上保持单调性，可以设置成
                                 // "x" 或 "y" 来指明是在 x 轴或 y 轴上保持单调性
            sampling: "average", // 折线图在数据量远大于像素点时的降采样策略，开启后
                                 // 可以有效地优化图表的绘制效率，默认关闭，也就是
                                 // 全部绘制不过滤数据点
            type: "line",
            symbolSize: 3, // 折线拐点大小
            data: arr[i], // 纵坐标值
            // 折线图下半部分覆盖渐变色
            areaStyle: {
                color: new this.$echarts.graphic.LinearGradient(0, 0, 0, 1, [
```

```
                { offset: 0, color: areaColors[i][0] },
                { offset: 1, color: areaColors[i][1] },
            ]),
        },
        itemStyle: {
            opacity: 0,
            color: lineColors[i][0], // 图例前面的图标颜色
            borderWidth: 4,
            lineStyle: {
                // 渐变填充色（线条）
                color: new this.$echarts.graphic.LinearGradient(0, 0, 1, 0, [
                    { offset: 0, color: lineColors[i][0] },
                    { offset: 1, color: lineColors[i][1] },
                ]),
                shadowColor: lineShadowColor,
                shadowBlur: 10,
                shadowOffsetX: 5,
                shadowOffsetY: 5,
                width: lineStyle.width || 2,
            },
        },
        emphasis: {
            itemStyle: {
                opacity: 1,
                color: lineColors[i][0],
                borderColor: "white",
                shadowColor: lineShadowColor + "99",
                shadowBlur: 10,
                shadowOffsetX: 0,
                shadowOffsetY: 5,
            },
        },
    });
}
this.chart.setOption({
    grid: {
        left: 23,
        top: grid.top || 40,
        right: 22,
        bottom: 10,
        containLabel: true,
                // false 是依据坐标轴来对齐，true 是依据坐标轴上面的文字边界来对齐
    },
    legend: {
        top: legend.top || -2,
```

```
            right: 20,
            itemGap: 5, // 图例每项之间的间隔
            height: 10,
            itemWidth: 15, // 图例标记的图形宽度
            itemHeight: 10,
            padding: [5, 0, 0, 0],
            textStyle: {
                padding: [1, 0, 0, -5],
            },
            data: legendData,
        },
        tooltip: {
            confine: true, // 是否将 tooltip 限制在图表的区域内。当图表外层的 DOM 被
                           // 设置为 'overflow: hidden'，或者移动端窄屏，导致 tooltip
                           // 超出外界被截断时，此配置比较有用
            trigger: "axis",
            borderWidth: 1,
            borderColor: tooltipBborderColor,
            backgroundColor: tooltipBackgroundColor,
            // 气泡框提示内容自定义
            formatter(d) {
                var tpl = `<p style='font-size:16px'><span style='color:${
tooltipLabelColor}'>{seriesName}: </span><b style='color:{color}'>{data}${
legend.unit||'人'}</b></p>`;
                var arr = d;
                var html = "";
                for (var i = 0, len = arr.length; i < len; i++) {
                    var a = arr[i];
                    html += tpl
                        .replace(/{color}/g, lineColors[i][0])
                        .replace(/{seriesName}/g, a.seriesName)
                        .replace(/{data}/g, a.data);
                }
                return html;
            },
            // 移入出现气泡框时横纵线条及文本样式
            axisPointer: {
                type: "cross",
                // 移入之后强调横纵坐标轴文本样式
                label: {
                    precision: 0,
                    shadowColor: "transparent",
                    color: axisPointerLabelColor,
                    borderColor: axisPointerBackgroundColor,
                    backgroundColor: axisPointerBackgroundColor,
```

```
                },
                // 竖着的线条颜色
                lineStyle: {
                    color: axisPointerLineColor,
                },
                // 横着的线条颜色
                crossStyle: {
                    color: axisPointerLineColor,
                },
            },
        },
        xAxis: {
            type: "category",
            boundaryGap: false, // 防止统计图左侧和纵轴有间隙
            axisLabel: { textStyle: { color: xAxisLabelColor } },
            axisTick: { show: false }, // 隐藏横坐标刻度小线条
            splitLine: {
                show: true,
                lineStyle: { color: [xAxisSplitLineColor] }, // 横向分割线
            },
            axisLine: { lineStyle: { color: xAxisLineColor, width: 1 } },
            data: data.x, // 横坐标的标签文字
        },
        yAxis: {
            type: "value",
            name: yAxis.name || " 未定义 / 未定义 ",
            min: 0,
            minInterval: 1,
            nameLocation: "end",
            nameTextStyle: { color: yAxisLabelColor, fontSize: "12" },
            axisLabel: { textStyle: { color: yAxisLabelColor } },
            axisTick: { show: false }, // 隐藏纵坐标刻度小线条
            splitLine: {
                show: true,
                lineStyle: { color: [yAxisSplitLineColor] }, // 纵向分割线
            },
            axisLine: { lineStyle: { color: yAxisLineColor, width: 1 } },
        },
        series: series,
    });
},
```

关于 legend 和 series 这里不再继续展开，详见 8.2.2 小节的描述。这里需要注意的是几个细节的属性，如果将 smooth 设置为 true，则最终的效果如图 8.6 所示。

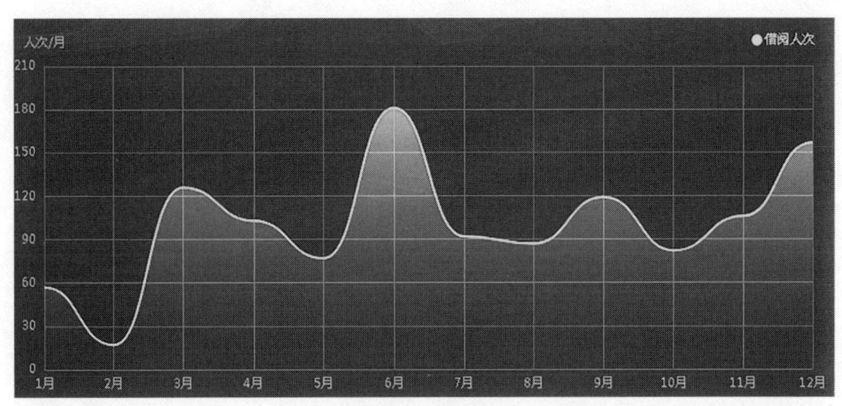

图 8.6　曲线图

如果将 smooth 设置为 false，则曲线图将变为折线图，如图 8.7 所示。

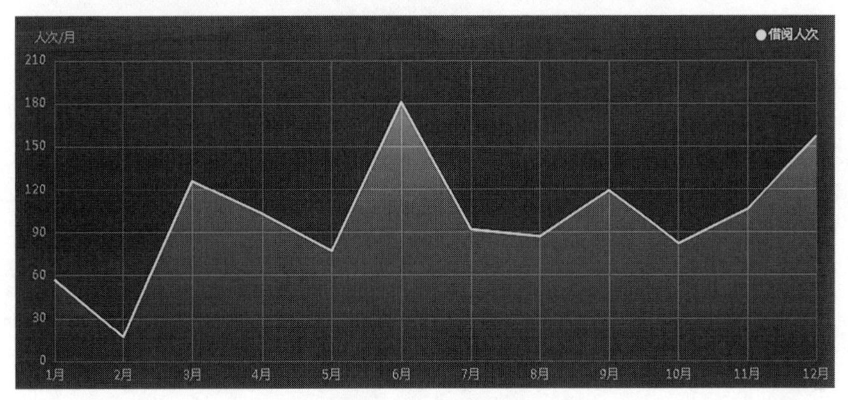

图 8.7　折线图

smoothMonotone= "x"，代表折线平滑后是否在一个维度上保持单调性，可以设置成 "x" 或 "y" 来指明是在 x 轴或 y 轴上保持单调性。sampling="average"，代表折线图在数据量远大于像素点时的降采样策略，开启后可以有效地优化图表的绘制效率，默认关闭，也就是全部绘制不过滤数据点。这两个属性的调整可以让整个曲线图更加的优雅美观，具体细节要根据实际情况来调整。

其实曲线或折线的每个拐角处是有一个小点的，可以通过设置 symbolSize 的大小来调整，这样就会在拐角处出现一个明显的拐点，如图 8.8 所示。

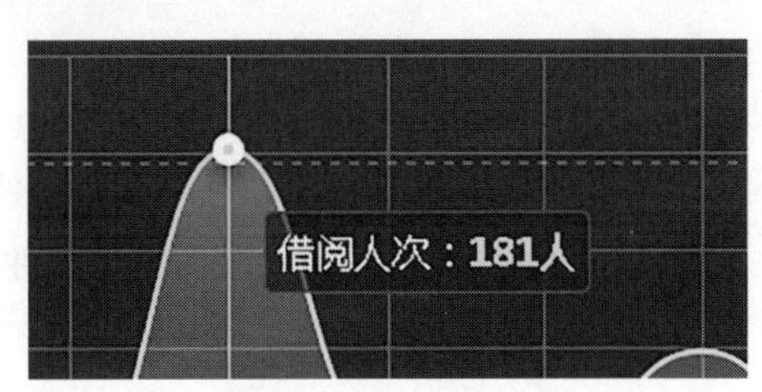

图 8.8　曲线的拐点

使用同样的方式在父文件 Vue 中引入定义好的曲线图组件，代码如下。

```
<sg-line-chart :data="lineChartData"/>
import sgLineChart from "@/vue/components/sg-charts/sg-line-chart";
                                                        // 引入曲线图组件
...

export default {
  components: {
    sgLineChart,
  },
  data() {
    return {
      lineChartData: {
        smooth: true, // 弧线
        lineStyle: { width: 2 }, // 折线图线条粗细
        grid: { top: 80 },
        legend: { top: 45, data: ["借阅人次"] },
        yAxis: { name: "人次/月" },
        data: {
          x: [
            "1月",
            "2月",
            "3月",
            "4月",
            "5月",
            "6月",
            "7月",
            "8月",
            "9月",
            "10月",
            "11月",
            "12月",
          ],
          y: [[57, 17, 126, 103, 77, 181, 92, 87, 119, 82, 106, 157]],
        },
      },
    };
  },
};
```

通过上述方式就可以将曲线图或折线图插入具体的 div 中。当然，实际的数据会根据后端接口提供的情况发生变化，产生不同的曲线、折线效果，读者可以直接将代码在 VSCode 等 IDE 编译工具上执行来查看效果，以此来理解 ECharts 的曲线图 sg-line-chart 控件的功能特点。

8.2.4 散点图

在数据的回归分析中，散点图显得尤为直观，横坐标显示日期范畴，纵坐标体现一个数值范围

的大小，较之传统的柱状图更加直观，能够明显看到数据分布的差异化，对于处理一个时间阶段范围内的数据覆盖走势，分析数据规律都非常有帮助。基于这样的需求考量，散点图应运而生。

在项目文件夹 components 中创建一个 Vue 文件 sg-scatter-chart.vue，在 Vue.js 中 HTML 部分插入要显示散点图插件的位置。

```
<template>
  <div ref="sgchart" class="sg-scatter-chart"></div>
</template>
```

同样地，按照 8.2.3 小节对散点图设定 prop 传参的方式。

如果在散点图上添加了单击事件的监听，那么就需要在散点图组件被销毁时对监听的单击事件进行移除，否则当组件被多次来回渲染时，页面将会异常卡顿。

```
beforeDestroy() {
    this.chart && this.chart.off("click");
    this.chart && this.chart.clear();
    this.chart && this.chart.dispose();
}
```

通过 beforeDestroy 钩子函数对 chart 的 click 事件移除监听，清除 chart 渲染组件，触发释放 chart 自带的垃圾回收机制。

在 methods 中加入 init 初始化内容。

```
    init(data) {
      var scatterItemColor = this.$global.sgCharts.color.scatterItemColor;
                                                              // 散点图填充颜色
      var shadowStyleColor = this.$global.sgCharts.color.shadowStyleColor;
                                          // 移入 tooltip 纵向覆盖区域背景色（用于柱状图聚焦）
      var tooltipLabelColor = this.$global.sgCharts.color.tooltipLabelColor;
                                                          // 移入 tooltip 文字颜色
      var tooltipBborderColor = this.$global.sgCharts.color.tooltipBborderColor;
                                                          // 移入 tooltip 边框色
      var tooltipBackgroundColor = this.$global.sgCharts.color
        .tooltipBackgroundColor; // 移入 tooltip 背景色
      var axisPointerLabelColor = this.$global.sgCharts.color
        .axisPointerLabelColor; // 鼠标移入统计图横纵突出文本颜色
      var axisPointerLineColor = this.$global.sgCharts.color
        .axisPointerLineColor; // 鼠标移入统计图横纵线条
      var axisPointerBackgroundColor = this.$global.sgCharts.color
        .axisPointerBackgroundColor; // 移入出现的标签文字背景色
      var lineShadowColor = this.$global.sgCharts.color.lineShadowColor;
                                                              // 线条阴影颜色
      var xAxisLabelColor = this.$global.sgCharts.color.xAxisLabelColor;
```

```
                                          // 横坐标轴上面的文字颜色
var yAxisLabelColor = this.$global.sgCharts.color.yAxisLabelColor;
                                          // 纵坐标轴上面的文字颜色
var xAxisLineColor = this.$global.sgCharts.color.xAxisLineColor;
                                          // 横轴线颜色
var yAxisLineColor = this.$global.sgCharts.color.yAxisLineColor;
                                          // 纵轴线颜色
var xAxisSplitLineColor = this.$global.sgCharts.color.xAxisSplitLineColor;
                                          // 横向分割线颜色
var yAxisSplitLineColor = this.$global.sgCharts.color.yAxisSplitLineColor;
                                          // 纵向分割线颜色
var colors = this.$global.sgCharts.colors; // 彩色备选
var barColors = this.$global.sgCharts.barColors; // 曲线渐变色
var areaColors = this.$global.sgCharts.areaColors; // 下半部分覆盖渐变色
if (!data)
  return this.$message({
    message: `您的组件${this.componentName}没有传参data`,
    type: "error",
  });
// 基于DOM初始化ECharts实例
this.chart = this.$echarts.init(this.$refs.sgScatterChart);

// 转换属性为本地
var lineStyle = data.lineStyle || {};
var grid = data.grid || {};
var yAxis = data.yAxis || {};
var unit = data.unit ;
var data = data.data || {};

//series
var series = [
  {
    symbolSize: (value, params) => value[1] / 18, // 数字倍率
    data,
    type: "scatter",
    itemStyle: {
      color: scatterItemColor,
      opacity: 0.5,
    },
    emphasis: {
      itemStyle: {
        opacity: 0.8,
      },
    },
  },
```

```
        ];
        this.chart.setOption({
          // animation: false, // 太卡顿了
          grid: {
            left: 23,
            top: grid.top || 40,
            right: 22,
            bottom: 10,
            containLabel: true,
                  // false 是依据坐标轴来对齐，true 是依据坐标轴上面的文字边界来对齐
          },
          tooltip: {
            confine: true, // 是否将 tooltip 限制在图表的区域内。当图表外层的 DOM 被
                           // 设置为 'overflow: hidden'，或者移动端窄屏，导致 tooltip
                           // 超出外界被截断时，此配置比较有用
            trigger: "axis",
            borderWidth: 1,
            borderColor: tooltipBborderColor,
            backgroundColor: tooltipBackgroundColor,
            // 气泡框提示内容自定义
            formatter(d) {
              d = d[0].data;
              var tpl = `<p style='font-size:16px'><span style='color:${
tooltipLabelColor}'>${d[0]}: </span><b style='color:${scatterItemColor}'>${
d[1]}${unit||'人'}</b></p>`;
              return tpl;
            },
            // 移入出现气泡框时横纵线条及文本样式
            axisPointer: {
              type: "shadow",
              // 移入之后强调横纵坐标轴文本样式
              label: {
                precision: 0,
                shadowColor: "transparent",
                color: axisPointerLabelColor,
                borderColor: axisPointerBackgroundColor,
                backgroundColor: axisPointerBackgroundColor,
              },
              // 竖着的线条颜色
              shadowStyle: {
                color: shadowStyleColor,
              },
              // 横着的线条颜色
              crossStyle: {
                color: axisPointerLineColor,
```

```
          },
        },
      },
      xAxis: {
        type: "category",
        axisLabel: { textStyle: { color: xAxisLabelColor } },
        axisTick: { show: false }, //隐藏横坐标刻度小线条
        splitLine: {
          show: true,
          lineStyle: { color: [xAxisSplitLineColor] }, //横向分割线
        },
        axisLine: { lineStyle: { color: xAxisLineColor, width: 1 } },
        //data: data.x, //横坐标的标签文字
      },
      yAxis: {
        type: "value",
        name: yAxis.name || "未定义/未定义",
        min: 0,
        minInterval: 1,
        nameLocation: "end",
        nameTextStyle: { color: yAxisLabelColor, fontSize: "12" },
        axisLabel: { textStyle: { color: yAxisLabelColor } },
        axisTick: { show: false }, //隐藏纵坐标刻度小线条
        splitLine: {
          show: true,
          lineStyle: { color: [yAxisSplitLineColor] }, //纵向分割线
        },
        axisLine: { lineStyle: { color: yAxisLineColor, width: 1 } },
      },
      series: series,
    });
  },
```

xAxis 和 yAxis 的设置其实与柱状图的几乎相同，唯一的大区别是在 series 中要设置色块区域 symbolSize（纵坐标数值和面积区块的大小关系），可以使用回调函数，通过回调的 value 值来调整圆形散点区域的大小。itemStyle 设置散点图色块区域颜色和半透明度及移入色块区域后的颜色变化等状态。

使用同样的方式在父文件 Vue 中引入定义好的散点图组件，代码如下。

```
<script>
import sgScatterChart from "@/vue/components/sg-charts/sg-scatter-chart";
                                                          //引入散点图组件
export default {
  components: {
```

```
    sgScatterChart,
  },
  data() {
    return {
      scatterChartData: {
        grid: { top: 80 },
        yAxis: { name: "人数/时间段" },
        data: [
          ["17:30", 96],
          ["17:40", 1000],
          ["17:55", 9],
          ["18:10", 329],
          ["18:20", 37],
          ["18:30", 449],
          ["18:45", 869],
          ["18:55", 30],
          ["19:05", 759],
          ["19:15", 941],
          ["19:25", 242],
          ["19:50", 974],
          ["20:00", 452],
          ["20:10", 721],
          ["20:30", 708],
          ["20:45", 211],
          ["20:55", 562],
          ["21:10", 555],
          ["21:15", 918],
          ["21:20", 757],
          ["21:25", 546],
          ["21:30", 522],
          ["21:35", 699],
          ["21:40", 372],
          ["21:45", 588],
          ["21:50", 941],
          ["21:55", 447],
          ["22:00", 997],
          ["22:10", 61],
          ["22:20", 663],
        ],
      },
    };
  },
};
</script>
```

散点图的横坐标时间轴数据可以自定义，用日期还是时间取决于具体的需求情况，最终呈现出来的效果如图 8.9 所示。

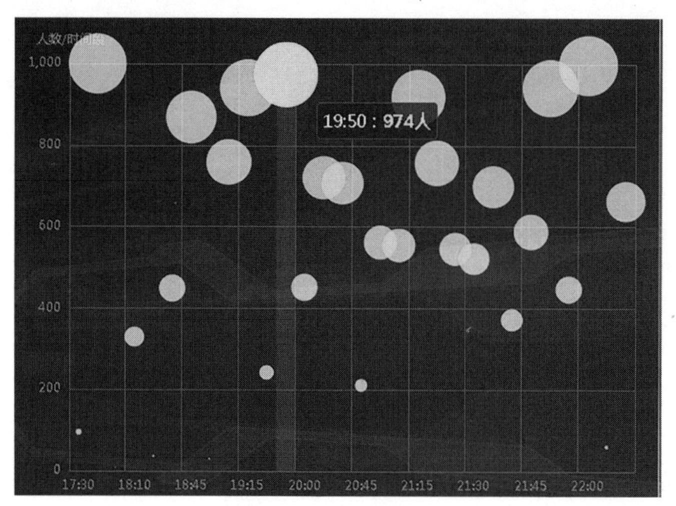

图 8.9　散点图

8.2.5 雷达图

从一个点向四周以等分区块发散的 3 个及其以上的轴线包围起来的图形，每根轴线等比例划分以蜘蛛网的形式围绕在一起就形成了雷达图。为了让雷达图更加生动形象，还可以在 ECharts 雷达图控件的基础上增加背景旋转特效，以增强“雷达”的代入感。当要进行多个维度参数的比较时，就可以选择使用雷达图了。

在项目文件夹 components 中创建一个 Vue 文件 sg-radar-chart.vue，在 Vue.js 中 HTML 部分插入要显示雷达图插件的位置。

```
<template>
  <div ref="sgchart" class="sg-radar-chart"></div>
</template>
```

同样地，按照 8.2.3 小节对雷达图设定 prop 传参的方式。其他类似的设置不再赘述，这里直接介绍初始化方法。

```
    init(data) {
      var tooltipLabelColor = this.$global.sgCharts.color.tooltipLabelColor;
                                                        // 移入 tooltip 文字颜色
      var tooltipBborderColor = this.$global.sgCharts.color.tooltipBborderColor;
                                                        // 移入 tooltip 边框色
      var tooltipBackgroundColor = this.$global.sgCharts.color.tooltipBackgroundColor;
                                                        // 移入 tooltip 背景色
```

```
var radarSplitLineColor = "#267EFF";
if (!data)
  return this.$message({
    message: `您的组件${this.componentName}没有传参data`,
    type: "error",
  });
//基于DOM初始化ECharts实例
this.chart = this.$echarts.init(this.$refs.sgRadarChart);

//转换属性为本地
var title = data.title || {};
var indicator = data.indicator || {};
var data = data.data || {};

//计算最大值，防止中间的覆盖区域超出涟漪显示区域
var max = this.$g.array.getMax(data);
var arr = indicator;
for (var i = 0, len = arr.length; i < len; i++) {
  var a = arr[i];
  a.max = max;
}

this.chart.setOption({
  legend: {
    show: false,
    data: [title.text],
  },
  tooltip: {
    confine: true, //是否将tooltip限制在图表的区域内。当图表外层的DOM被
                   //设置为'overflow: hidden'，或者移动端窄屏，导致tooltip
                   //超出外界被截断时，此配置比较有用
    show: true,
    borderWidth: 1,
    borderColor: tooltipBborderColor,
    backgroundColor: tooltipBackgroundColor,
    textStyle: {
      color: tooltipLabelColor,
      fontSize: 16,
    },
  },
  radar: {
    radius: "65%", //例如，'20%'，表示外半径为可视区尺寸（容器高宽中较小一项）
                   //的20%长度
    center: ["50%", "50%"], //中心（圆心）坐标，数组的第一项是横坐标，第二项是
```

```
                    // 纵坐标。支持设置成百分比，设置成百分比时第一项是
                    // 相对于容器宽度，第二项是相对于容器高度
shape: "circle", // 雷达图绘制类型，支持 'polygon' 和 'circle'
splitNumber: 5, // 波纹分割段数
// 一圈一圈的波纹线
splitLine: {
  lineStyle: {
    color: [
      radarSplitLineColor + "FF",
      radarSplitLineColor + "CC",
      radarSplitLineColor + "99",
      radarSplitLineColor + "66",
      radarSplitLineColor + "33",
      radarSplitLineColor + "11",
    ],
  },
},
// 波纹线之间的色块
splitArea: {
  areaStyle: {
    color: [
      radarSplitLineColor + "22",
      radarSplitLineColor + "22",
      radarSplitLineColor + "11",
      radarSplitLineColor + "11",
      radarSplitLineColor + "00",
      radarSplitLineColor + "00",
    ],
    shadowColor: "#00000055",
    shadowBlur: 10,
  },
},
// 从中心往四周扩散的射线
axisLine: {
  lineStyle: {
    color: radarSplitLineColor + "55",
  },
},
// 射线末端的文字内容
indicator: indicator, // 放射线最大值及标签文字
// 射线末端的文字样式
name: {
  textStyle: {
    color: radarSplitLineColor,
  },
```

```
      },
    },
    series: {
      data: [
        {
          value: data, // 放射线的值
          name: title.text,
        },
      ],
      type: "radar",
      symbol: "triangle", // 波纹线条与射线交点图标样式
      lineStyle: {
        normal: {
          width: 1,
          opacity: 0.5,
        },
      },
      itemStyle: {
        color: radarSplitLineColor,
      },
      areaStyle: {
        opacity: 0.1,
      },
      emphasis: {
        lineStyle: {
          width: 2,
          color: radarSplitLineColor,
          opacity: 1,
        },
        areaStyle: {
          opacity: 1,
          color: {
            type: "radial",
            x: 0.5,
            y: 0.5,
            r: 0.5,
            colorStops: [
              {
                offset: 0,
                color: radarSplitLineColor, // 0% 处的颜色
              },
              {
                offset: 1,
                color: radarSplitLineColor + "00", // 100% 处的颜色
              },
```

```
                ],
                globalCoord: false, // 缺省为 false
              },
            },
          },
        },
      });
    },
```

其中，需要注意的是，splitLine 和 splitArea 分别是针对波纹线和波纹线之间的色块进行的样式设置，然后用 axisLine 设置从中心向四周扩散的射线样式。

在组件内部还需要对雷达图的样式做一些修饰，诸如雷达图的背景效果，这里用 animation 和 @keyframes 一起形成一个类似真实雷达图背景旋转的效果，核心代码如下。

```
.sg-radar-chart {
  position: absolute;
  top: 15px;
  bottom: 0;
  left: 0;
  right: 0;
  z-index: 0;
  &:before,
  &:after {
    content: "";
    /* 背景图片 */
    width: 65%;
    height: 65%;
    background: url(#{$sg-charts-path}sg-radar/radar-chart-bg.png) no-repeat
      center/contain;
    /* 父元素需要 position: relative|absolute;*/
    position: absolute;
    margin: auto;
    top: 0;
    left: 0;
    right: 0;
    bottom: 0;
    pointer-events: none;
    z-index: -1;
    animation: sg-radar-bg-rotate 3s infinite linear;
  }
  @keyframes sg-radar-bg-rotate {
    0% {
      transform: rotate(0deg);
    }
```

```
  50% {
    transform: rotate(180deg);
    opacity: 0.3;
  }
  100% {
    transform: rotate(360deg);
  }
}
$sg-light-icon-pre-path: $sg-charts-path + "sg-radar/radar-dot-";
&:after {
  animation: sg-radar-bg-dot 12s infinite linear;
}
$png: ".png";
@keyframes sg-radar-bg-dot {
  0% {
    opacity: 0;
    background-image: url(#{$sg-light-icon-pre-path}1#{$png});
  }
  15% {
    opacity: 1;
    background-image: url(#{$sg-light-icon-pre-path}1#{$png});
  }
  25% {
    opacity: 0;
    background-image: url(#{$sg-light-icon-pre-path}1#{$png});
  }
  26% {
    opacity: 0;
    background-image: url(#{$sg-light-icon-pre-path}2#{$png});
  }
  40% {
    opacity: 1;
    background-image: url(#{$sg-light-icon-pre-path}2#{$png});
  }
  50% {
    opacity: 0;
    background-image: url(#{$sg-light-icon-pre-path}2#{$png});
  }
  51% {
    opacity: 0;
    background-image: url(#{$sg-light-icon-pre-path}3#{$png});
  }
  65% {
    opacity: 1;
```

```
      background-image: url(#{$sg-light-icon-pre-path}3#{$png});
    }
    75% {
      opacity: 0;
      background-image: url(#{$sg-light-icon-pre-path}3#{$png});
    }
    76% {
      opacity: 0;
      background-image: url(#{$sg-light-icon-pre-path}4#{$png});
    }
    90% {
      opacity: 1;
      background-image: url(#{$sg-light-icon-pre-path}4#{$png});
    }
    100% {
      opacity: 0;
      background-image: url(#{$sg-light-icon-pre-path}4#{$png});
    }
  }
```

在父文件 Vue 中引入定义好的雷达图组件，代码如下。

```
<template>
  <!-- 雷达图 -->
  <sg-radar-chart :data="radarChartData"/>
</template>
<script>
import sgRadarChart from "@/vue/components/sg-charts/sg-radar-chart";
                                                          // 引入雷达图组件
export default {
  components: {
    sgRadarChart,
  },
  data() {
    return {
      radarChartData: {
        title: {
          text: "雷达图标题",
        },
        indicator: [
          { name: "安全性" },
          { name: "高效性" },
          { name: "便捷性" },
          { name: "稳定性" },
          { name: "可靠性" },
```

```
            { name: "兼容性" },
            { name: "扩展性" },
          ],
          data: [267, 568, 281, 489, 318, 621, 29],
        },
};
</script>
```

在 Vue.js 页面中呈现出来的效果如图 8.10 所示。

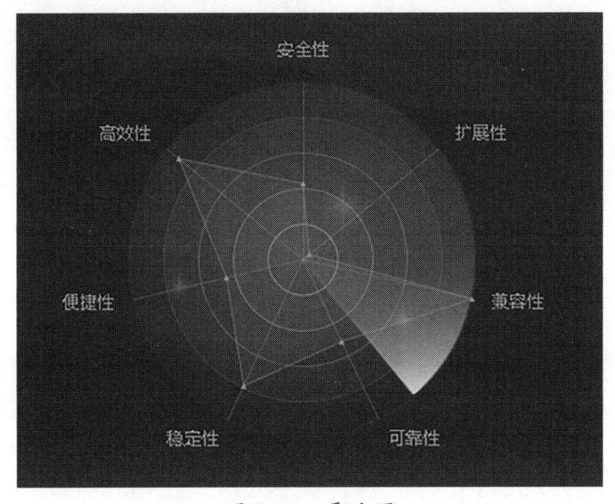

图 8.10　雷达图

8.2.6 标签图

标签图主要是用 graph 的插图属性实现，达到在某个矩形区域中很多关键词以一定的缓慢速度由小到大慢慢膨胀的效果，如图 8.11 所示。这些关键词就是类别标签，通常在微博或搜索引擎的侧边栏会有这样的展示需求，在一些兴趣爱好、汇总特殊类别的应用场景也有可能用到。

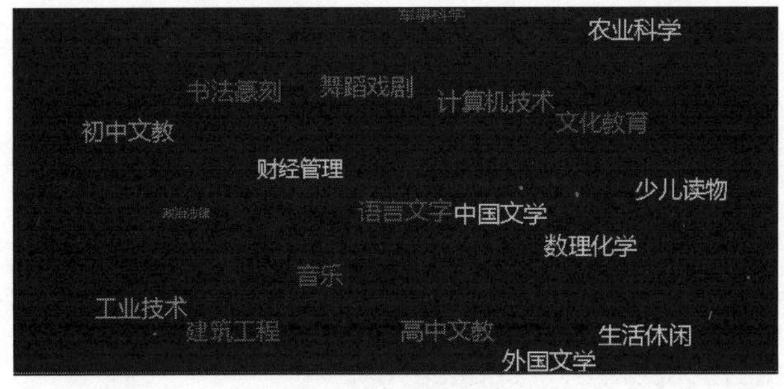

图 8.11　标签图

创建组件 Vue 文件及在父文件中插入的方式都是类似的，这里不再重复讲解，读者可以参看前面几个小节，这里只给出核心代码。

```
    init(data) {
      var graphColors = this.$global.sgCharts.graphColors;
                                                          // 主题标签组件的颜色随机值
      if (!data)
        return this.$message({
          message: `您的组件${this.componentName}没有传参data`,
          type: "error",
        });
      // 基于DOM初始化ECharts实例
      this.chart = this.$echarts.init(this.$refs.sgGraphChart);

      // 转换属性为本地
      var ratio = 5; // 文字字体大小倍数增长
      var minFontSize = 12; // 字体最小字号
      var maxFontSize = 24; // 字体最大字号
      var title = data.title || {};
      var indicator = data.indicator || {};
      var arr = [...new Set(this.data)],
        seriesData = [];
      for (var i = 0, len = arr.length; i < len; i++) {
        var a = arr[i];
        var fontSize = i * ratio + 2;
        fontSize > maxFontSize && (fontSize = maxFontSize);
        fontSize < minFontSize && (fontSize = minFontSize);
        seriesData.push({
          name: a,
          symbolSize: 1,
          draggable: true,
          label: {
            fontSize,
            color: graphColors[i],
          },
        });
      }

      this.chart.setOption({
        // animation: false, // 太卡顿了
        animationDurationUpdate(idx) {
          return idx * 100; // 越往后的数据延迟越大
        },
        animationEasingUpdate: "bounceIn",
        series: [
          {
```

```
            type: "graph",
            roam: true,
            layout: "force",
            force: {
              //initLayout: "circular",
              repulsion: 200,
              gravity: 0.1,
              edgeLength: 50,
              friction: 0.6,
            },
            label: { show: true },
            data: seriesData,
          },
        ],
      });
    },
```

initLayout="circular"，进行力引导布局前的初始化布局，初始化布局会影响到力引导的效果。默认不进行任何布局，使用节点中提供的 x，y 作为节点的位置。如果不存在，就会随机生成一个位置。

repulsion=200，节点之间的斥力因子。支持设置成数组表达斥力的范围，此时不同大小的值会线性映射到不同的斥力，值越大则斥力越大。

gravity=0.1，节点受到的向中心的引力因子。该值越大，节点越往中心点靠拢。

edgeLength=50，边的两个节点之间的距离，这个距离也会受 repulsion 的影响。支持设置成数组表达边长的范围，此时不同大小的值会线性映射到不同的长度，值越小则长度越长。

friction=0.6，这个参数能减缓节点的移动速度，取值范围为 0~1。

然而，父文件的传参就相当简单了，只需要一个关键词数组。

```
export default {
  data() {
    return {
      graphChartData: [
        "哲学类", "社会科学", "政治法律", "军事科学", "财经管理", "历史地理",
"文化教育", "小学文教", "初中文教", "高中文教", "语言文字", "中国文学", "外国文学",
"音乐", "美术雕塑", "摄影影视", "舞蹈戏剧", "书法篆刻", "哲学类", "自然科学",
"数理化学", "医药卫生", "农业科学", "工业技术", "计算机技术", "建筑工程", "生活休闲",
"少儿读物", "大中专教材",
      ],
    };
  },
};
```

8.3 小结

为什么需要掌握 ECharts 在 Vue.js 中的使用？相信作为前端开发者，对大数据这个词已经很熟悉了，而大数据的开发免不了要进行大数据展示、可视化数据呈现，这就需要很多统计图的展现。市面上有很多可以展示统计图的插件，唯独 ECharts 在百度的强大技术团队维护下成为中国首个加入 Apache 基金会的统计图插件，值得信赖，具有长期可持续更新的潜力。本章主要讲解了 ECharts 数据统计图控件库，侧重实践，同时又以浅显易懂的方式介绍了属性样式配置的内在原理。本章主要需要掌握实现常见的数据可视化图表（饼图、柱状图、曲线图等）对应 setOption 中各个参数的设置，从而达到自适应不同应用场景的数据可视化目的。

第 9 章

ElementUI 前端框架

在目前 Vue.js 盛行的前端开发时代，一个较为稳定、可持续更新、具有强大团队背景的 UI 前端 PC 框架——ElementUI（饿了么 UI）框架应运而生。它带给我们的不仅仅是柔美、华丽、实用的控件，更多的是那种轻松上手、简单快捷的引用组件方式，以及它开放式的、目录明确的帮助文档。

9.1 ElementUI 框架概述

如图 9.1 所示，ElementUI 框架遵循 4 个设计原则。

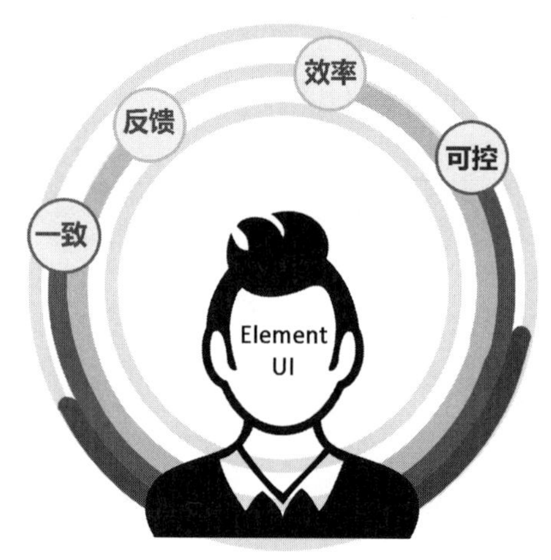

图 9.1　ElementUI 设计原则

（1）一致。

与实际情况一致：与实际的开发流程、逻辑一致，与用户习惯的操作方式一致。

UI 界面保持一致：所有控件和布局需一致。

（2）反馈。

触发反馈：单击、聚焦、按下、弹起、双击、拖曳、移入、移出等操作可以让控件和用户进行交互，并即时进行效果反馈。

样式反馈：UI 控件会根据不同的操作、不同的状态体现不同 UI 控件样式效果，例如，边框高亮、背景色变化、字体加粗、字体颜色加深等。

（3）效率。

简单易用：控件操作简单、易上手。

明了清晰：提示效果、文本内容表达清晰、明确，可以让用户快速理解并执行相应操作。

高效识别：UI 界面简单直白，用户无须记住自己的操作，只需简单观察控件就能快速定位如何操作，减少用户操作的学习成本。

（4）可控。

用户判定：对应当前操作的应用场景，给用户提示和建议及相应的 Icon 图标提示，最后由用户进行判定。

预期可控：框架提供各种阶段的钩子函数，包括销毁、回收、关闭窗口之前的监听等，防止用户的误操作，让每一个单击预期可控。

9.2 搭建 ElementUI 开发环境

建议使用 cnpm 命令安装 ElementUI 框架，简单方便。

```
cnpm i element-ui -S
```

图 9.2 所示是安装成功后的提示。

```
D:\VUE-TEST>cnpm i element-ui -S

D:\VUE-TEST>"node"  "C:\Users\Administrator\AppData\Roaming\npm\\node_modules\cnpm\bin\cnpm" i element-ui -S
√ Installed 1 packages
√ Linked 10 latest versions
[1/1] scripts.postinstall element-ui@2.14.1 › async-validator@1.8.5 › babel-runtime@6.26.0 › core-js@^2.4.0 run "node -e \"try{require('./postinstall')}catch(e){}\"", root: "D:\\mine\\projects\\shuzhiqiang\\VUE-TEST\\node_modules\\_core-js@2.6.12@core-js"
Thank you for using core-js ( https://github.com/zloirock/core-js ) for polyfilling JavaScript standard library!

The project needs your help! Please consider supporting of core-js on Open Collective or Patreon:
> https://opencollective.com/core-js
> https://www.patreon.com/zloirock

Also, the author of core-js ( https://github.com/zloirock ) is looking for a good job -)

[1/1] scripts.postinstall element-ui@2.14.1 › async-validator@1.8.5 › babel-runtime@6.26.0 › core-js@^2.4.0 finished in 2s
√ Run 1 scripts
peerDependencies link vue@2.6.12 in D:\mine\projects\shuzhiqiang\VUE-TEST\node_modules\_element-ui@2.14.1@element-ui unmet with D:\mine\projects\shuzhiqiang\VUE-TEST\node_modules\vue(2.6.11)
deprecate element-ui@2.14.1 › async-validator@1.8.5 › babel-runtime@6.26.0 › core-js@^2.4.0 core-js@<3 is no longer maintained and not recommended for usage due to the number of issues. Please, upgrade your dependencies to the actual version of core-js@3.
√ All packages installed (11 packages installed from npm registry, used 16s(network 15s), speed 194.25kB/s, json 11(93.91kB), tarball 2.67MB)
```

图 9.2　ElementUI 框架安装成功

安装成功后，找到 main.js 文件，在其中引入 ElementUI 框架。

```
// 引入 ElementUI 框架【安装方法】cnpm i element-ui -S
import ElementUI from 'element-ui';
import 'element-ui/lib/theme-chalk/index.css';
```

接下来就可以直接在 Vue.js 中插入 ElementUI 的控件直接使用了。

9.3 基础组件

9.3.1 Icon 图标

图标在 Web 端的应用，尤其是在后台管理系统中出现比较多，主要是为了将一些本应当用很多文字才能够体现出来的内容简化为言简意赅的图示，直接通过设置类名为 el-icon-name 即可，如图 9.3 所示。

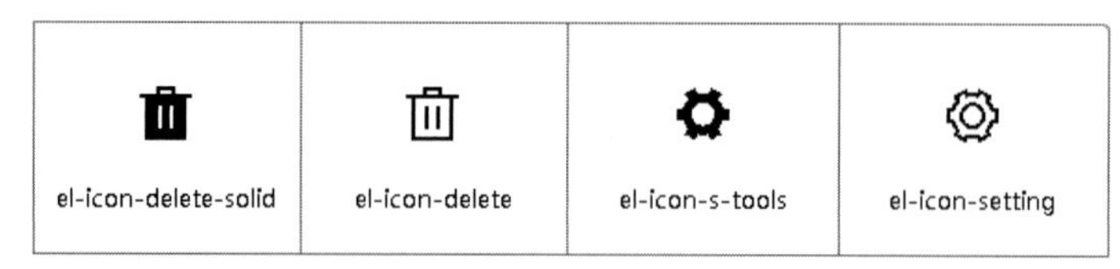

图 9.3　常用图标

实现图 9.3 的代码如下。

```
<li>
  <span
    ><i class="el-icon-delete-solid"></i
    ><span class="icon-name">el-icon-delete-solid</span></span
  >
</li>
<li>
  <span
    ><i class="el-icon-delete"></i
    ><span class="icon-name">el-icon-delete</span></span
  >
</li>
<li>
  <span
    ><i class="el-icon-s-tools"></i
    ><span class="icon-name">el-icon-s-tools</span></span
  >
</li>
<li>
  <span
    ><i class="el-icon-setting"></i
    ><span class="icon-name">el-icon-setting</span></span
  >
</li>
```

包含但不仅限于如图 9.3 所示的图标，ElementUI 还提供了更多的图标样式。

9.3.2 Button 按钮

以下是按钮组件最基本的用法。

```
<el-row>
  <el-button> 默认按钮 </el-button>
  <el-button type="primary"> 主要按钮 </el-button>
  <el-button type="success"> 成功按钮 </el-button>
  <el-button type="info"> 信息按钮 </el-button>
```

```
  <el-button type="warning">警告按钮</el-button>
  <el-button type="danger">危险按钮</el-button>
</el-row>

<el-row>
  <el-button plain>朴素按钮</el-button>
  <el-button type="primary" plain>主要按钮</el-button>
  <el-button type="success" plain>成功按钮</el-button>
  <el-button type="info" plain>信息按钮</el-button>
  <el-button type="warning" plain>警告按钮</el-button>
  <el-button type="danger" plain>危险按钮</el-button>
</el-row>

<el-row>
  <el-button round>圆角按钮</el-button>
  <el-button type="primary" round>主要按钮</el-button>
  <el-button type="success" round>成功按钮</el-button>
  <el-button type="info" round>信息按钮</el-button>
  <el-button type="warning" round>警告按钮</el-button>
  <el-button type="danger" round>危险按钮</el-button>
</el-row>

<el-row>
  <el-button icon="el-icon-search" circle></el-button>
  <el-button type="primary" icon="el-icon-edit" circle></el-button>
  <el-button type="success" icon="el-icon-check" circle></el-button>
  <el-button type="info" icon="el-icon-message" circle></el-button>
  <el-button type="warning" icon="el-icon-star-off" circle></el-button>
  <el-button type="danger" icon="el-icon-delete" circle></el-button>
</el-row>
```

以上代码的运行结果如图 9.4 所示。

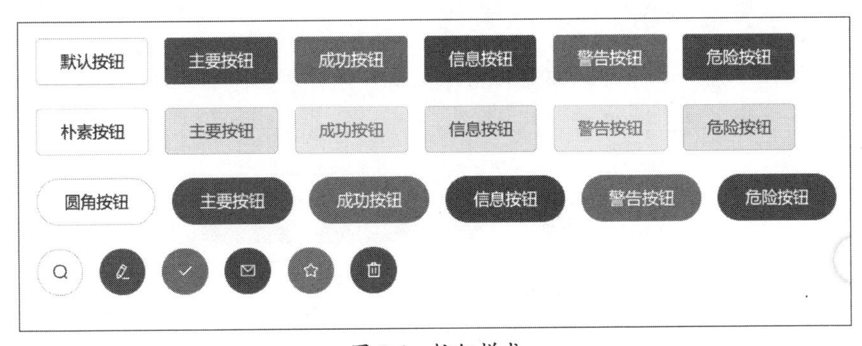

图 9.4 按钮样式

当然，在有些情况下需要禁止用户单击这些按钮，那么就对它们进行样式的禁用设置，如图 9.5 所示。

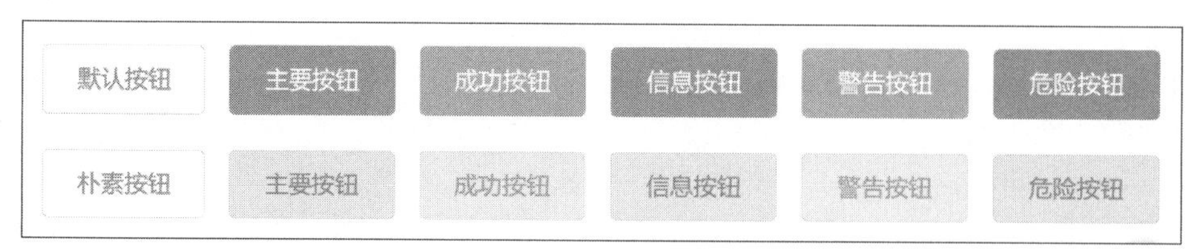

图 9.5　按钮禁用

可以使用 disabled 属性来定义按钮是否可用，它接受一个 Boolean 值。

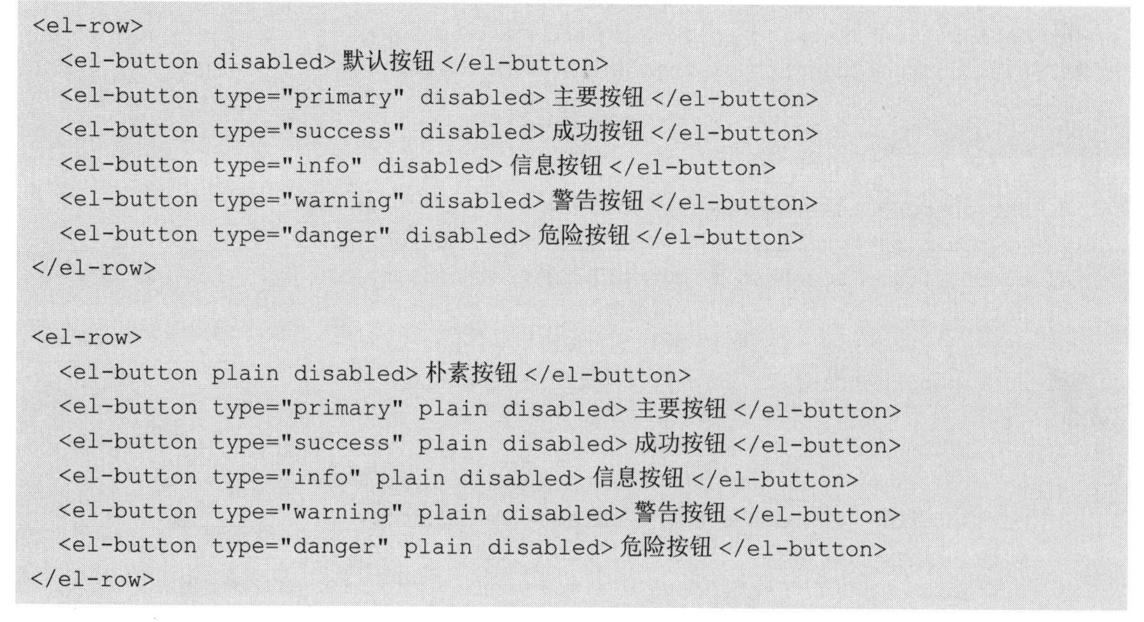

```
<el-row>
  <el-button disabled>默认按钮</el-button>
  <el-button type="primary" disabled>主要按钮</el-button>
  <el-button type="success" disabled>成功按钮</el-button>
  <el-button type="info" disabled>信息按钮</el-button>
  <el-button type="warning" disabled>警告按钮</el-button>
  <el-button type="danger" disabled>危险按钮</el-button>
</el-row>

<el-row>
  <el-button plain disabled>朴素按钮</el-button>
  <el-button type="primary" plain disabled>主要按钮</el-button>
  <el-button type="success" plain disabled>成功按钮</el-button>
  <el-button type="info" plain disabled>信息按钮</el-button>
  <el-button type="warning" plain disabled>警告按钮</el-button>
  <el-button type="danger" plain disabled>危险按钮</el-button>
</el-row>
```

文字按钮　文字按钮

图 9.6　朴素的按钮样式

在有些情况下，需要没有边框和背景色的按钮，这样的按钮显得很清爽，看上去有些像 Link 文字链接，如图 9.6 所示。

实现图 9.6 的代码如下。

```
<el-button type="text">文字按钮</el-button>
<el-button type="text" disabled>文字按钮</el-button>
```

有时需要在按钮上加一些修饰，如加 Icon 小图标，这样用户除看文本外也可以通过 Icon 图标来领会按钮包含的功能含义，如图 9.7 所示。

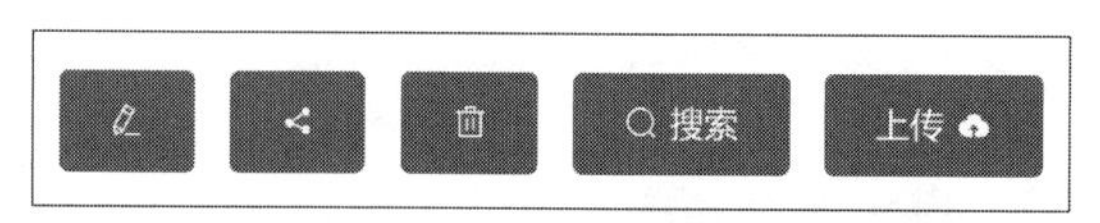

图 9.7　带图标的按钮

实现图 9.7 设置 icon 属性即可，icon 的列表可以参考 Element 的 icon 组件。另外，也可以设置在文字右边的 icon，只要使用 <i> 标签即可，可以使用自定义图标。

```
<el-button type="primary" icon="el-icon-edit"></el-button>
<el-button type="primary" icon="el-icon-share"></el-button>
<el-button type="primary" icon="el-icon-delete"></el-button>
<el-button type="primary" icon="el-icon-search">搜索</el-button>
<el-button type="primary">上传<i class="el-icon-upload el-icon--ight"></i>
</el-button>
```

还有一种应用场景就是在翻页或某几种选项切换时需要将一些按钮挨在一起组合成一个分组，如图9.8所示。

图9.8 按钮组

实现图9.8的代码如下，主要是el-button-group起到了分组的作用。

```
<el-button-group>
  <el-button type="primary" icon="el-icon-arrow-left">上一页</el-button>
  <el-button type="primary">下一页<i class="el-icon-arrow-right el-icon--right"></i>
  </el-button>
</el-button-group>
<el-button-group>
  <el-button type="primary" icon="el-icon-edit"></el-button>
  <el-button type="primary" icon="el-icon-share"></el-button>
  <el-button type="primary" icon="el-icon-delete"></el-button>
</el-button-group>
```

还有一种情况，即按钮是动态的文本内容，虽然按钮都是在固定的位置，但是它上面显示的文本可能会根据后台接口返回的情况而改变。如果接口返回的速度比较慢，那么就不能让按钮的文本是一片空白，需要显示一个加载的效果，以友好地提示用户等待接口响应，如图9.9所示。

图9.9 加载动画效果的按钮

实现图9.9相当简单，只需绑定节点的loading为true的属性即可。

```
<el-button type="primary" :loading="true">加载中</el-button>
```

实际使用时，可能会因为按钮所处的等级不同，需要调整按钮的大小尺寸及按钮文本的字号大小。如果每个按钮都去调整样式就太烦琐了，为此ElementUI提供了封装不同大小尺寸的按钮，主要有4种尺寸，如图9.10所示。

图 9.10　不同大小的按钮样式

额外的尺寸有 medium、small、mini，通过设置 size 属性来配置它们，修饰代码如下。

```
<el-row>
  <el-button>默认按钮</el-button>
  <el-button size="medium">中等按钮</el-button>
  <el-button size="small">小型按钮</el-button>
  <el-button size="mini">超小按钮</el-button>
</el-row>
<el-row>
  <el-button round>默认按钮</el-button>
  <el-button size="medium" round>中等按钮</el-button>
  <el-button size="small" round>小型按钮</el-button>
  <el-button size="mini" round>超小按钮</el-button>
</el-row>
```

按钮属性如表 9.1 所示。

表 9.1　按钮属性

参数	说明	类型	可选值	默认值
size	尺寸	String	medium/small/mini	—
type	类型	String	primary/success/warning/danger/info/text	—
plain	是否朴素按钮	Boolean	—	false
round	是否圆角按钮	Boolean	—	false
circle	是否圆形按钮	Boolean	—	false
loading	是否加载中状态	Boolean	—	false
disabled	是否禁用状态	Boolean	—	false
icon	图标类名	String	—	—
autofocus	是否默认聚焦	Boolean	—	false
native-type	原生 type 属性	String	button/submit/reset	button

9.3.3 Link 文字链接

文字超链接比较简单，如果要原生地控制移入出现下划线，传统的方式就是 text-decoration: underline。如果用这样的方式，显示出来的下划线和文本底部基线就会紧贴在一起。通常都是用

border-bottom 对下划线做样式定义，但是每次都去定义比较浪费时间且效率低，所以 ElementUI 提供了良好的链接文字样式，如图 9.11 所示。

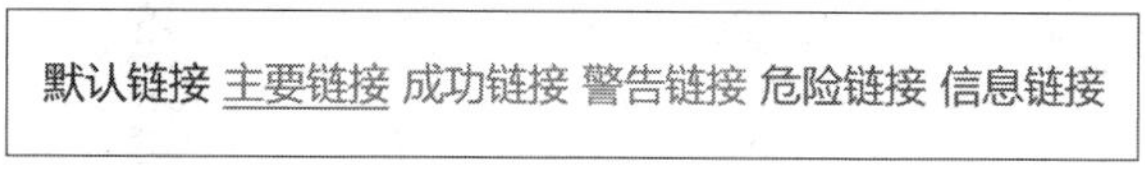

默认链接 主要链接 成功链接 警告链接 危险链接 信息链接

图 9.11　链接文字样式

图 9.11 中的“主要链接”的下划线就很具有美感，位置间距也很得体，代码如下。

```
<div>
  <el-link href="https://element.eleme.io" target="_blank">默认链接</el-link>
  <el-link type="primary">主要链接</el-link>
  <el-link type="success">成功链接</el-link>
  <el-link type="warning">警告链接</el-link>
  <el-link type="danger">危险链接</el-link>
  <el-link type="info">信息链接</el-link>
</div>
```

与按钮类似，超链接也有被禁用的状态，如图 9.12 所示。

默认链接 主要链接 成功链接 警告链接 危险链接 信息链接

图 9.12　超链接禁用

实现图 9.12 的代码如下。

```
<div>
  <el-link disabled>默认链接</el-link>
  <el-link type="primary" disabled>主要链接</el-link>
  <el-link type="success" disabled>成功链接</el-link>
  <el-link type="warning" disabled>警告链接</el-link>
  <el-link type="danger" disabled>危险链接</el-link>
  <el-link type="info" disabled>信息链接</el-link>
</div>
```

主要是添加 disabled 这个属性。如果要控制不显示下划线，则可以用以下代码。

```
<div>
  <el-link :underline="false">无下划线</el-link>
  <el-link>有下划线</el-link>
</div>
```

同时，还可以增加带图标的文字链接以增强辨识度，如图 9.13 所示。

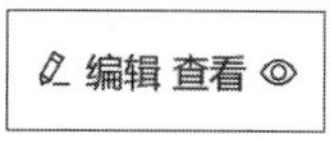

编辑 查看

图 9.13　带图标的超链接

实现图 9.13 的代码如下。

```
<div>
  <el-link icon="el-icon-edit"> 编辑 </el-link>
  <el-link> 查看 <i class="el-icon-view el-icon--right"></i></el-link>
</div>
```

超链接属性如表 9.2 所示。

表 9.2　超链接属性

参数	说明	类型	可选值	默认值
type	类型	String	primary/success/warning/danger/info	default
underline	是否下划线	Boolean	—	true
disabled	是否禁用状态	Boolean	—	false
href	原生 href 属性	String	—	—
icon	图标类名	String	—	—

9.4 表单组件

表单组件是提交 Form 表单时经常使用的组件。

9.4.1 Radio 单选按钮

当需要选择某一类属性中的某一个时，例如，选择性别男或女，选择学业阶段小学、中学、高中、大学，等等，就需要用到 Radio 单选按钮，即在一组备选项中进行单选，如图 9.14 所示。由于选项默认可见，因此选项不宜过多。如果选项过多，则建议使用 Select 选择器。

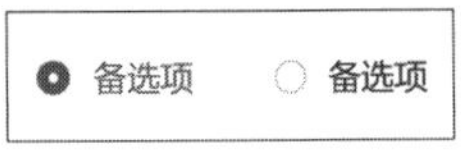

◉ 备选项　○ 备选项

图 9.14　单选按钮

要使用 Radio 组件，只需要设置 v-model 绑定变量，选中意味着变量的值为相应 Radio label 属性的值，label 可以是 String、Number 或 Boolean。

实现图 9.14 的代码如下。

```
<template>
  <el-radio v-model="radio" label="1"> 备选项 </el-radio>
  <el-radio v-model="radio" label="2"> 备选项 </el-radio>
</template>
```

```
<script>
  export default {
    data() {
      return {
        radio: '1'
      };
    }
  }
</script>
```

禁用状态：在有些情况下，同样需要禁用单选按钮，如图 9.15 所示。

备选项 备选项

图 9.15　单选按钮禁用

只要在 el-radio 元素中设置 disabled 属性即可，它接受一个 Boolean，true 为禁用。

```
<template>
  <el-radio disabled v-model="radio" label=" 禁用 "> 备选项 </el-radio>
  <el-radio disabled v-model="radio" label=" 选中且禁用 "> 备选项 </el-radio>
</template>

<script>
  export default {
    data() {
      return {
        radio: ' 选中且禁用 '
      };
    }
  }
</script>
```

单选按钮组：当一个页面存在多组不同类别的单选按钮时，就需要分组。以下代码适用于在多个互斥的选项中选择的场景。

```
<template>
  <el-radio-group v-model="radio">
    <el-radio :label="3"> 备选项 </el-radio>
    <el-radio :label="6"> 备选项 </el-radio>
    <el-radio :label="9"> 备选项 </el-radio>
  </el-radio-group>
</template>

<script>
  export default {
    data() {
```

```
      return {
        radio: 3
      };
    }
  }
</script>
```

结合 el-radio-group 元素和 el-radio 元素可以实现单选按钮组，在 el-radio-group 中绑定 v-model，在 el-radio 中设置好 label 即可，无须再给每一个 el-radio 绑定变量。另外，Element 还提供了 change 事件来响应变化，它会传入一个参数 value。以上代码的运行结果如图 9.16 所示。

图 9.16　单选按钮组

单选按钮样式：传统的单选按钮样式已不能满足我们的需求，因此需要增加新样式，如图 9.17 所示。

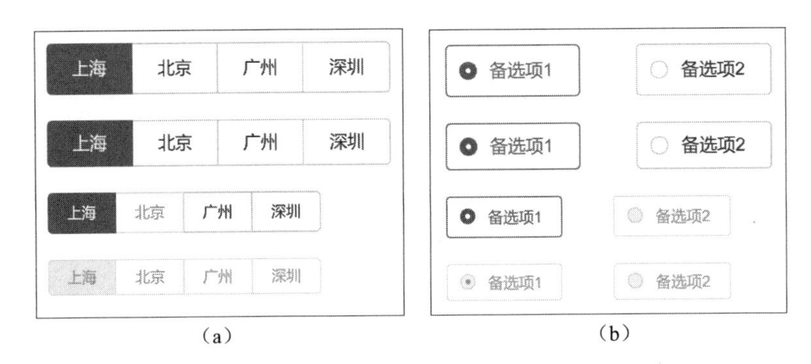

图 9.17　单选按钮样式

实现图 9.17（a）只需要把 el-radio 元素替换为 el-radio-button 元素即可。此外，Element 还提供了 size 属性。

```
<template>
  <div>
    <el-radio-group v-model="radio1">
      <el-radio-button label=" 上海 "></el-radio-button>
      <el-radio-button label=" 北京 "></el-radio-button>
      <el-radio-button label=" 广州 "></el-radio-button>
      <el-radio-button label=" 深圳 "></el-radio-button>
    </el-radio-group>
  </div>
  <div style="margin-top: 20px">
    <el-radio-group v-model="radio2" size="medium">
      <el-radio-button label=" 上海 " ></el-radio-button>
```

```
      <el-radio-button label=" 北京 "></el-radio-button>
      <el-radio-button label=" 广州 "></el-radio-button>
      <el-radio-button label=" 深圳 "></el-radio-button>
    </el-radio-group>
  </div>
  <div style="margin-top: 20px">
    <el-radio-group v-model="radio3" size="small">
      <el-radio-button label=" 上海 "></el-radio-button>
      <el-radio-button label=" 北京 " disabled ></el-radio-button>
      <el-radio-button label=" 广州 "></el-radio-button>
      <el-radio-button label=" 深圳 "></el-radio-button>
    </el-radio-group>
  </div>
  <div style="margin-top: 20px">
    <el-radio-group v-model="radio4" disabled size="mini">
      <el-radio-button label=" 上海 "></el-radio-button>
      <el-radio-button label=" 北京 "></el-radio-button>
      <el-radio-button label=" 广州 "></el-radio-button>
      <el-radio-button label=" 深圳 "></el-radio-button>
    </el-radio-group>
  </div>
</template>

<script>
  export default {
    data() {
      return {
        radio1: ' 上海 ',
        radio2: ' 上海 ',
        radio3: ' 上海 ',
        radio4: ' 上海 '
      };
    }
  }
</script>
```

带有边框：还有一种比较冷门的效果如图 9.17（b）所示，即带有边框的单选按钮。

设置 border 属性可以渲染为带有边框的单选按钮，代码如下。

```
<template>
  <div>
    <el-radio v-model="radio1" label="1" border> 备选项 1</el-radio>
    <el-radio v-model="radio1" label="2" border> 备选项 2</el-radio>
  </div>
  <div style="margin-top: 20px">
```

```
    <el-radio v-model="radio2" label="1" border size="medium">备选项 1</el-radio>
    <el-radio v-model="radio2" label="2" border size="medium">备选项 2</el-radio>
  </div>
  <div style="margin-top: 20px">
    <el-radio-group v-model="radio3" size="small">
      <el-radio label="1" border>备选项 1</el-radio>
      <el-radio label="2" border disabled>备选项 2</el-radio>
    </el-radio-group>
  </div>
  <div style="margin-top: 20px">
    <el-radio-group v-model="radio4" size="mini" disabled>
      <el-radio label="1" border>备选项 1</el-radio>
      <el-radio label="2" border>备选项 2</el-radio>
    </el-radio-group>
  </div>
</template>

<script>
  export default {
    data() {
      return {
        radio1: '1',
        radio2: '1',
        radio3: '1',
        radio4: '1'
      };
    }
  }
</script>
```

单选按钮属性、单选按钮事件、单选按钮组属性、单选按钮组事件和单选按钮组按钮属性分别如表 9.3 至表 9.7 所示。

表 9.3　单选按钮属性

参数	说明	类型	可选值	默认值
value/v-model	绑定值	String/Number/Boolean	—	—
label	Radio 的 value	String/Number/Boolean	—	—
disabled	是否禁用	Boolean	—	false
border	是否显示边框	Boolean	—	false
size	Radio 的尺寸，仅在 border 为真时有效	String	medium/small/mini	—
name	原生 name 属性	String	—	—

表 9.4 单选按钮事件

事件名称	说明	回调参数
change	绑定值变化时触发的事件	选中的 Radio label 值

表 9.5 单选按钮组属性

参数	说明	类型	可选值	默认值
value/v-model	绑定值	String/Number/Boolean	—	—
size	单选按钮组尺寸，仅对按钮形式的 Radio 或带有边框的 Radio 有效	String	medium/small/mini	—
disabled	是否禁用	Boolean	—	false
text-color	按钮形式的 Radio 激活时的文本颜色	String	—	#FFFFFF
fill	按钮形式的 Radio 激活时的填充色和边框色	String	—	#409EFF

表 9.6 单选按钮组事件

事件名称	说明	回调参数
change	绑定值变化时触发的事件	选中的 Radio label 值

表 9.7 单选按钮组按钮属性

参数	说明	类型	可选值	默认值
label	Radio 的 value	String/Number	—	—
disabled	是否禁用	Boolean	—	false
name	原生 name 属性	String	—	—

9.4.2 Checkbox 复选框

在一组备选项中进行多选，单独使用可以表示两种状态之间的切换，写在标签中的内容为 Checkbox 按钮后的介绍，如图 9.18 所示。

备选项

图 9.18 复选框

在 el-checkbox 元素中定义 v-model 绑定变量，单一的 Checkbox 中，默认绑定变量的值为 Boolean，选中为 true。

```
<template>
  <!-- `checked` 为 true 或 false -->
  <el-checkbox v-model="checked">备选项</el-checkbox>
</template>
<script>
  export default {
```

```
    data() {
      return {
        checked: true
      };
    }
  };
</script>
```

禁用状态：复选框不可用状态，设置 disabled 属性即可，如图 9.19 所示。

图 9.19　复选框禁用

实现图 9.19 的代码如下。

```
<template>
  <el-checkbox v-model="checked1" disabled>备选项 1</el-checkbox>
  <el-checkbox v-model="checked2" disabled>备选项 </el-checkbox>
</template>
<script>
  export default {
    data() {
      return {
        checked1: false,
        checked2: true
      };
    }
  };
</script>
```

复选框组：适用于多个勾选框绑定到同一个数组的场景，通过是否勾选来表示这一组选项中选中的项，如图 9.20 所示。

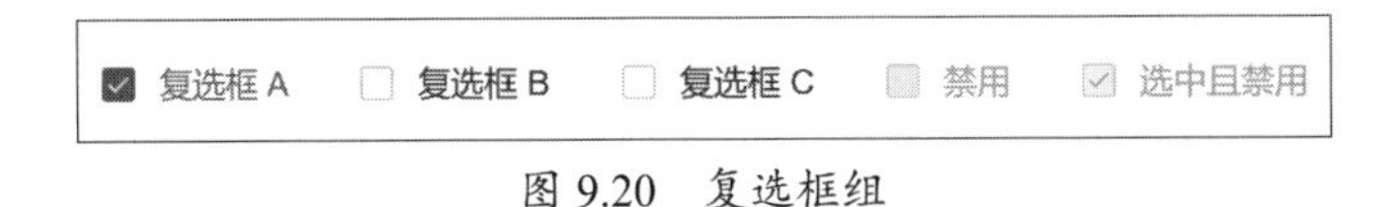

图 9.20　复选框组

checkbox-group 元素能把多个 Checkbox 管理为一组，只需要在 Group 中使用 v-model 绑定 Array 类型的变量即可。el-checkbox 的 label 属性是该 Checkbox 对应的值，如果该标签中无内容，则该属性也充当 Checkbox 按钮后的介绍。label 与数组中的元素值相对应，如果存在指定的值，则为选中状态，否则为不选中。

```
<template>
  <el-checkbox-group v-model="checkList">
    <el-checkbox label="复选框 A"></el-checkbox>
    <el-checkbox label="复选框 B"></el-checkbox>
    <el-checkbox label="复选框 C"></el-checkbox>
```

```
    <el-checkbox label="禁用" disabled></el-checkbox>
    <el-checkbox label="选中且禁用" disabled></el-checkbox>
  </el-checkbox-group>
</template>

<script>
  export default {
    data() {
      return {
        checkList: ['选中且禁用', '复选框 A']
      };
    }
  };
</script>
```

indeterminate 状态：indeterminate 属性用以表示 Checkbox 的不确定状态，一般用于实现全选的效果，如图 9.21 所示。

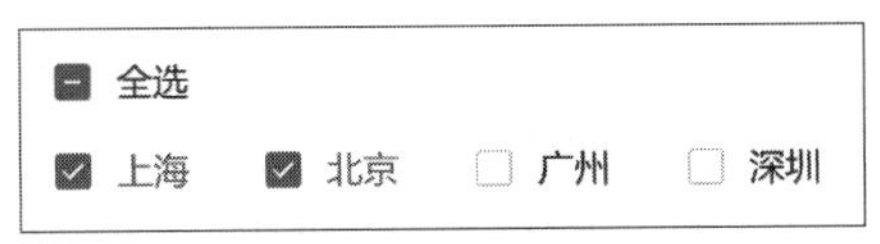

图 9.21　复选框全选

实现图 9.21 的代码如下。

```
<template>
  <el-checkbox :indeterminate="isIndeterminate" v-model="checkAll" @change=
"handleCheckAllChange">全选</el-checkbox>
  <div style="margin: 15px 0;"></div>
  <el-checkbox-group v-model="checkedCities" @change="handleCheckedCitiesChange">
    <el-checkbox v-for="city in cities" :label="city" :key="city">{{ city }}
</el-checkbox>
  </el-checkbox-group>
</template>
<script>
  const cityOptions = ['上海', '北京', '广州', '深圳'];
  export default {
    data() {
      return {
        checkAll: false,
        checkedCities: ['上海', '北京'],
        cities: cityOptions,
        isIndeterminate: true
      };
    },
```

```
    methods: {
      handleCheckAllChange(val) {
        this.checkedCities = val ? cityOptions : [];
        this.isIndeterminate = false;
      },
      handleCheckedCitiesChange(value) {
        let checkedCount = value.length;
        this.checkAll = checkedCount === this.cities.length;
        this.isIndeterminate = checkedCount > 0 && checkedCount <
this.cities.length;
      }
    }
  };
</script>
```

9.4.3 Input 输入框

图 9.22　输入框

通过鼠标或键盘输入字符，Input 为受控组件，它总会显示 Vue.js 绑定值，如图 9.22 所示。

通常情况下，应当处理 input 事件，并更新组件的绑定值（或者使用 v-model）。否则，输入框内显示的值将不会改变，不支持 v-model 修饰符。

实现图 9.22 的代码如下。

```
<el-input v-model="input" placeholder=" 请输入内容 "></el-input>

<script>
export default {
  data() {
    return {
      input: ''
    }
  }
}
</script>
```

禁用状态：通过 disabled 属性指定是否禁用 input 组件，如图 9.23 所示。

图 9.23　输入框禁用

实现图 9.23 的代码如下。

```
<el-input
  placeholder=" 请输入内容 "
```

```
  v-model="input"
  :disabled="true">
</el-input>

<script>
export default {
  data() {
    return {
      input: ''
    }
  }
}
</script>
```

9.4.4 InputNumber 计数器

仅允许输入标准的数字值，可定义范围。要使用它，只需要在 el-input-number 元素中使用 v-model 绑定变量即可，变量的初始值即为默认值。

```
<template>
  <el-input-number v-model="num" @change="handleChange" :min="1" :max="10"
label=" 描述文字 "></el-input-number>
</template>
<script>
  export default {
    data() {
      return {
        num: 1
      };
    },
    methods: {
      handleChange(value) {
        console.log(value);
      }
    }
  };
</script>
```

允许定义递增递减的步数控制，设置 step 属性可以控制步长，接受一个 Number，如图 9.24 所示。

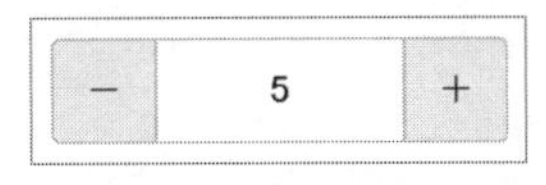

图 9.24　计数器步数控制

实现图 9.24 的代码如下。

```
<template>
  <el-input-number v-model="num" :step="2"></el-input-number>
```

```
</template>
<script>
  export default {
    data() {
      return {
        num: 5
      }
    }
  };
</script>
```

9.4.5 Select 选择器

当选项过多时，可以使用下拉菜单展示并选择内容，如图 9.25 所示。适用广泛的基础单选。

图 9.25　选择器

v-model 的值为当前被选中的 el-option 的 value 属性值。

实现图 9.25 的代码如下。

```
<template>
  <el-select v-model="value" placeholder=" 请选择 ">
    <el-option
      v-for="item in options"
      :key="item.value"
      :label="item.label"
      :value="item.value">
    </el-option>
  </el-select>
</template>

<script>
  export default {
    data() {
      return {
        options: [{
          value: '选项1',
```

```
          label: '黄金糕'
        }, {
          value: '选项 2',
          label: '双皮奶'
        }, {
          value: '选项 3',
          label: '蚵仔煎'
        }, {
          value: '选项 4',
          label: '龙须面'
        }, {
          value: '选项 5',
          label: '北京烤鸭'
        }],
        value: ''
      }
    }
  }
</script>
```

9.4.6 Switch 开关

表示两种相互对立的状态间的切换，多用于触发“开 / 关”，如图 9.26 所示。

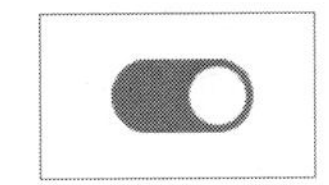

图 9.26　开关

绑定 v-model 到一个 Boolean 类型的变量。可以使用 active-color 属性与 inactive-color 属性来设置开关的背景色。

实现图 9.26 的代码如下。

```
<el-switch
  v-model="value"
  active-color="#13ce66"
  inactive-color="#ff4949">
</el-switch>

<script>
  export default {
    data() {
      return {
        value: true
```

```
        }
      }
    };
</script>
```

9.4.7 TimePicker 时间选择器

用于选择或输入时间，提供几个固定的时间点供用户选择，如图 9.27 所示。

图 9.27　时间选择器

在 el-time-select 元素中，分别通过 start、end 和 step 指定可选的起始时间、结束时间和步长。实现图 9.27 的代码如下。

```
<el-time-select
  v-model="value"
  :picker-options="{
    start: '08:30',
    step: '00:15',
    end: '18:30'
  }"
  placeholder=" 选择时间 ">
</el-time-select>

<script>
  export default {
    data() {
      return {
        value: ''
      };
    }
  }
</script>
```

9.4.8 DatePicker 日期选择器

用于选择或输入日期，如图 9.28 和图 9.29 所示。以“日”为基本单位，基础的日期选择控件。

图 9.28　日期选择器

图 9.29　带快捷选项的日期选择器及其禁用

基本单位由 type 属性指定。快捷选项需配置 picker-options 对象中的 shortcuts，禁用日期通过 disabledDate 设置，传入函数。

实现图 9.29 的代码如下。

```
<template>
  <div class="block">
    <span class="demonstration"> 默认 </span>
    <el-date-picker
      v-model="value1"
      type="date"
      placeholder=" 选择日期 ">
    </el-date-picker>
  </div>
  <div class="block">
    <span class="demonstration"> 带快捷选项 </span>
    <el-date-picker
      v-model="value2"
      align="right"
      type="date"
      placeholder=" 选择日期 "
      :picker-options="pickerOptions">
```

```
    </el-date-picker>
  </div>
</template>

<script>
  export default {
    data() {
      return {
        pickerOptions: {
          disabledDate(time) {
            return time.getTime() > Date.now();
          },
          shortcuts: [{
            text: '今天',
            onClick(picker) {
              picker.$emit('pick', new Date());
            }
          }, {
            text: '昨天',
            onClick(picker) {
              const date = new Date();
              date.setTime(date.getTime() - 3600 * 1000 * 24);
              picker.$emit('pick', date);
            }
          }, {
            text: '一周前',
            onClick(picker) {
              const date = new Date();
              date.setTime(date.getTime() - 3600 * 1000 * 24 * 7);
              picker.$emit('pick', date);
            }
          }]
        },
        value1: '',
        value2: '',
      };
    }
  };
</script>
```

9.4.9 DateTimePicker 日期时间选择器

在同一个选择器中选择日期和时间，如图 9.30 所示。DateTimePicker 由 DatePicker 和 TimePicker 派生，Picker Options 或其他选项可以参照 DatePicker 和 TimePicker。

图 9.30　日期时间选择器

通过设置 type 属性为 datetime，即可在同一个选择器中同时进行日期和时间的选择。快捷选项的使用方法与 DatePicker 相同。

实现图 9.30 的代码如下。

```
<template>
  <div class="block">
    <span class="demonstration">默认</span>
    <el-date-picker
      v-model="value1"
      type="datetime"
      placeholder="选择日期时间">
    </el-date-picker>
  </div>
  <div class="block">
    <span class="demonstration">带快捷选项</span>
    <el-date-picker
      v-model="value2"
      type="datetime"
      placeholder="选择日期时间"
      align="right"
      :picker-options="pickerOptions">
    </el-date-picker>
  </div>
  <div class="block">
    <span class="demonstration">设置默认时间</span>
    <el-date-picker
      v-model="value3"
```

```
      type="datetime"
      placeholder="选择日期时间"
      default-time="12:00:00">
    </el-date-picker>
  </div>
</template>

<script>
  export default {
    data() {
      return {
        pickerOptions: {
          shortcuts: [{
            text: '今天',
            onClick(picker) {
              picker.$emit('pick', new Date());
            }
          }, {
            text: '昨天',
            onClick(picker) {
              const date = new Date();
              date.setTime(date.getTime() - 3600 * 1000 * 24);
              picker.$emit('pick', date);
            }
          }, {
            text: '一周前',
            onClick(picker) {
              const date = new Date();
              date.setTime(date.getTime() - 3600 * 1000 * 24 * 7);
              picker.$emit('pick', date);
            }
          }]
        },
        value1: '',
        value2: '',
        value3: ''
      };
    }
  };
</script>
```

9.4.10 Upload 上传

通过单击或拖曳上传文件，如图 9.31 所示。

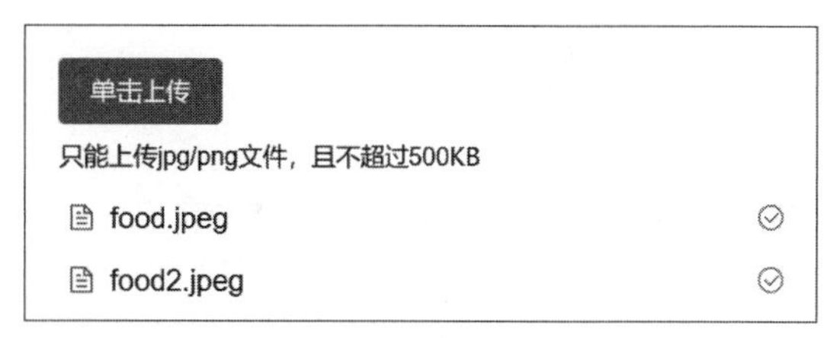

图 9.31　单击上传

通过 slot 可以传入自定义的上传按钮类型和文字提示。可以通过设置 limit 和 on-exceed 来限制上传文件的个数和定义超出限制时的行为。可以通过设置 before-remove 来阻止文件移除操作。

实现图 9.31 的代码如下。

```
<el-upload
  class="upload-demo"
  action="https://jsonplaceholder.typicode.com/posts/"
  :on-preview="handlePreview"
  :on-remove="handleRemove"
  :before-remove="beforeRemove"
  multiple
  :limit="3"
  :on-exceed="handleExceed"
  :file-list="fileList">
  <el-button size="small" type="primary">单击上传</el-button>
  <div slot="tip" class="el-upload__tip">只能上传 jpg/png 文件，且不超过 500KB</div>
</el-upload>
<script>
  export default {
    data() {
      return {
        fileList:[{name: 'food.jpeg', url: 'https://fuss10.elemecdn.com/3/63/
4e7f3a15429bfda99bce42a18cdd1jpeg.jpeg?imageMogr2/thumbnail/360x360/format/
webp/quality/100'}, {name: 'food2.jpeg', url: 'https://fuss10.elemecdn.com/
3/63/4e7f3a15429bfda99bce42a18cdd1jpeg.jpeg?imageMogr2/thumbnail/360x360/
format/webp/quality/100'}]
      };
    },
    methods: {
      handleRemove(file, fileList) {
        console.log(file, fileList);
      },
      handlePreview(file) {
        console.log(file);
      },
      handleExceed(files, fileList) {
        this.$message.warning(`当前限制选择 3 个文件，本次选择了 ${files.length}
```

```
个文件，共选择了 ${files.length + fileList.length} 个文件`);
      },
      beforeRemove(file, fileList) {
        return this.$confirm(`确定移除 ${ file.name }？`);
      }
    }
  }
</script>
```

9.4.11 Rate 评分

评分默认被分为 3 个等级，可以利用颜色数组对分数及情感倾向进行分级（默认情况下不区分颜色），如图 9.32 所示。

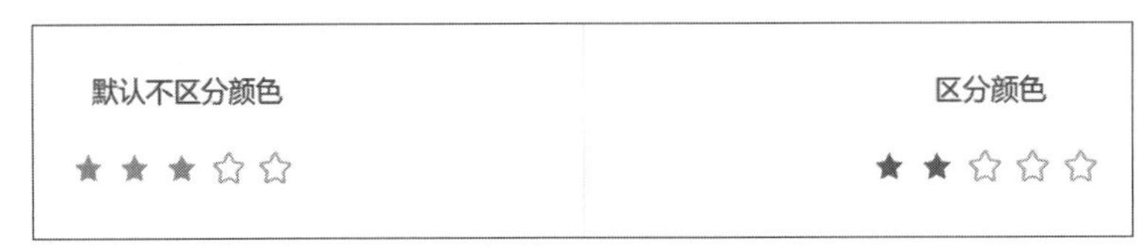

图 9.32　评分

3 个等级所对应的颜色用 colors 属性设置，而它们对应的两个阈值则通过 low-threshold 和 high-threshold 设定。也可以通过传入颜色对象来自定义分段，键名为分段的界限值，键值为对应的颜色。

实现图 9.32 的代码如下。

```
<div class="block">
  <span class="demonstration">默认不区分颜色</span>
  <el-rate v-model="value1"></el-rate>
</div>
<div class="block">
  <span class="demonstration">区分颜色</span>
  <el-rate
    v-model="value2"
    :colors="colors">
  </el-rate>
</div>

<script>
  export default {
    data() {
      return {
        value1: null,
        value2: null,
```

```
        colors: ['#99A9BF', '#F7BA2A', '#FF9900']
                                    // 等同于 { 2: '#99A9BF', 4: { value: '#F7BA2A',
                                    // excluded: true }, 5: '#FF9900' }
      }
    }
  }
</script>
```

9.4.12 Form 表单

由输入框、选择器、单选按钮、复选框等控件组成，用以收集、校验、提交数据。典型表单包括各种表单项，如输入框、选择器、开关、单选按钮、复选框等，如图 9.33 所示。

图 9.33　表单

在 Form 组件中，每一个表单域由一个 Form-Item 组件构成，表单域中可以放置各种类型的表单控件，包括 Input、Select、Checkbox、Radio、Switch、DatePicker、TimePicker 等。

实现图 9.33 的代码如下。

```
<el-form ref="form" :model="form" label-width="80px">
  <el-form-item label=" 活动名称 ">
    <el-input v-model="form.name"></el-input>
  </el-form-item>
  <el-form-item label=" 活动区域 ">
```

```
    <el-select v-model="form.region" placeholder="请选择活动区域">
      <el-option label="区域一" value="shanghai"></el-option>
      <el-option label="区域二" value="beijing"></el-option>
    </el-select>
  </el-form-item>
  <el-form-item label="活动时间">
    <el-col :span="11">
      <el-date-picker type="date" placeholder="选择日期" v-model="form.date1"
style="width: 100%;"></el-date-picker>
    </el-col>
    <el-col class="line" :span="2">-</el-col>
    <el-col :span="11">
      <el-time-picker placeholder="选择时间" v-model="form.date2"
style="width: 100%;"></el-time-picker>
    </el-col>
  </el-form-item>
  <el-form-item label="即时配送">
    <el-switch v-model="form.delivery"></el-switch>
  </el-form-item>
  <el-form-item label="活动性质">
    <el-checkbox-group v-model="form.type">
      <el-checkbox label="美食/餐厅线上活动" name="type"></el-checkbox>
      <el-checkbox label="地推活动" name="type"></el-checkbox>
      <el-checkbox label="线下主题活动" name="type"></el-checkbox>
      <el-checkbox label="单纯品牌曝光" name="type"></el-checkbox>
    </el-checkbox-group>
  </el-form-item>
  <el-form-item label="特殊资源">
    <el-radio-group v-model="form.resource">
      <el-radio label="线上品牌商赞助"></el-radio>
      <el-radio label="线下场地免费"></el-radio>
    </el-radio-group>
  </el-form-item>
  <el-form-item label="活动形式">
    <el-input type="textarea" v-model="form.desc"></el-input>
  </el-form-item>
  <el-form-item>
    <el-button type="primary" @click="onSubmit">立即创建</el-button>
    <el-button>取消</el-button>
  </el-form-item>
</el-form>
<script>
  export default {
    data() {
      return {
```

```
        form: {
          name: '',
          region: '',
          date1: '',
          date2: '',
          delivery: false,
          type: [],
          resource: '',
          desc: ''
        }
      }
    },
    methods: {
      onSubmit() {
        console.log('submit!');
      }
    }
  }
</script>
```

W3C 标准中有如下规定。

When there is only one single-line text input field in a form, the user agent should accept Enter in that field as a request to submit the form.

即当一个 form 元素中只有一个输入框时，在该输入框中按“Enter”键应提交该表单。如果希望阻止这一默认行为，则可以在 <el-form> 标签上添加 @submit.native.prevent。

9.5 数据显示组件

为了让有规律的一系列数据能够有规则的显示，并且呈现可以控制显示范围特征，因此使用表格控件进行数据显示。

9.5.1 Table 表格

用于展示多条结构类似的数据，可对数据进行排序、筛选、对比或其他自定义操作。使用带斑马纹的表格，可以更容易地区分不同行的数据，如图 9.34 所示。

日期	姓名	地址
2016-05-02	王小虎	上海市普陀区金沙江路 1518 弄
2016-05-04	王小虎	上海市普陀区金沙江路 1517 弄
2016-05-01	王小虎	上海市普陀区金沙江路 1519 弄
2016-05-03	王小虎	上海市普陀区金沙江路 1516 弄

图 9.34 表格

stripe 属性可以创建带斑马纹的表格。它接受一个 Boolean，默认为 false，设置为 true 即为启用。实现图 9.34 的代码如下。

```
<template>
  <el-table
    :data="tableData"
    stripe
    style="width: 100%">
    <el-table-column
      prop="date"
      label=" 日期 "
      width="180">
    </el-table-column>
    <el-table-column
      prop="name"
      label=" 姓名 "
      width="180">
    </el-table-column>
    <el-table-column
      prop="address"
      label=" 地址 ">
    </el-table-column>
  </el-table>
</template>

<script>
  export default {
    data() {
      return {
        tableData: [{
          date: '2016-05-02',
          name: ' 王小虎 ',
          address: ' 上海市普陀区金沙江路 1518 弄 '
```

```
        }, {
          date: '2016-05-04',
          name: '王小虎',
          address: '上海市普陀区金沙江路 1517 弄'
        }, {
          date: '2016-05-01',
          name: '王小虎',
          address: '上海市普陀区金沙江路 1519 弄'
        }, {
          date: '2016-05-03',
          name: '王小虎',
          address: '上海市普陀区金沙江路 1516 弄'
        }]
      }
    }
  }
</script>
```

9.5.2 Pagination 分页

当数据量过多时，使用分页分解数据，如图 9.35 所示。

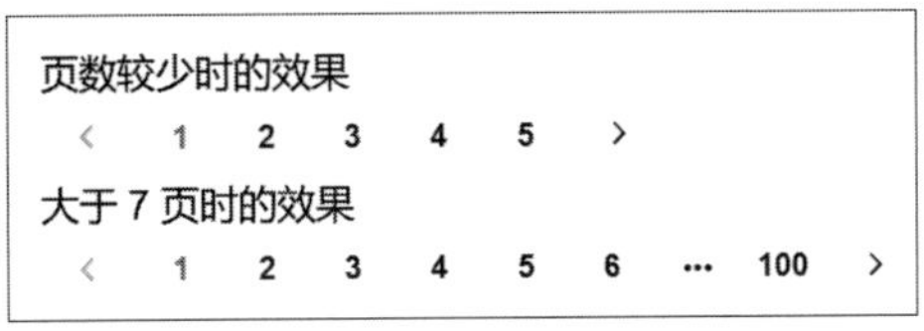

页数较少时的效果

‹ 1 2 3 4 5 ›

大于 7 页时的效果

‹ 1 2 3 4 5 6 ··· 100 ›

图 9.35 分页

设置 layout，表示需要显示的内容，用逗号分隔，布局元素会依次显示。prev 表示上一页，next 表示下一页，pager 表示页码列表。此外，还提供了 jumper、total、size 和特殊的布局符号“->”，jumper 表示跳页元素，total 表示总条目数，size 用于设置每页显示的页码数量，“->”后的元素会靠右显示。

实现图 9.35 的代码如下。

```
<div class="block">
  <span class="demonstration">页数较少时的效果</span>
  <el-pagination
    layout="prev, pager, next"
    :total="50">
  </el-pagination>
</div>
<div class="block">
```

```
    <span class="demonstration">大于 7 页时的效果</span>
    <el-pagination
      layout="prev, pager, next"
      :total="1000">
    </el-pagination>
</div>
```

9.5.3 Badge 标记

出现在按钮、图标旁的数字或状态标记，如图 9.36 所示。

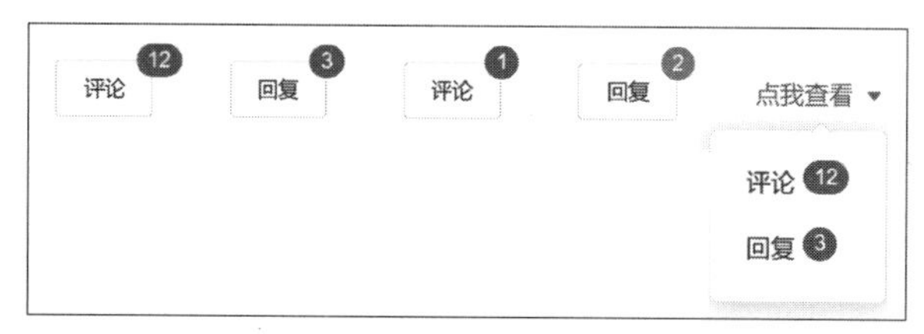

图 9.36　标记

定义 value 属性，它接受 Number 或 String。

实现图 9.36 的代码如下。

```
<el-badge :value="12" class="item">
  <el-button size="small">评论</el-button>
</el-badge>
<el-badge :value="3" class="item">
  <el-button size="small">回复</el-button>
</el-badge>
<el-badge :value="1" class="item" type="primary">
  <el-button size="small">评论</el-button>
</el-badge>
<el-badge :value="2" class="item" type="warning">
  <el-button size="small">回复</el-button>
</el-badge>

<el-dropdown trigger="click">
  <span class="el-dropdown-link">
    点我查看<i class="el-icon-caret-bottom el-icon--right"></i>
  </span>
  <el-dropdown-menu slot="dropdown">
    <el-dropdown-item class="clearfix">
      评论
      <el-badge class="mark" :value="12"/>
    </el-dropdown-item>
    <el-dropdown-item class="clearfix">
```

```
      回复
      <el-badge class="mark" :value="3"/>
    </el-dropdown-item>
  </el-dropdown-menu>
</el-dropdown>

<style>
.item {
  margin-top: 10px;
  margin-right: 40px;
}
</style>
```

9.6 提示通知类组件

当获取后台数据的过程被网络、硬件配置等客观因素限制时，就需要采用加载提示。当数据加载完成或提交某个信息失败、成功时，就需要进行弹窗类控件的提示。

9.6.1 Loading 加载

加载数据时显示动效。在表格等容器中加载数据时显示，如图 9.37 所示。

日期	姓名	地址
2016-05-03	王小虎	上海市普陀区金沙江路 1518 弄
2016-05-02	王小虎	上海市普陀区金沙江路 1518 弄
2016-05-04	王小虎	上海市普陀区金沙江路 1518 弄

图 9.37　加载

Element 提供了两种调用 Loading 的方法：指令和服务。对于自定义指令 v-loading，只需要绑定 Boolean 即可。默认情况下，Loading 遮罩会插入绑定元素的子节点，通过添加 body 修饰符，可以使遮罩插入 DOM 中的 body 上。

实现图 9.37 的代码如下。

```
<template>
  <el-table
    v-loading="loading"
    :data="tableData"
```

```
    style="width: 100%">
    <el-table-column
      prop="date"
      label=" 日期 "
      width="180">
    </el-table-column>
    <el-table-column
      prop="name"
      label=" 姓名 "
      width="180">
    </el-table-column>
    <el-table-column
      prop="address"
      label=" 地址 ">
    </el-table-column>
  </el-table>
</template>

<style>
  body {
    margin: 0;
  }
</style>

<script>
  export default {
    data() {
      return {
        tableData: [{
          date: '2016-05-03',
          name: ' 王小虎 ',
          address: ' 上海市普陀区金沙江路 1518 弄 '
        }, {
          date: '2016-05-02',
          name: ' 王小虎 ',
          address: ' 上海市普陀区金沙江路 1518 弄 '
        }, {
          date: '2016-05-04',
          name: ' 王小虎 ',
          address: ' 上海市普陀区金沙江路 1518 弄 '
        }],
        loading: true
      };
    }
  };
```

```
</script>
```

9.6.2 Message 消息提示

常用于主动操作后的反馈提示，从顶部出现，3 秒后自动消失，如图 9.38 所示。

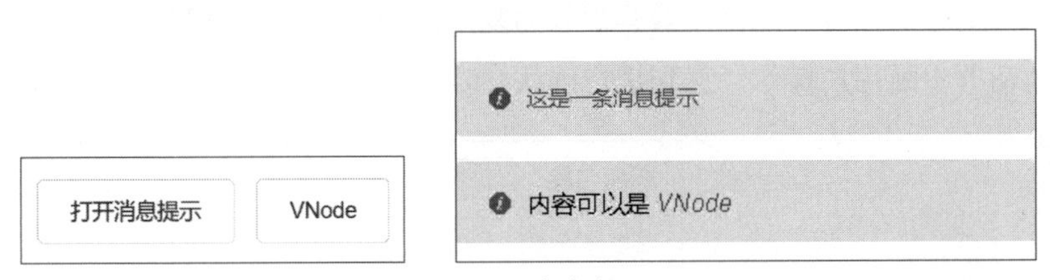

图 9.38　消息提示

Element 注册了一个 $message 方法用于调用，Message 可以接收一个字符串或一个 VNode 作为参数，它会被显示为正文内容。

实现图 9.38 的代码如下。

```
<template>
  <el-button :plain="true" @click="open"> 打开消息提示 </el-button>
  <el-button :plain="true" @click="openVn">VNode</el-button>
</template>

<script>
  export default {
    methods: {
      open() {
        this.$message(' 这是一条消息提示 ');
      },

      openVn() {
        const h = this.$createElement;
        this.$message({
          message: h('p', null, [
            h('span', null, ' 内容可以是 '),
            h('i', { style: 'color: teal' }, 'VNode')
          ])
        });
      }
    }
  }
</script>
```

9.6.3 MessageBox 弹框

模拟系统的消息提示框而实现的一套模态对话框组件，用于消息提示、确认消息和提交内容，如图 9.39 所示。从场景上来说，MessageBox 的作用是美化系统自带的 alert、confirm 和 prompt，因此适合展示较为简单的内容。如果需要弹出较为复杂的内容，则使用 Dialog。当用户进行操作时会被触发，该对话框中断用户操作，直到用户确认知晓后才可关闭。

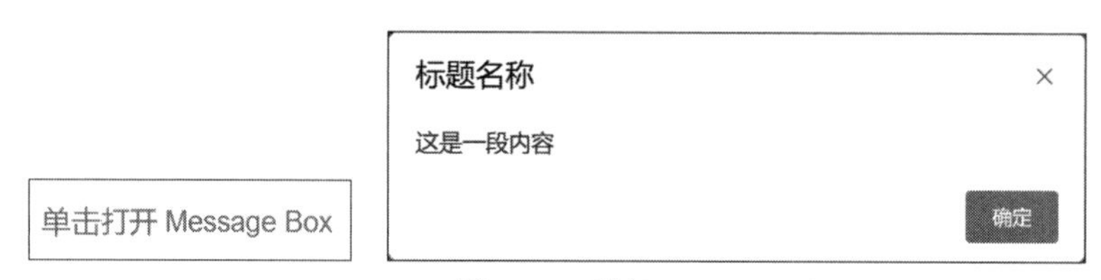

图 9.39　弹框

调用 $alert 方法即可打开消息提示，它模拟了系统的 alert，无法通过按“Esc”键或单击框外关闭。本例中接收了两个参数：message 和 title。值得一提的是，窗口被关闭后，它默认会返回一个 Promise 对象，便于进行后续操作的处理。如果不确定浏览器是否支持 Promise，则可自行引入第三方 Polyfills 或像本例一样使用回调进行后续处理。

实现图 9.39 的代码如下。

```
<template>
  <el-button type="text" @click="open">单击打开 Message Box</el-button>
</template>

<script>
  export default {
    methods: {
      open() {
        this.$alert('这是一段内容', '标题名称', {
          confirmButtonText: '确定',
          callback: action => {
            this.$message({
              type: 'info',
              message: `action: ${ action }`
            });
          }
        });
      }
    }
  }
</script>
```

9.6.4 Notification 通知

悬浮出现在页面角落，显示全局的通知提醒消息，如图 9.40 所示。适用性广泛的通知栏。

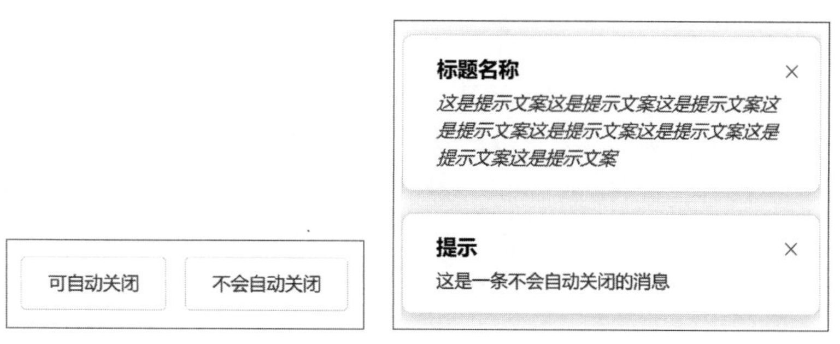

图 9.40　通知

Notification 组件提供通知功能，Element 注册了 $notify 方法，接收一个 options 字面量参数，在最简单的情况下，可以设置 title 字段和 message 字段，用于设置通知的标题和正文。默认情况下，经过一段时间后 Notification 组件会自动关闭，但是通过设置 duration，可以控制关闭的时间间隔，特别地，如果设置为 0，则不会自动关闭。需要注意的是，duration 接收一个 Number，单位为毫秒，默认为 4500。

实现图 9.40 的代码如下。

```
<template>
  <el-button
    plain
    @click="open1">
    可自动关闭
  </el-button>
  <el-button
    plain
    @click="open2">
    不会自动关闭
    </el-button>
</template>

<script>
  export default {
    methods: {
      open1() {
        const h = this.$createElement;

        this.$notify({
          title: '标题名称',
```

```
        message: h('i', { style: 'color: teal'}, '这是提示文案这是提示文案这是提示文案这是提示文案这是提示文案这是提示文案这是提示文案这是提示文案')
      });
    },

    open2() {
      this.$notify({
        title: '提示',
        message: '这是一条不会自动关闭的消息',
        duration: 0
      });
    }
  }
}
</script>
```

9.7 导航菜单类组件

为了让不同的栏目根据不同的所属主栏目归类显示，便于在不同的栏目之间进行切换，并且通过组件可以轻松查看所对应的当前栏目，推荐使用菜单组件。

9.7.1 NavMenu 导航菜单

为网站提供导航功能的菜单，如图 9.41 所示。适用广泛的基础用法。

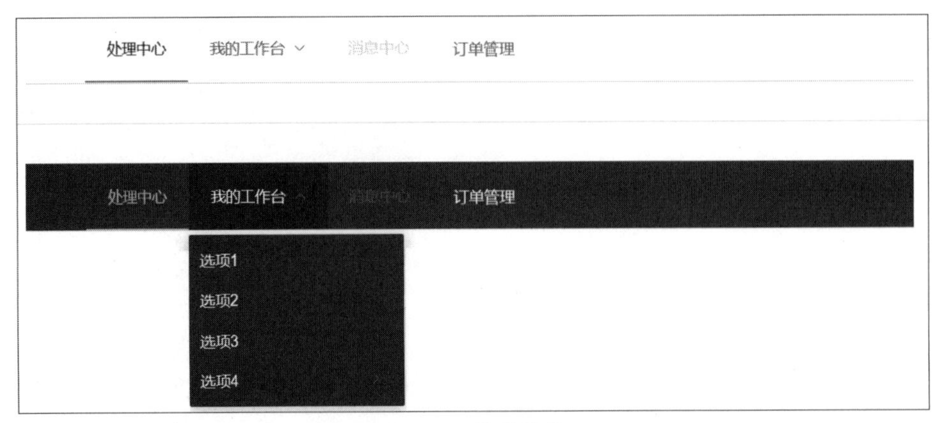

图 9.41　导航菜单

导航菜单默认为垂直模式，通过 mode 属性可以使导航菜单变更为水平模式。另外，在菜单中通过 submenu 组件可以生成二级菜单。Menu 还提供了 background-color、text-color 和 active-text-color，分别用于设置菜单的背景色、菜单的文字颜色和当前激活菜单的文字颜色。

实现图 9.41 的代码如下。

```
<el-menu :default-active="activeIndex" class="el-menu-demo" mode="horizontal"
@select="handleSelect">
  <el-menu-item index="1">处理中心</el-menu-item>
  <el-submenu index="2">
    <template slot="title">我的工作台</template>
    <el-menu-item index="2-1">选项 1</el-menu-item>
    <el-menu-item index="2-2">选项 2</el-menu-item>
    <el-menu-item index="2-3">选项 3</el-menu-item>
    <el-submenu index="2-4">
      <template slot="title">选项 4</template>
      <el-menu-item index="2-4-1">选项 1</el-menu-item>
      <el-menu-item index="2-4-2">选项 2</el-menu-item>
      <el-menu-item index="2-4-3">选项 3</el-menu-item>
    </el-submenu>
  </el-submenu>
  <el-menu-item index="3" disabled>消息中心</el-menu-item>
  <el-menu-item index="4"><a href="https://www.ele.me" target="_blank">订单管理
  </a></el-menu-item>
</el-menu>
<div class="line"></div>
<el-menu
  :default-active="activeIndex2"
  class="el-menu-demo"
  mode="horizontal"
  @select="handleSelect"
  background-color="#545c64"
  text-color="#fff"
  active-text-color="#ffd04b">
  <el-menu-item index="1">处理中心</el-menu-item>
  <el-submenu index="2">
    <template slot="title">我的工作台</template>
    <el-menu-item index="2-1">选项 1</el-menu-item>
    <el-menu-item index="2-2">选项 2</el-menu-item>
    <el-menu-item index="2-3">选项 3</el-menu-item>
    <el-submenu index="2-4">
      <template slot="title">选项 4</template>
      <el-menu-item index="2-4-1">选项 1</el-menu-item>
      <el-menu-item index="2-4-2">选项 2</el-menu-item>
      <el-menu-item index="2-4-3">选项 3</el-menu-item>
    </el-submenu>
```

```
  </el-submenu>
  <el-menu-item index="3" disabled>消息中心</el-menu-item>
  <el-menu-item index="4"><a href="https://www.ele.me" target="_blank">订单管理
  </a></el-menu-item>
</el-menu>

<script>
  export default {
    data() {
      return {
        activeIndex: '1',
        activeIndex2: '1'
      };
    },
    methods: {
      handleSelect(key, keyPath) {
        console.log(key, keyPath);
      }
    }
  }
</script>
```

9.7.2 Tabs 标签页

分隔内容上有关联但属于不同类别的数据集合，如图 9.42 所示。基础的、简洁的标签页。

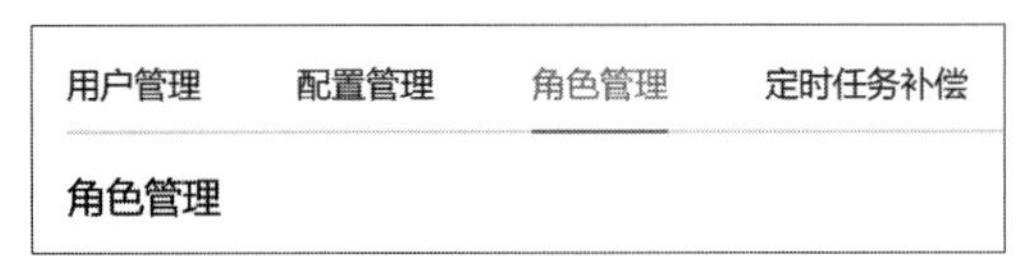

图 9.42　标签页

Tabs 组件提供了选项卡功能，默认选中第一个标签页，也可以通过 value 属性来指定当前选中的标签页。

实现图 9.42 的代码如下。

```
<template>
  <el-tabs v-model="activeName" @tab-click="handleClick">
    <el-tab-pane label="用户管理" name="first">用户管理</el-tab-pane>
    <el-tab-pane label="配置管理" name="second">配置管理</el-tab-pane>
    <el-tab-pane label="角色管理" name="third">角色管理</el-tab-pane>
    <el-tab-pane label="定时任务补偿" name="fourth">定时任务补偿</el-tab-pane>
  </el-tabs>
</template>
<script>
```

```
  export default {
    data() {
      return {
        activeName: 'second'
      };
    },
    methods: {
      handleClick(tab, event) {
        console.log(tab, event);
      }
    }
  };
</script>
```

9.7.3 Dropdown 下拉菜单

将动作或菜单折叠到下拉菜单中，移动到下拉菜单上，展开更多操作，如图 9.43 所示。

图 9.43　下拉菜单

通过组件 slot 来设置下拉触发的元素及需要通过具名 slot 为 dropdown 来设置下拉菜单。默认情况下，下拉按钮只要 hover 即可，无须单击也会显示下拉菜单。

实现图 9.43 的代码如下。

```
<el-dropdown>
  <span class="el-dropdown-link">
    下拉菜单 <i class="el-icon-arrow-down el-icon--right"></i>
  </span>
  <el-dropdown-menu slot="dropdown">
    <el-dropdown-item> 黄金糕 </el-dropdown-item>
    <el-dropdown-item> 狮子头 </el-dropdown-item>
    <el-dropdown-item> 螺蛳粉 </el-dropdown-item>
    <el-dropdown-item disabled> 双皮奶 </el-dropdown-item>
    <el-dropdown-item divided> 蚵仔煎 </el-dropdown-item>
  </el-dropdown-menu>
```

```
</el-dropdown>

<style>
  .el-dropdown-link {
    cursor: pointer;
    color: #409EFF;
  }
  .el-icon-arrow-down {
    font-size: 12px;
  }
</style>
```

9.8 其他组件

当有一些简单操作需要在同一个页面中进行增删改时，为了避免重复来回切换不同的页面，导致用户无法聚焦当前页面的操作，使用 Dialog 对话框更加方便，同时也减少了开发者创建新页面的工作量。

9.8.1 Dialog 对话框

在保留当前页面状态的情况下，告知用户并承载相关操作，如图 9.44 所示。Dialog 弹出一个对话框，适合需要定制性更大的场景。

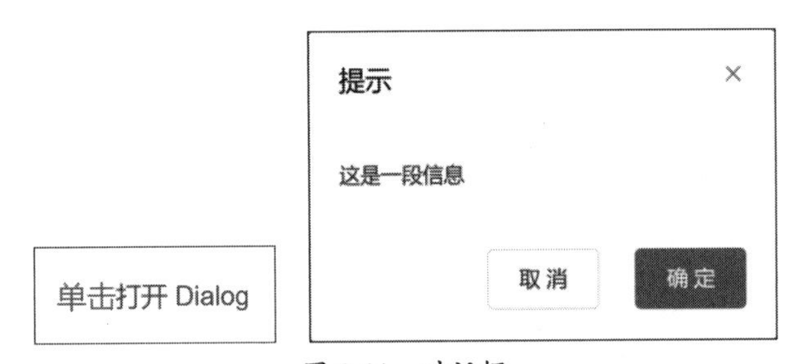

图 9.44　对话框

需要设置 visible 属性，它接收 Boolean，当为 true 时显示 Dialog。Dialog 分为两个部分：body 和 footer，footer 需要具名为 footer 的 slot。title 属性用于定义标题，它是可选的，默认值为空。最后，本例还展示了 before-close 的用法。

实现图 9.44 的代码如下。

```
<el-button type="text" @click="dialogVisible = true">单击打开 Dialog</el-button>
```

```
<el-dialog
  title=" 提示 "
  :visible.sync="dialogVisible"
  width="30%"
  :before-close="handleClose">
  <span> 这是一段信息 </span>
  <span slot="footer" class="dialog-footer">
    <el-button @click="dialogVisible = false"> 取消 </el-button>
    <el-button type="primary" @click="dialogVisible = false"> 确定 </el-button>
  </span>
</el-dialog>

<script>
  export default {
    data() {
      return {
        dialogVisible: false
      };
    },
    methods: {
      handleClose(done) {
        this.$confirm(' 确认关闭？ ')
          .then(_ => {
            done();
          })
          .catch(_ => {});
      }
    }
  };
</script>
```

9.8.2 Tooltip 文字提示

常用于展示鼠标 hover 时的提示信息，如图 9.45 所示。这里提供 9 种不同方向的展示方式，可以通过以下完整示例来理解，并选择需要的效果。

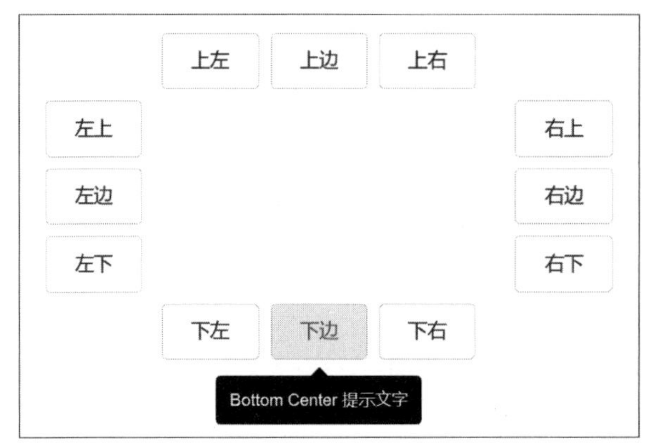

图 9.45　文字提示

使用 content 属性来决定 hover 时的提示信息。由 placement 属性决定展示效果：placement 属性值为方向 - 对齐位置；4 个方向为 top、left、right 和 bottom；3 种对齐位置为 start、end 和默认为空。例如，placement="left-end"，则提示信息出现在目标元素的左侧，且提示信息的底部与目标元素的底部对齐。

实现图 9.45 的代码如下。

```
<div class="box">
  <div class="top">
    <el-tooltip class="item" effect="dark" content="Top Left 提示文字 "
placement="top-start">
      <el-button> 上左 </el-button>
    </el-tooltip>
    <el-tooltip class="item" effect="dark" content="Top Center 提示文字 "
placement="top">
      <el-button> 上边 </el-button>
    </el-tooltip>
    <el-tooltip class="item" effect="dark" content="Top Right 提示文字 "
placement="top-end">
      <el-button> 上右 </el-button>
    </el-tooltip>
  </div>
  <div class="left">
    <el-tooltip class="item" effect="dark" content="Left Top 提示文字 "
placement="left-start">
      <el-button> 左上 </el-button>
    </el-tooltip>
    <el-tooltip class="item" effect="dark" content="Left Center 提示文字 "
placement="left">
      <el-button> 左边 </el-button>
    </el-tooltip>
```

```
    <el-tooltip class="item" effect="dark" content="Left Bottom 提示文字"
placement="left-end">
      <el-button>左下</el-button>
    </el-tooltip>
  </div>

  <div class="right">
    <el-tooltip class="item" effect="dark" content="Right Top 提示文字"
placement="right-start">
      <el-button>右上</el-button>
    </el-tooltip>
    <el-tooltip class="item" effect="dark" content="Right Center 提示文字"
placement="right">
      <el-button>右边</el-button>
    </el-tooltip>
    <el-tooltip class="item" effect="dark" content="Right Bottom 提示文字"
placement="right-end">
      <el-button>右下</el-button>
    </el-tooltip>
  </div>
  <div class="bottom">
    <el-tooltip class="item" effect="dark" content="Bottom Left 提示文字"
placement="bottom-start">
      <el-button>下左</el-button>
    </el-tooltip>
    <el-tooltip class="item" effect="dark" content="Bottom Center 提示文字"
placement="bottom">
      <el-button>下边</el-button>
    </el-tooltip>
    <el-tooltip class="item" effect="dark" content="Bottom Right 提示文字"
placement="bottom-end">
      <el-button>下右</el-button>
    </el-tooltip>
  </div>
</div>

<style>
  .box {
    width: 400px;

    .top {
      text-align: center;
    }

    .left {
```

```
      float: left;
      width: 60px;
    }

    .right {
      float: right;
      width: 60px;
    }

    .bottom {
      clear: both;
      text-align: center;
    }

    .item {
      margin: 4px;
    }

    .left .el-tooltip__popper,
    .right .el-tooltip__popper {
      padding: 8px 10px;
    }
  }
</style>
```

9.8.3 Card 卡片

将信息聚合在卡片容器中展示，包含标题、内容和操作，如图 9.46 所示。

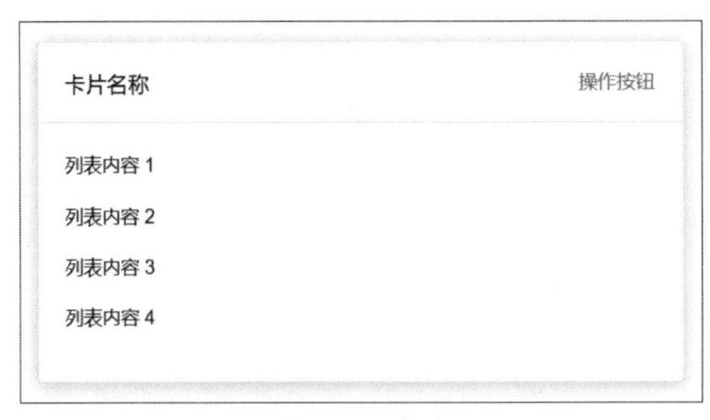

图 9.46　卡片

Card 组件包括 header 和 body 部分，header 部分需要有显式具名 slot 分发，同时也是可选的。实现图 9.46 的代码如下。

```
<el-card class="box-card">
```

```
  <div slot="header" class="clearfix">
    <span>卡片名称</span>
    <el-button style="float: right; padding: 3px 0" type="text">操作按钮
</el-button>
  </div>
  <div v-for="o in 4" :key="o" class="text item">
    {{ '列表内容' + o }}
  </div>
</el-card>

<style>
  .text {
    font-size: 14px;
  }

  .item {
    margin-bottom: 18px;
  }

  .clearfix:before,
  .clearfix:after {
    display: table;
    content: "";
  }
  .clearfix:after {
    clear: both
  }

  .box-card {
    width: 480px;
  }
</style>
```

9.8.4 Image 图片

图片容器，在保留原生 img 的特性下，支持懒加载、自定义占位、加载失败等，如图 9.47 所示。

图 9.47　图片

可以通过 fit 确定图片如何适应到容器框，同原生 object-fit。

实现图 9.47 的代码如下。

```
<div class="demo-image">
  <div class="block" v-for="fit in fits" :key="fit">
    <span class="demonstration">{{ fit }}</span>
    <el-image
      style="width: 100px; height: 100px"
      :src="url"
      :fit="fit"></el-image>
  </div>
</div>
```

9.9 小结

ElementUI 的控件主要分为六大类：基础组件、表单组件、数据显示组件、提示通知类组件、导航菜单类组件和其他组件。其中，基础组件和表单组件是运用频率最高的，例如，按钮、输入框、选择器等，基本上在大部分的表单场景都会用到。刚开始学习该框架的读者可能不太能够接受和以前用过的 UI 的区别，乍一看似乎有很多东西要记住之后才能使用，但实际上只要总结绑定属性和事件的规律即可很快熟知。真正的熟练使用还是要在项目中多练习才行，更重要的是，有时间时自己创建出这些组件，了解其背后的思维原理。

第10章

实战：上市集团门户网站开发

通过前面9章，我们从0到1学习了如何安装Vue.js脚手架、如何引入Vue.js框架、Vue.js的基础指令、生命周期钩子函数、Vue.js的路由组件及两个比较实用的Vue.js插件框架的使用。本章是从1到100的进阶阶段，直接进入实操部分。首先用Vue.js框架搭建一个常规性的企业门户网站。

10.1 路由框架搭建

做一个Vue.js项目首先要思考的就是路由如何搭建，路由就是项目的方向。在思考路由怎么搭建之前，先来看本次项目最终需要呈现的效果。一般企业都会有专门的UI设计师来画好高保真原型，通常是用Photoshop画好的PSD格式文件，可以用ACDSee等预览软件打开查看效果，如图10.1所示。

图10.1　网站首页设计稿

经过仔细观察首页结构，需要重点分析以下几点。

（1）导航栏目有哪些？

（2）导航深度有多少级？

（3）页面结构有哪些？

（4）每个页面分别会用到什么后端接口？

（5）把重复的模块单独提取出来。

（6）页面读取数据、提交数据、修改数据、删除数据的页面分别有哪些？

下面带着这些问题来分析首页及各个内页（由于篇幅所限，这里就不把每个内页图片都展示出来了）。

网站的导航结构如图 10.2 所示。

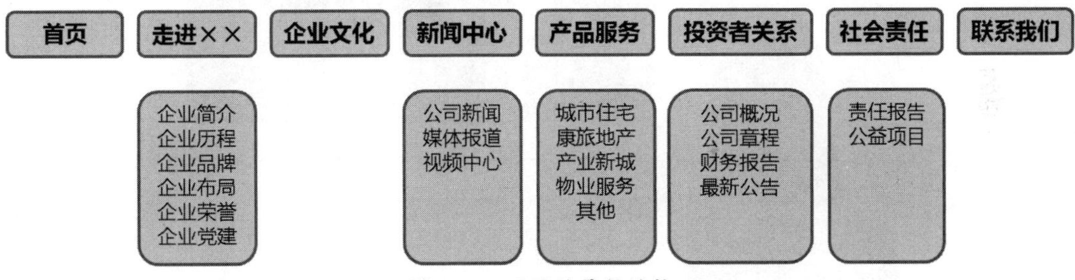

图 10.2　网站的导航结构

每个网站项目都建议采用以上这种方式，这样就可以清晰地看到网站的结构，可以很明显地看到最深的层级就是二级菜单（实际上，在“企业党建”下还有 4 个子栏目，但实际上整个网站也就只有这一个栏目有三级子栏目，所以就把这 4 个三级子栏目合并放到“企业党建”这一页面下，有助于简化操作）。

很多项目看设计稿好像很复杂，但是我们需要化繁为简，把模块都归类，所谓大道至简就是这个道理。

再来看看页面结构。首页的结构是典型的上中下结构，上是导航条，中是主体内容，下是版权信息内容。而内页（图 10.3）的结构也是典型的上中下结构，即上是导航条，中的左侧是内页的二级菜单，中的右侧是正文部分，下是版权信息内容。

纵观整个设计稿不难看出，基本上就只有读取数据接口，既没有提交数据、修改数据接口，也没有删除数据接口，这样问题就简化很多了，而且本次的项目属于文章类目比较多的网站，因此可以把很多数据都做成静态 JSON 数据格式存放在本地。

图 10.3　网站内页设计稿

最后，可以得出一个路由配置文件 routes.js（在 src/js 目录下创建该文件），代码如下。

```
export default [{
        path: "/",
        redirect: "/home",
    },
    {
        path: "/home",
        meta: { title: '×× 房地产发展股份有限公司 ' },
        component: () =>
            import ('../vue/page/home'),
    },
    {
```

```
    path: "/search/*",
    meta: { title: '搜索结果' },
    component: () =>
        import ('../vue/page/search'),
},
{
.   path: "/jrrs",
    meta: { title: '加入××' },
    component: () =>
        import ('../vue/page/jrrs'),
},
{
    path: "/sxtx",
    meta: { title: '盛行天下' },
    component: () =>
        import ('../vue/page/sxtx'),
},
{
    path: "/zjrs",
    redirect: "/zjrs/qyjj",
    component: () =>
        import ('../vue/components/banner'),
    children: [{
        path: "qyjj",
        component: () =>
            import ('../vue/page/zjrs/qyjj'),
    },
    {
        path: "qylc",
        component: () =>
            import ('../vue/page/zjrs/qylc'),
    },
    {
        path: "qypp",
        component: () =>
            import ('../vue/page/zjrs/qypp'),
    },
    {
        path: "qybj",
        component: () =>
            import ('../vue/page/zjrs/qybj'),
    },
    {
        path: "qyry",
        component: () =>
```

```
                import ('../vue/page/zjrs/qyry'),
        },
        {
            path: "qydj",
            component: () =>
                import ('../vue/page/zjrs/qydj'),
            children: [{
                path: "dqdt",
                component: () =>
                    import ('../vue/components/newsList'),
            }, {
                path: "zzjs",
                component: () =>
                    import ('../vue/page/zjrs/qydj/zzjs'),
            }, {
                path: "zzfzlc",
                component: () =>
                    import ('../vue/page/zjrs/qydj/zzfzlc'),
            }, {
                path: "dqry",
                component: () =>
                    import ('../vue/page/zjrs/qydj/dqry'),
            }]
        }, ]
    },
    {
        path: "/qywh",
        redirect: "/qywh/qywh",
        component: () =>
            import ('../vue/components/banner'),
        children: [{
            path: "qywh",
            component: () =>
                import ('../vue/page/qywh/qywh'),
        }, ]
    },
    {
        path: "/xwzx",
        redirect: "/xwzx/gsxw",
        component: () =>
            import ('../vue/components/banner'),
        children: [{
            path: "gsxw",
            component: () =>
                import ('../vue/components/newsList'),
```

```
        }, {
            path: "mtbd",
            component: () =>
                import ('../vue/components/newsList'),
        }, {
            path: "spzx",
            component: () =>
                import ('../vue/page/xwzx/spzx'),
        }, ]
    },
    {
        path: "/cpfw",
        redirect: "/cpfw/cszz",
        component: () =>
            import ('../vue/components/banner'),
        children: [{
            path: "cszz",
            component: () =>
                import ('../vue/page/cpfw/cszz'),
        }, {
            path: "kldc",
            component: () =>
                import ('../vue/page/cpfw/kldc'),
        }, {
            path: "cyxc",
            component: () =>
                import ('../vue/page/cpfw/cyxc'),
        }, {
            path: "wyfw",
            component: () =>
                import ('../vue/page/cpfw/wyfw'),
        }, {
            path: "qt",
            component: () =>
                import ('../vue/page/cpfw/qt'),
        }, ]
    },
    {
        path: "/tzzgx",
        redirect: "/tzzgx/gsgk",
        component: () =>
            import ('../vue/components/banner'),
        children: [{
            path: "gsgk",
            component: () =>
```

```
                import ('../vue/page/tzzgx/gsgk'),
        }, {
            path: "gszc",
            component: () =>
                import ('../vue/page/tzzgx/gszc'),
        }, {
            path: "cwbg",
            component: () =>
                import ('../vue/page/tzzgx/cwbg'),
        }, {
            path: "zxgg",
            component: () =>
                import ('../vue/page/tzzgx/zxgg'),
        }, ]
    },
    {
        path: "/shzr",
        redirect: "/shzr/shzrbg",
        component: () =>
            import ('../vue/components/banner'),
        children: [{
            path: "shzrbg",
            component: () =>
                import ('../vue/page/shzr/shzrbg'),
        }, {
            path: "gyxm",
            component: () =>
                import ('../vue/page/shzr/gyxm'),
        }, ]
    },
    {
        path: "/lxwm",
        redirect: "/lxwm/lxwm",
        component: () =>
            import ('../vue/components/banner'),
        children: [{
            path: "lxwm",
            component: () =>
                import ('../vue/page/lxwm/lxwm'),
        }, ]
    },
    {
        path: "/singleNewsDetail",
        component: () =>
            import ('../vue/components/singleNewsDetail'),
```

```
    }, {
        path: "*",
        meta: { title: '该页面无法显示！' },
        component: () =>
            import ('../vue/page/notFound')
    } // 404 页面，一定要写在最后
];
```

其中，children: [] 是多重路由的子路由入口，用 component: () => import ('url') 这种方式引入子页面组件可以让项目按需加载，而非一开始就全部加载。

10.2 业务目录安排

下面就来对项目整体的文件目录结构进行分配。对于网站类型的项目，可以把目录按照如图 10.4 所示的层级来分配。

图 10.4 中，除画框内的文件夹外，其余都是项目通过 Vue.js 脚手架生成的项目模板目录。这种类型项目目录是通过 vue init webpack projectName 命令来创建的。剩下的是自己来创建的结构，具体如下。

```
src
  assets
  css
  js
  vue
    components
    page
static
  files
  img
    v-html
```

文件夹目录一般按照上面的结构来创建，对文件夹的描述如下。

（1）src：存放代码相关资源的文件夹（source 的缩略写法）。

（2）assets：存放图标 PNG、背景图 JPG 等文件的文件夹。

（3）css：存放 SCSS、CSS、LESS 等文件的文件夹。

（4）js：存放 JavaScript 文件的文件夹。

（5）vue：存放 Vue.js 页面、Vue.js 组件文件的文件夹。

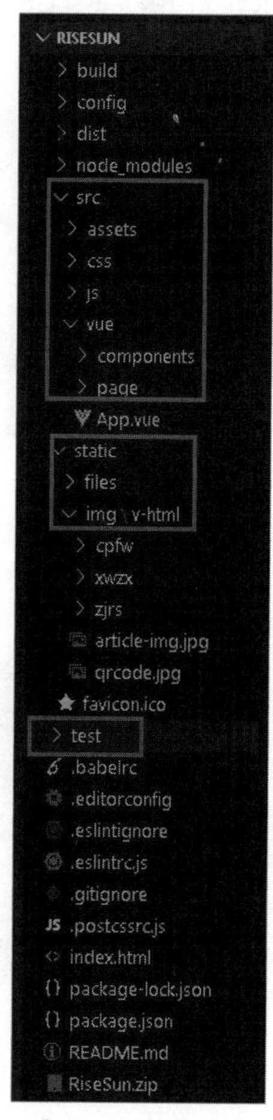

图 10.4　目录结构

（6）static：存放静态资源的文件夹。

（7）files：存放下载文件的文件夹。

（8）img：存放新闻文章包含的详情图片的文件夹（这个文件夹内容不会被编译为加密文件名）。

10.3 开发文件配置

如果静态文件不是部署在网站根目录下，那么 vue-cli 将会带来巨大的麻烦，即不能直接把 build 好的文件抛进一个目录，也不能直接在本地打开用 Vue.js 做好的静态网站。这时改成相对路径即可，主要需要做两步。

（1）将 config → index.js → build → assetsPublicPath 中的 '/' 修改为 './'（需要注意的是，直接将 dev: {} 中的 assetsPublicPath 改为 true，在本地运行时会报 Cannot GET / 错误，所以一定要注意准确位置是在 build: {} 中修改），如图 10.5 所示。

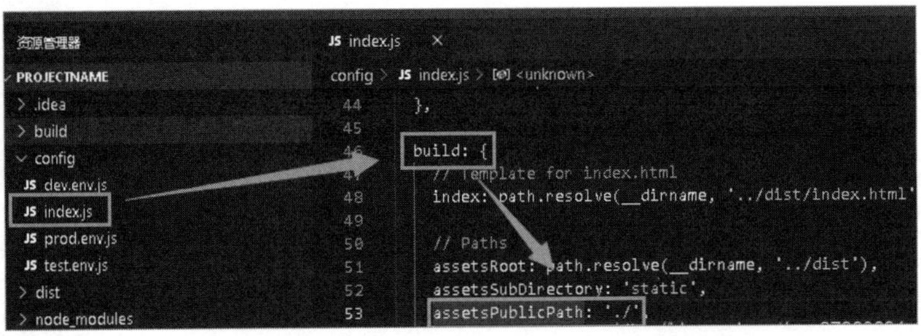

图 10.5　配置资源文件夹构建项目相对路径

（2）在 build → util.js 中找到 ExtractTextPlugin.extract，增加一行：publicPath: '../../'，如图 10.6 所示。

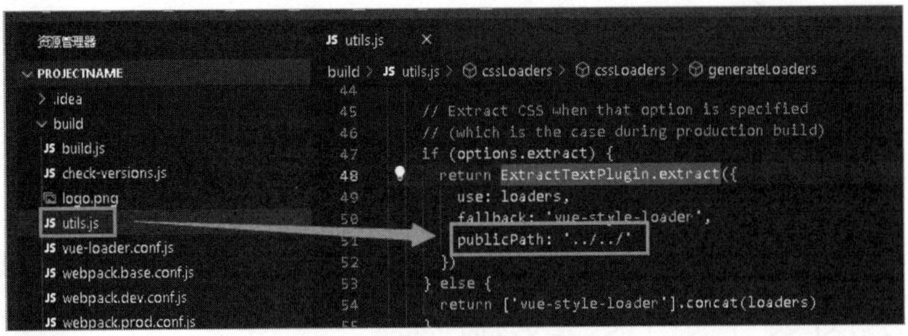

图 10.6　配置项目发布公共路径

然后使用 npm run build 命令打包文件，就可以直接运行了。也可以直接作为 HTML 静态页面放入服务器。

另外，main.js 和 App.vue 两个文件，建议都放到对应的 js 和 vue 文件夹，这样看起来项目目录更加清爽。修改 main.js 文件的存放位置，把它移动到 src/js 文件夹下，找到 build/webpack.base.conf.js 文件并做如下修改。

```
module.exports = {
    context: path.resolve(__dirname, '../'),
    entry: {
        app: './src/js/main.js' // 修改这个路径即可
    },
...
```

这样就可以把 main.js 文件剪切到 src/js 文件夹下了。

修改 App.vue 文件的路径，把它移动到 src/vue 文件夹下，打开之前的 main.js 文件并做如下修改。

```
import App from '../vue/App'; // 修改这个路径即可
new Vue({ el: '#app', render: h => h(App), router });
```

这样就可以把 App.vue 文件剪切到 src/vue 文件夹下了。

接下来进行基本文件的初步配置。首先打开 index.html 文件，这个文件是根目录中的，建议不要移动它的位置，它就是整个 Vue.js 项目的入口文件。打开后做如下修改。

```
<!-- 浏览器顶部标题栏图标 -->
<link rel="shortcut icon" type="image/x-icon" href="./static/favicon.ico">

<style>
html,body{
  margin: 0;
  padding: 0;
  overflow-x: hidden;
}
</style>
```

这里的 link 设置的是项目的浏览器标题栏的 Icon 图标样式；style 的设置是为了让整个页面不要出现多余的边界，同时不要出现横向滚动条。然后打开 main.js 文件，把项目需要的基本插件引用进去，同时对路由做一个全局的设置。

```
//【基础配置】-------------------------------------------------------------
// 引入 Vue.js 框架（设置为 false，以阻止 Vue.js 在启动时生成生产提示）
import Vue from 'vue';
Vue.config.productionTip = false;
// 导入路由【安装方法】cnpm i vue-router
import VueRouter from 'vue-router';
Vue.use(VueRouter);
import routes from './routes';
```

```
const router = new VueRouter({
    //mode: 'history', // 这里存在一个弊端，如果要去除路由的“#”，则需要后端配合配置，
                       // 否则刷新页面就会报 404 错误。反正如果不是非得要做支付，建议
                       // 不用这个参数配置
    //base: '/projects/rs/', // 这个位置写项目在服务器上面从根目录开始算的绝对路径，
                             // 当设置 mode: 'history' 时才有效
    scrollBehavior: (to, from, savedPosition) => {
        if (to.hash) return { selector: to.hash }; // 跳转到锚点
        return savedPosition || { x: 0, y: 0 }; // 回归历史滚动位置
    },
    routes
});
router.beforeEach((to, from, next) => {
    document.title = to.meta.title || ''; // 路由发生变化，修改页面 title
    next()
})


//【第三方插件】-------------------------------------------------------------
// 引入 ElementUI 框架【安装方法】cnpm i element-ui -S
import ElementUI from 'element-ui';
import 'element-ui/lib/theme-chalk/index.css';
Vue.use(ElementUI);
// 引入 axios【安装方法】cnpm i axios -S
import axios from 'axios';
Vue.prototype.$axios = axios;
// 引入 ECharts【安装方法】cnpm i echarts -S
import echarts from 'echarts';
Vue.prototype.$echarts = echarts;

//【公共方法】---------------------------------------------------------------
import common from "./js/common";
Vue.prototype.$common = common;

//【公共变量】---------------------------------------------------------------
import global from "./js/global";
Vue.prototype.$global = global;

//【初始化加载】-------------------------------------------------------------
import App from './App';
new Vue({ el: '#app', render: h => h(App), router });
```

上面每行代码都有注释，这里就不一一解释了。之后还需要对 App.vue 文件的内容进行配置，主要是设置导航条、主体内容（包括 banner 内容、文章列表）和版权信息内容。

```
<template>
  <div>
    <!-- 导航条 -->
    <div class="sg-nav" :shadow="shadow">
      <div class="sg-logo" path="/" @click="clickItem">

      </div>
      <div class="sg-body">

      </div>
      <div class="sg-right">

      </div>
    </div>
    <!-- 渲染路由映射组件 -->
    <router-view ref="banner"/>
    <!-- 底部 -->
    <div class="sg-footer">

    </div>
  </div>
</template>

<script>
export default {
  data() {
    return {
      shadow: false,       // 导航条底部阴影
      navHoverIndex: null,
      navCurrentIndex: 0,
      navSubHoverIndex: null,
      navSubCurrentIndex: null,
      items: this.$global.app.navItems,
      sites: this.$global.app.sites,
      searchIndex: 0,
      searchText: "",
      footerIconsHoverIndex: null,
      footerIcons: this.$global.app.footerIcons,
      footerLinks: this.$global.app.footerLinks,
      year: new Date().getFullYear(),
      /*DOM 元素 */
      sgNav: null,
      sgNavBody: null,
      sgSelect: null,
      sgSearch: null,
      localStorageName: "sgNavSearchList",
      searchList: []       // 搜索记录下拉框
```

```
    };
  },
  created() {

  },
  watch: {
    $route(to, from) {

    }
  },
  mounted() {

  },
  methods: {

  }
};
</script>


<style lang='scss'>
@import "~@/css/reset";
@import "~@/css/common";

</style>
```

这里的 sg-nav 就是导航条部分，同时导航条分成了 logo、body、right 三部分，其中 logo 是导航条的标志部分，body 是中间可以单击的导航按钮部分，right 是企业外链站和搜索及二维码扫码区域。

router-view 作为二级路由组件的形式插入当前页面，也就是说，通过这个位置可以用多重路由的方式访问并链入需要的二级栏目。sg-footer 用于存放底部版权信息的位置。

在 script 节点下 export default 的 data() 中声明一些当前页面需要用的变量属性，在 watch 中对路由进行一些简单的监听，在 mounted 中写明当所有 DOM 都渲染好之后要执行的内容，在 methods 中写一些公用的方法。

10.4 公共方法编写

由于公共方法太多，如果要把每个细节的实现都书写在这里估计篇幅不够，因此这里只对主体方法进行展示。

```
export default {
    screen: {

    },
    random: {

    },
    space: {

    },
    userAgent: {

    },
    array: {

    },
    /* 去除 HTML 标签（真正意义上去除所有 HTML 标签，包括内嵌的 CSS 样式）*/
    stripHTML: function(html, isRemoveNewLine) {
        var t = document.createElement("div");
        t.innerHTML = html;
        document.querySelector("html").appendChild(t);
        var r = t.innerText;
        t.parentNode.removeChild(t);
        isRemoveNewLine && (r = r.replace(/[\r\n]/g, ""));
        return r;
    },
    scrollTo(sel, behavior, block, inline) {
        typeof sel == "string" && (sel = document.querySelector(sel));
        sel.scrollIntoView({
            behavior: behavior || "smooth",
            block: block || "end",
            inline: inline || "end"
        }); // 缓慢滚动
    },
}
```

其中，screen 是与屏幕有关的一些方法，如全屏、退出全屏、判断页面是否处于全屏状态等；random 是获取某些范围内数字、小数、数组中随机元素等；space 是用于对字符串进行去除各种类型的空格字符的方法；userAgent 是用来获取客户端的浏览器版本的方法；array 是关于数组的一些操作方法、搜索模糊匹配等；stripHTML 是用于对字符串进行去除 HTML 标签样式的方法；scrollTo 是用于滚动的方法。

10.5 公共样式编写

在 style 中默认嵌入 reset 和 common 两个 CSS 文件，当然这里的 common 用的是 SCSS 格式（一种更加高级的 CSS 编写规范），其中 reset.css 文件的代码如下，注意在嵌入时可以省略样式表的后缀名 css 和 scss。

```
@charset "UTF-8";
html,
body,
div,
span,
object,
iframe,
h1,
h2,
h3,
h4,
h5,
h6,
p,
blockquote,
pre,
abbr,
address,
cite,
code,
del,
dfn,
em,
img,
ins,
kbd,
q,
samp,
small,
strong,
sub,
sup,
var,
b,
```

```
i,
dl,
dt,
dd,
ol,
ul,
li,
fieldset,
form,
label,
legend,
table,
caption,
tbody,
tfoot,
thead,
tr,
th,
td,
article,
aside,
canvas,
details,
figcaption,
figure,
footer,
header,
hgroup,
menu,
nav,
section,
summary,
time,
mark,
audio,
video,
input,
select,
button {
    margin: 0;
    padding: 0;
    border: 0;
    outline: 0;
    font-size: 100%;
    vertical-align: baseline;
```

```
    background: transparent;
}

body {
    line-height: 1;
}

:focus {
    outline: 1;
}

article,
aside,
canvas,
details,
figcaption,
figure,
footer,
header,
hgroup,
menu,
nav,
section,
summary {
    display: block;
}

nav ul,
li {
    list-style: none;
}

blockquote,
q {
    quotes: none;
}

blockquote:before,
blockquote:after,
q:before,
q:after {
    content: '';
    content: none;
}
```

```
a {
    margin: 0;
    padding: 0;
    border: 0;
    font-size: 100%;
    vertical-align: baseline;
    background: transparent;
    text-decoration: none;
}

ins {
    background-color: #ff9;
    color: black;
    text-decoration: none;
}

mark {
    background-color: #ff9;
    color: black;
    font-style: italic;
    font-weight: bold;
}

del {
    text-decoration: line-through;
}

abbr[title],
dfn[title] {
    border-bottom: 1px dotted black;
    cursor: help;
}

table {
    border-collapse: collapse;
    border-spacing: 0;
}

hr {
    display: block;
    height: 1px;
    border: 0;
    border-top: 1px solid #cccccc;
    margin: 1em 0;
    padding: 0;
```

```
}

input,
select {
    vertical-align: middle;
}

.clearfloat {
    zoom: 1;
}

.clearfloat:after {
    display: block;
    clear: both;
    content: "";
    visibility: hidden;
    height: 0;
}
```

在创建 common.scss 文件时，文件名前应加入“_”，也就是说，文件名应该是 _common.scss，这样就可以在被嵌入时不会编译 _common.scss 文件。因为如果一开始就编译了此文件，会导致其他引入它的文件无法使用里面的一些公共变量属性。_common.scss 文件的代码如下，由于篇幅所限，这里只展示关键性代码，完整代码的下载地址见本书赠送资源。

```
//方法
@mixin gradient-bg( $deg: to bottom, $startColr: white, $endColor: black) {
    background: -webkit-linear-gradient(#{$deg}deg, #{$startColr},
#{$endColor});
    background: -o-linear-gradient(#{$deg}deg, #{$startColr}, #{$endColor});
    background: -moz-linear-gradient(#{$deg}deg, #{$startColr}, #{$endColor});
    background: linear-gradient(#{$deg}deg, #{$startColr}, #{$endColor});
}

@mixin active($x:1, $y:1, $color:initial) {
    transform: translate(#{$x}px, #{$y}px);
    @if $color!=initial {
        color: $color;
    }
}

@mixin dot($out-width:0, $opacity:0, $in-width:10, $background-color:white,
$border-olor: $red) {
    &::before {
        content: "";
        /*父元素需要position: relative;*/
```

```
        position: absolute;
        margin: auto;
        top: 0;
        right: 0;
        bottom: 0;
        left: 0;
        border-radius: 100%;
        box-sizing: border-box;
        border: 1px solid $border-olor;
        width: #{$out-width}px;
        height: #{$out-width}px;
        opacity: $opacity;
    }
    &:after {
        content: "";
        /* 父元素需要 position: relative;*/
        position: absolute;
        margin: auto;
        top: 0;
        right: 0;
        bottom: 0;
        left: 0;
        border-radius: 100%;
        width: #{$in-width}px;
        height: #{$in-width}px;
        background: $background-color;
    }
}

@mixin scale($scale:1.1) {
    transform: scale($scale);
    -ms-transform: scale($scale);
    /*IE9*/
    -webkit-transform: scale($scale);
    /*Safari and Chrome*/
    -o-transform: scale($scale);
    /*Opera*/
    -moz-transform: scale($scale);
    /*Firefox*/
}

@mixin scrollbar($background-bg-color:#eeeeee, $background-thumb-color:$red,
$background-thumb-hover-color:$darkRed, $border-radius:8, $width:8) {
    //【局部】滚动条样式
    &::-webkit-scrollbar {
        /* 滚动条轨道 */
```

```
        background: $background-bg-color;
        border-radius: #{$border-radius}px;
        width: #{$width}px;
        &-thumb {
            /* 滚动条滑块 */
            background: $background-thumb-color;
            border-radius: #{$border-radius}px;
            &:hover {
                /* 移入滑块 */
                background: $background-thumb-hover-color;
            }
        }
    }
}
```

10.6 页面效果实现

接着在根目录的 main.js 文件中引入本次的路由配置文件。

```
import routes from './routes';
const router = new VueRouter({
    //mode: 'history', // 这里存在一个弊端，如果要去除路由的“#”，则需要后端配合配置，
                       // 否则刷新页面就会报 404 错误。反正如果不是非得要做支付，建议
                       // 不用这个参数配置
    //base: '/projects/rs/', // 这个位置写项目在服务器上面从根目录开始算的绝对路径，
                             // 当设置 mode: 'history' 时才有效
    scrollBehavior: (to, from, savedPosition) => {
        if (to.hash) return { selector: to.hash }; // 跳转到锚点
        return savedPosition || { x: 0, y: 0 }; // 回归历史滚动位置
    },
    routes
});
```

注意

如果 mode 使用 history 属性，在跳转页面时路由路径就不会有“#”。但是，如果遇到使用“F5”键刷新页面，就会出现 404 报错，此时需要负责后端接口的人配合处理（一般是用 Nginx 做反向代理，指定跳转到首页或当前页，流程比较烦琐）。所以，除非是手机端支付页面的回调，不到万不得已不要用这个属性（当然，如果看不惯网址上有“#”，就另当别论了）。

另外，需要设置 global.js 文件，通过这个文件对所有的静态属性值进行配置，如导航栏的文本

内容、正文的banner标题、banner图片路径、文本样式、面包屑文字内容和样式等，通过把所有同类型的属性进行归类就可以达到提取同类型属性的目的，真正做到只要客户提出修改意见就可以很快锁定修改的位置，达到快捷高效开发的目的，global.js文件的部分代码如下。

```
export default {
    app: {
        footerIcons: [{
            label: "关注新浪微博",
            path: "/weibo",
            iconUrl: require("@/assets/app/weibo.svg")
        },
            {
                label: "关注微信公众号",
                path: "/wechat",
                iconUrl: require("@/assets/app/wechat.svg")
            }
        ],
        footerLinks: [
            { label: "联系我们", path: "/lxwm" },
            { label: "友情链接", path: "/yqlj" },
            { label: "网站地图", path: "/wzdt" },
            { label: "法律声明", path: "/flsm" }
        ],
    },
    home: {
    },
    news: {
        detail: {
            items: [
                { url: '', iconUrl: require("@/assets/components/newsDetail/
wechat.svg"), title: '分享到微信' },
                { url: '', iconUrl: require("@/assets/components/newsDetail/
sina.svg"), title: '分享到新浪' },
                { url: '', iconUrl: require("@/assets/components/newsDetail/
qq.svg"), title: '分享到QQ' },
                { url: '', iconUrl: require("@/assets/components/newsDetail/
link.svg"), title: '在新窗口单独打开' },
            ]
        }
    },
    zjrs: {
    },
    qywh: {
    },
```

```
    xwzx: {
    },
    cpfw: {
    },
    tzzgx: {
    },
    shzr: {
    },
    lxwm: {
    }
}
```

10.7 小结

基于 Vue.js 的知识点（webpack，vue-router）开发网站项目可实现的功能包括文章列表按照时间排序、动态地读取后台详情内容等。在 main.js 文件中引入路由配置文件，使用 history 路由模式。设置 watch、computed 等常用数据跟踪变化监听，路由的页面配置放在 router.js 文件内单独维护。style.css 文件是全局使用的 CSS 样式，在 main.js 文件中导入（import './style.css'），每个 Vue 文件 scoped 的样式一同提取输出到 main.css 文件。使用全局的 _common.css 文件来复用每个页面都用到的 CSS 部分代码，项目根目录下的 vue 文件夹放置每个路由页面的 .vue 文件；components 文件夹存放公共组件（newsList.vue 文件中定义了每个详情页的内容）；img 文件夹存放项目用到的图片。熟练的模块拆分能力是实操中最应该掌握的能力，在实际应用中考核的不是基本 Vue.js 常识能力，而是如何化繁为简、分门别类、拒绝重复造轮子的能力。一句话，熟能生巧，多用多练！

第11章

实战：基于 Vue.js 框架的后台管理系统开发

一个好的网站不仅需要交互体验较好的前台页面，也需要同样易于使用的后台页面。与做前台页面（网站页面）流程类似，做后台页面依然需要先进行路由框架的搭建、业务目录的安排、开发文件的配置、公共方法和公共样式的编写，最终实现需要的后台页面效果。首先用 Vue.js 框架搭建一个常规性的后台页面模板。

11.1 路由框架搭建

后台系统，即作为网站对应的信息发布更新的平台，肩负着对网站内容的更新任务，易用性就是其最基本的要求。通常设计师不会做出完全的高保真效果，可能会给一个大概的原型图，如图 11.1 所示。

图 11.1　后台页面原型图效果

通过对原型图的分析，综合评估用 Vue.js ElementUI 框架最符合目前的原型图要求。

依然是 10.1 节中的 6 个问题，今后做任何 Vue.js 项目都可以将这 6 个问题弄清楚，否则盲目开始到中途会很难处理突发问题。

（1）导航栏目内容与前台页面的基本一致。

（2）导航深度最多二级。

（3）页面结构主要是“上 + 左右 + 下”结构。

（4）主要用到后端的增删改查接口。

（5）有以下 3 种类型的模块。

① 单页面的富文本内容。

② 带有上传图片或视频的列表。

③ 纯新闻文章咨询列表。

（6）基本上每个页面都需要读取、修改数据。

根据原型图及自己分析的结果，设置好路由配置文件routes.js，与前台页面创建的目录一样，放在src/js目录下。

```
export default [{
        path: "/",
        redirect: "/login",
    }, {
        path: "/login",
        meta: { title: '后台管理系统登录' },
        component: () =>
            import ('../vue/page/login'), //登录页面
    },
    {
        path: "/home",
        meta: { title: '后台管理系统' },
        component: () =>
            import ('../vue/page/home'),
    },
    {
        path: "/zjrs",
        redirect: "/zjrs/qyjj",
        component: () =>
            import ('../vue/components/banner'),
        children: [{
            path: "qyjj",
            component: () =>
                import ('../vue/page/zjrs/qyjj'),
        },
        {
            path: "qylc",
            component: () =>
                import ('../vue/page/zjrs/qylc'),
        },
        {
            path: "qypp",
            component: () =>
                import ('../vue/page/zjrs/qypp'),
        },
        {
```

```
            path: "qybj",
            component: () =>
                import ('../vue/page/zjrs/qybj'),
        },
        {
            path: "qyry",
            component: () =>
                import ('../vue/page/zjrs/qyry'),
        },
        {
            path: "qydj",
            component: () =>
                import ('../vue/page/zjrs/qydj'),
        }, ]
    },
    {
        path: "/qywh",
        redirect: "/qywh/qywh",
        component: () =>
            import ('../vue/components/banner'),
        children: [{
            path: "qywh",
            component: () =>
                import ('../vue/page/qywh/qywh'),
        }, ]
    },
    {
        path: "/xwzx",
        redirect: "/xwzx/gsxw",
        component: () =>
            import ('../vue/components/banner'),
        children: [{
            path: "gsxw",
            component: () =>
                import ('../vue/components/newsList'),
        }, {
            path: "mtbd",
            component: () =>
                import ('../vue/components/newsList'),
        }, {
            path: "spzx",
            component: () =>
                import ('../vue/page/xwzx/spzx'),
        }, ]
    },
```

```
    {
        path: "/cpfw",
        redirect: "/cpfw/cszz",
        component: () =>
            import ('../vue/components/banner'),
        children: [{
            path: "cszz",
            component: () =>
                import ('../vue/page/cpfw/cszz'),
        }, {
            path: "kldc",
            component: () =>
                import ('../vue/page/cpfw/kldc'),
        }, {
            path: "cyxc",
            component: () =>
                import ('../vue/page/cpfw/cyxc'),
        }, {
            path: "wyfw",
            component: () =>
                import ('../vue/page/cpfw/wyfw'),
        }, {
            path: "qt",
            component: () =>
                import ('../vue/page/cpfw/qt'),
        }, ]
    },
    {
        path: "/tzzgx",
        redirect: "/tzzgx/gsgk",
        component: () =>
            import ('../vue/components/banner'),
        children: [{
            path: "gsgk",
            component: () =>
                import ('../vue/page/tzzgx/gsgk'),
        }, {
            path: "gszc",
            component: () =>
                import ('../vue/page/tzzgx/gszc'),
        }, {
            path: "cwbg",
            component: () =>
                import ('../vue/page/tzzgx/cwbg'),
        }, {
```

```
                path: "zxgg",
                component: () =>
                    import ('../vue/page/tzzgx/zxgg'),
            }, ]
        },
        {
            path: "/shzr",
            redirect: "/shzr/shzrbg",
            component: () =>
                import ('../vue/components/banner'),
            children: [{
                path: "shzrbg",
                component: () =>
                    import ('../vue/page/shzr/shzrbg'),
            }, {
                path: "gyxm",
                component: () =>
                    import ('../vue/page/shzr/gyxm'),
            }, ]
        },
        {
            path: "/lxwm",
            redirect: "/lxwm/lxwm",
            component: () =>
                import ('../vue/components/banner'),
            children: [{
                path: "lxwm",
                component: () =>
                    import ('../vue/page/lxwm/lxwm'),
            }, ]
        }, {
            path: "*",
            meta: { title: '该页面无法显示！ ' },
            component: () =>
                import ('../vue/page/notFound')
        } // 404 页面，一定要写在最后
];
```

11.2 业务目录安排

基本上 Vue.js 项目的目录规律都是一致的，这里不再重复 10.2 节的内容，直接做成了一张图片，如图 11.2 所示。建议收藏该图片，以便后期使用。

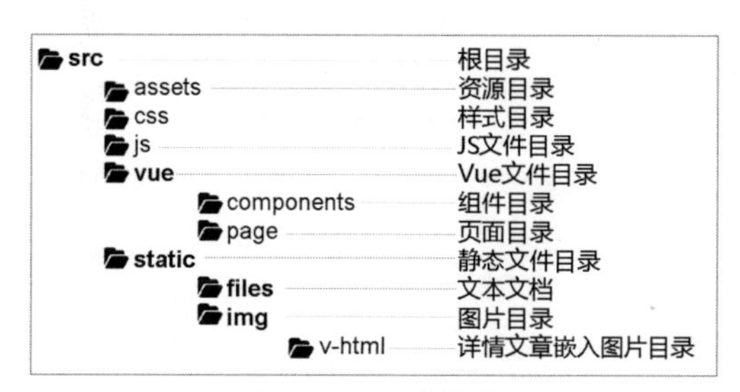

图 11.2 目录结构

11.3 开发文件配置

除前面几个配置文件的设置方式与 10.3 节一样外，还需要额外安装 ElementUI 框架、安装富文本框插件 wangEditor、设置放大图片图层组件和配置百度地图插件。

首先安装 ElementUI 框架，命令如下。

```
cnpm i element-ui -S
```

在 main.js 文件中用以下代码引入框架。

```
import ElementUI from 'element-ui';
import 'element-ui/lib/theme-chalk/index.css';
Vue.use(ElementUI);
```

然后安装 wangEditor，命令如下。

```
cnpm install wangeditor
```

创建公用组件，即在 src/vue/components 目录下创建 wangEditor.vue 文件。

```
<template lang="html">
  <div class="wangeditor">1
    <div ref="toolbar" class="toolbar"></div>
    <div ref="wangeditor" class="text"></div>
  </div>
</template>

<script>
import E from "wangeditor";
export default {
  data() {
```

```
    return {
      wangEditor: null,
      wangEditorInfo: null
    };
  },
  model: {
    prop: "value",
    event: "change"
  },
  props: {
    value: {
      type: String,
      default: ""
    },
    isClear: {
      type: Boolean,
      default: false
    }
  },
  watch: {
    isClear(val) {
      //触发清除文本域内容
      if (val) {
        this.wangEditor.txt.clear();
        this.wangEditorInfo = null;
      }
    },
    value: function(value) {
      if (value !== this.wangEditor.txt.html()) {
        this.isClear = false;
        this.wangEditor.txt.html(this.value);
                                //value为编辑框输入的内容，这里监听一下，当父组件调用时，
                                //如果给value赋值了，则子组件将会显示父组件赋给的值
      }
    }
  },
  mounted() {
    this.initEditor();
    this.wangEditor.txt.html(this.value);
  },
  methods: {
    initEditor() {
      this.wangEditor = new E(this.$refs.toolbar, this.$refs.wangeditor);
      this.wangEditor.customConfig.uploadImgShowBase64 = true;
                                                        //Base64存储图片（推荐）
```

```
    // this.wangEditor.customConfig.uploadImgServer = "https://jsonplaceholder.
typicode.com/posts/"; // 配置服务器端地址（不推荐）
    this.wangEditor.customConfig.uploadImgHeaders = {}; // 自定义 header
    this.wangEditor.customConfig.uploadFileName = "file";
                                        // 后端接受上传文件的参数名
    this.wangEditor.customConfig.uploadImgMaxSize = 2 * 1024 * 1024;
                                        // 将图片大小限制为默认最大支持 2MB
    this.wangEditor.customConfig.uploadImgMaxLength = 6;
                                        // 限制一次最多上传 6 张图片
    this.wangEditor.customConfig.uploadImgTimeout = 1 * 60 * 1000;
                                        // 设置超时时间（默认为 1 分钟）

    // 配置菜单
    this.wangEditor.customConfig.menus = [
      "head", // 标题
      "bold", // 粗体
      "fontSize", // 字号
      "fontName", // 字体
      "italic", // 斜体
      "underline", // 下划线
      "strikeThrough", // 删除线
      "foreColor", // 文字颜色
      "backColor", // 背景颜色
      "link", // 插入链接
      "list", // 列表
      "justify", // 对齐方式
      "quote", // 引用
      "emoticon", // 表情
      "image", // 插入图片
      "table", // 表格
      "video", // 插入视频
      "code", // 插入代码
      "undo", // 撤销
      "redo", // 重复
      "fullscreen" // 全屏
    ];
    this.wangEditor.customConfig.uploadImgHooks = {
      fail: (xhr, editor, result) => {
        // 插入图片失败的回调
      },
      success: (xhr, editor, result) => {
        // 图片上传成功的回调
      },
      timeout: (xhr, editor) => {
        // 网络超时的回调
```

```
        },
        error: (xhr, editor) => {
          // 图片上传错误的回调
        },
        customInsert: (insertImg, result, editor) => {
          // 图片上传成功，插入图片的回调（不推荐）
          insertImg(result.url);
        }
      };
      this.wangEditor.customConfig.onchange = html => {
        this.wangEditorInfo = html;
        this.$emit("change", this.wangEditorInfo); // 将内容同步到父组件中
      };
      // 创建富文本编辑器
      this.wangEditor.create();
    }
  }
};
</script>

<style lang="scss">
.wangeditor {
  border: 1px solid #e6e6e6;
  box-sizing: border-box;
  .toolbar {
    border-bottom: 1px solid #e6e6e6;
    box-sizing: border-box;
  }
  .text {
    min-height: 300px;
  }
}
</style>
```

在父组件中调用的方式如下。

```
<template>
  <div>
    <wangEditor v-model="wangEditorDetail" :isClear="isClear" @change=
"wangEditorChange"></wangEditor>
  </div>
</template>
<script>
import wangEditor from "@/vue/components/wangEditor";
export default {
  data() {
```

```
    return {
      isClear: false, // 设置为 true 时，这个可以用 this.wangEditorDetail='' 来替代
      wangEditorDetail: ""
    };
  },
  mounted() {
    this.wangEditorDetail = "wangEditorDetail 默认值"; // 设置富文本框默认显示内容
  },
  components: { wangEditor },
  methods: {
    wangEditorChange(val) {
      console.log(val);
    }
  }
};
</script>
```

放大图片图层组件的设置方式如下：首先在 src/vue/components 目录下创建 photos.vue 文件，代码如下。

```
<template>
  <div class="sg-top-photos" :vertical="vertical" :type="type">
    <div class="sg-big-photo">
      <div class="sg-photo" :style="{backgroundImage:'url('+bigPhotoURL+')'}">
      </div>
    </div>
    <div
      class="sg-bg"
      title="单击半透明灰色空白处关闭大图预览"
      @click="$parent.showBigPhoto=$parent.showPhotos=false"
      @mousewheel="$event.preventDefault()"
    ></div>
  </div>
</template>

<script>
export default {
  data() {
    return {};
  },
  created() {
    this.init();
  },
  props: ["bigPhotoURL", "showBigPhoto", "vertical", "type"],
                                    // 当前照片大图路径，显示大图，图片是否竖着，类型
```

```
                                    // 是否为banner 等(为更多类型尺寸大图做扩展)
  methods: {
    init() {
      this.showPhotos = !this.showBigPhoto;
    }
  }
};
</script>

<style lang="scss" scoped>
@import "~@/css/common";
.sg-top-photos {
  @extend %transitionAll;
  position: fixed;
  top: 0;
  left: 0;
  width: 100%;
  height: 100%;
  z-index: 1000;
  &[vertical] {
    .sg-big-photo {
      width: 560px;
    }
  }
  //banner 大放图尺寸
  &[type="banner"] {
    .sg-big-photo {
      width: $minWidth;
      height: 437px;
    }
  }
  // 正方形大放图尺寸
  &[type="square"] {
    .sg-big-photo {
      width: 800px;
      height: 800px;
    }
  }
  .sg-big-photo {
    width: $minWidth;
    height: 800px;
    /* 父元素需要position: relative;*/
    position: absolute;
    margin: auto;
    top: 0;
```

```
    left: 0;
    right: 0;
    bottom: 0;
    .sg-btn {
      top: 370px;
    }
    .sg-photo {
      position: absolute;
      width: 100%;
      height: 100%;
      overflow: hidden;
      border-radius: 10px;
      /* 居中填满 */
      background-repeat: no-repeat;
      background-position: center;
      background-size: cover;
      width: 100%;
      height: 100%;
      &:active {
        @include active;
      }
    }
  }
  .sg-bg {
    cursor: Crosshair;
    width: 100%;
    height: 100%;
    background: rgba(0, 0, 0, 0.8);
  }
}
</style>
```

在父组件中调用 photos 组件，代码如下。

```
<template>
  <div>
    <!-- 弹出大图 -->
    <photos
      v-if="showBigPhoto"
      :showBigPhoto="showBigPhoto"
      :bigPhotoURL="bigPhotoURL"
      :vertical="vertical"
      :type="type"
    />

  </div>
```

```
</template>

<script>

import photos from "@/vue/components/photos";

export default {
  components: { photos },
  data() {
    return {
      // 大图属性
      showBigPhoto: false,
      vertical: false,
      type: "", // 放大图类型
      bigPhotoURL: "", // 大图图层放大图片路径
    }
  }

}
</script>
```

其中，showBigPhoto 为显示或隐藏大图图层（值类型为 Boolean）；vertical 为是否竖着显示大图（值类型为 Boolean）；type 为放大图类型（包括 banner、squre 两种类型，值类型为 String）；bigPhotoURL 为大图图层放大图片路径（值类型为 String）。

百度地图的插件是用在栏目“城市住宅”地图坐标定位中的，需要用百度的 API 来获取本地坐标点位，并通过单击地图来获取当前点位的经纬度坐标，作为前端地图定位显示的依据。在 src/js 目录下创建 SGbaidumap.js 文件，代码如下。

```
export default {
    init: function() {
        const AK = '3k1MmoM9pAO0SMrlqe9qKhICi0cbo2TE'; // 这是百度 API Key 密钥
        const BMapURL = 'https://api.map.baidu.com/api?v=3.0&ak=' + AK +
'&s=1&callback=onBMapCallback'
        return new Promise((resolve, reject) => {
            // 如果已加载就直接返回
            if (typeof BMap !== 'undefined') {
                resolve(BMap);
                return true;
            }
            // 百度地图异步加载回调处理
            window.onBMapCallback = function() {
                console.log('%c 舒工提示您：百度地图脚本初始化成功！ ',
'background:blue;color:white;padding:5px 10px;border-radius:50px;');
                resolve(BMap);
```

```
            };

            // 插入 Script 脚本
            let scriptNode = document.createElement('script');
            scriptNode.setAttribute('type', 'text/JavaScript');
            scriptNode.setAttribute('src', BMapURL);
            document.body.appendChild(scriptNode);
        })
    }
}
```

在父组件中引用 baidu 地图，代码如下。

```
<script>
import SGbaidumap from "@/js/SGbaidumap";
export default {
  data() {
    return {
    }
  },
  mounted() {
    // 初始化百度地图
    initBaiduMap(coordinate, style, zoom) {
      SGbaidumap.init().then(BMap => {
        this.getLocalCoordinates(); // 获取本地坐标
        // 初始化配置百度地图
        this.map = new BMap.Map(this.$refs.SGbaidumap); // 创建 Map 实例
        this.map.addControl(
          // 添加地图类型控件
          new BMap.MapTypeControl({
            // mapTypes: [] // 隐藏右上角的地图、混合、三维
            mapTypes: [BMAP_NORMAL_MAP, BMAP_HYBRID_MAP] // 显示右上角的地图、混合
          })
        );
        this.map.setMapStyle({ style: style || "googlelite" });
                              // 默认为精简风格（googlelite），模板页可以查看
                              // http://lbsyun.baidu.com/custom/list.htm
        this.map.enableScrollWheelZoom(true); // 启用滚轮放大缩小
        this.initMark(coordinate, zoom);
        this.map.onmousedown = e => {
          this.addMark([e.point.lng, e.point.lat]);
        };
      });
    }
  }
```

```
}
</script>
```

这里的 getLocalCoordinates 是用于获取本地坐标的方法，代码如下。

```
    // 获取本地坐标
    getLocalCoordinates: function() {
      new BMap.LocalCity().get(result => {
        this.hideLoading();
        var c = result.center;
        this.localCoordinates = [c.lng, c.lat];
      });
    },
```

通过获取的坐标来定位默认地图渲染的定位中心坐标位置。

11.4 公共方法编写

这里要使用的公共方法有大约80%与前台页面的公共方法相同，下面只展示不同的主要代码部分。

```
export default {
    cookie: {
        set: function(key, val, day, path) {
            if (val == null || val == undefined) return;
            var k = key,
                d = day,
                d = d || 1,
                e = new Date();
            e.setDate(e.getDate() + d);
            val instanceof Array && (val = val.join("||")), val instanceof
Object && (val = JSON.stringify(val));
            document.cookie = k + "=" + escape(val.toString()) + ((d == null)
? "" : "; expires=" + e.toGMTString()) + "; path=/" + (path || "");
        },
        get: function(key) {
            var k = key;
            if (document.cookie.length > 0) {
                var s = document.cookie.indexOf(k + "=");
                if (s != -1) {
                    s = s + k.length + 1;
                    var e = document.cookie.indexOf(";", s);
                    if (e == -1) e = document.cookie.length;
```

```
                return unescape(document.cookie.substring(s, e));
            }
        }
        return "";
    },
},
/* 复制命令兼容各种浏览器 */
copy(copyContent, isAlert) {
    if (window.clipboardData) {
        window.clipboardData.setData("Text", copyContent);
    }
    if (document.execCommand) {
        var copyTextarea = document.createElement("textarea");
        document.body.appendChild(copyTextarea);
        copyTextarea.innerText = copyContent;
        copyTextarea.select();
        document.execCommand("Copy");
        copyTextarea.parentNode.removeChild(copyTextarea);
    }
    if (isAlert) {
        if (typeof isAlert === "function") {
            isAlert(copyContent);
        } else {
            alert(copyContent + "复制成功！");
        }
    }
},
/* 验证一切 */
checkEverything(type, s) {
    switch (type.toString().toLocaleLowerCase()) {

        case "cn":
            /* 包含中文 */
            return /[\u4E00-\u9FA5]/i.test(s);

        case "mobile":
            /* 手机号 */
            return /^1\d{10}$/.test(s);
        case "tel":
            /* 座机号 */
            return /^0\d{2,3}-?\d{7,8}$/.test(s);
    }
},
}
```

11.5 公共样式编写

公共样式部分与前台页面的公共样式完全相同，只不过还需要删除一些不必要的图片路径，那些是前台页面才需要的，后台页面不需要。所以，为了轻量化冗余代码和路径，需要将不必要的引用路径图片和样式代码全部删除。目前没有合适的插件进行批量删除，需要根据实际情况逐个排查删除。

11.6 页面效果实现

首先在 main.js 文件中采用与 10.6 节类似的方式引入路由配置文件 routes.js，另外还需要设置一个对应的 global.js 文件。本次的全局参数配置文件会比前台的更精简，把之前头部附加链接数组及底部菜单附属菜单数组全部删除，一些无须设置的静态路径也全部删除，即可重复使用该 global.js 文件。然后就是具体实现细节的 page 页面，主要是完成表格的配置，这里只展示核心代码。由于篇幅所限，这里就不把每个页面的代码都列出来了，全部源代码的下载地址见本书赠送资源。表格核心代码如下。

```
<template>
  <div class="sg-content" @keyup.Esc="insertHide=true">
    <div class="row-bg">
      <ul class="sg-left">
        <el-button type="primary" @click="insert" icon=
"el-icon-circle-plus-outline">添加</el-button>
        <el-button
          type="danger"
          :disabled="delButtonDisabled"
          @click="batchDelete()"
          icon="el-icon-delete"
        >批量删除</el-button>
      </ul>
      <ul class="sg-right">
        <el-input v-model.trim="searchInput" placeholder="请输入关键词..."
@input="search"></el-input>
        <el-button @click="search" type="primary" icon="el-icon-search">搜索
        </el-button>
```

```
      </ul>
    </div>
    <el-table
      @select="select"
      @select-all="select"
      :data="showItems"
      ref="table"
      style="width: 100%"
      stripe
    >
      <el-table-column type="selection" width="35"></el-table-column>
      <el-table-column label=" 历程图片 " width="120">
        <template slot-scope="scope">
          <div
            class="sg-img"
            :style="{backgroundImage:'url('+scope.row.coverImgUrl+')'}"
            @click="showBigPhoto=true,vertical=false,bigPhotoURL=
scope.row.coverImgUrl"
          ></div>
        </template>
      </el-table-column>
      <el-table-column label=" 历程年份 " width="150">
        <template slot-scope="scope">
          <span>{{ scope.row.time }}</span>
        </template>
      </el-table-column>
      <el-table-column label=" 历程内容 " width="545">
        <template slot-scope="scope">
          <span>{{ $common.stripHTML(scope.row.title) }}</span>
        </template>
      </el-table-column>
      <el-table-column label=" 操作 ">
        <template slot-scope="scope">
          <el-button size="mini" @click="handleEdit(scope.$index,
scope.row)"> 编辑 </el-button>
          <el-button size="mini" type="danger" @click="batchDelete(
scope.row)"> 删除 </el-button>
        </template>
      </el-table-column>
    </el-table>
    <el-row class="row-bg" :hidden="paginationHide">
      <el-pagination
        background
        :hidden="paginationHide"
        @size-change="handleSizeChange"
```

```
        @current-change="handleCurrentChange"
        :current-page="currentPage"
        :page-sizes="[5, 10, 20, 50]"
        :page-size="pageSize"
        layout="total, sizes, prev, pager, next, jumper"
        :total="items.length"
      ></el-pagination>
    </el-row>

    <!-- 弹出大图 -->
    <photos
      v-if="showBigPhoto"
      :showBigPhoto="showBigPhoto"
      :bigPhotoURL="bigPhotoURL"
      :vertical="vertical"
    />
  </div>
</template>
```

完善细节的 JavaScript 代码和 style 后，运行结果如图 11.3 所示。

图 11.3　列表页面核心界面

后台页面的其他栏目与此类似，无非就是字段名称不同，其实方法都是相同的。剩下的就是登录页面，需要在 src/vue/page 目录下创建 login.vue 文件，然后设置以下代码。

```
<template>
  <div class="sg-sub-body" @keyup.enter="login" :disabled="loading">
    <el-card class="box-card">
      <div slot="header" class="clearfix">
        <span>系统登录</span>
        <el-popconfirm
          title="确定关闭浏览器吗？"
          icon="el-icon-info"
          iconColor="#409EFF"
          confirmButtonText="确定"
          cancelButtonText="取消"
          @onConfirm="$common.screen.closeWebPage"
          @onCancel="()=>{}"
        >
          <i class="el-icon-circle-close" title="关闭浏览器" slot="reference">
          </i>
        </el-popconfirm>
      </div>
      <div class="sg-login-body">
        <el-row class="row-bg">
          <el-input v-model.trim="userInput" placeholder="请输入管理员账号">
          </el-input>
        </el-row>
        <el-row class="row-bg">
          <el-input v-model.trim="pswInput" placeholder="请输入密码"
show-password></el-input>
        </el-row>
        <el-row class="row-bg">
          <el-checkbox v-model="checked">记住密码</el-checkbox>
          <el-button class="forget-btn" type="text" @click="$message(
'请联系系统超级管理员');">忘记密码？</el-button>
        </el-row>
        <el-row class="row-bg">
          <el-button class="login-btn" type="primary" :loading="loading"
@click="login">登录</el-button>
        </el-row>
        <el-row class="row-bg">
          <span class="info">（说明：默认用户名和密码都是{{ username }}）</span>
        </el-row>
      </div>
    </el-card>
  </div>
</template>
```

由于篇幅所限，这里只展示前端界面的代码，具体的业务逻辑主要是通过输入框 userInput、

pswInput 获取用户输入的用户名和密码，然后把数据传给后台，通过后台反馈是否登录成功判断是否跳转到内页的路由，这样就可以实现成功登录的效果，最终呈现的登录界面如图 11.4 所示。

图 11.4　登录界面

11.7 小结

一开始对自己所要设计的程序进行分析非常重要，否则在后面的设计过程中，会手忙脚乱，思路混乱。ElementUI 关于导航菜单的文档是非常详细的，二、三级菜单怎么配置都有清晰的说明，首先定好菜单数据的格式，即使服务器端返回的格式不是这样，也需要前端处理成对应的格式。熟悉 table 控件，在今后的很多后台开发中都需要使用列表，饿了么的 table 控件非常强大，可以说是目前 Vue.js 框架中较易用的表格控件。然后就是配合好后台接口反馈用户当前的登录状态，以保证部分选中记住密码的用户能够自动登录跳转到对应的访问页面。以上就是目前 Vue.js 框架的所有学习要点。